北京市家禽创新团队资助项目（BAIC06-2023）
Beijing Agriculture Innovation Consortium

U0166705

# 禽蛋产品品质评价与质量控制

QINDAN CHANPIN PINZHI PINGJIA YU
ZHILIANG KONGZHI

陈　俐　齐晓龙　盛熙晖／主　编
耿爱莲　吕学泽　王志强／副主编

中国纺织出版社有限公司

## 图书在版编目（CIP）数据

禽蛋产品品质评价与质量控制／陈俐，齐晓龙，盛熙晖主编 . --北京：中国纺织出版社有限公司，2023. 11

ISBN 978-7-5229-1117-5

Ⅰ . ①禽… Ⅱ . ①陈… ②齐… ③盛… Ⅲ . ①蛋制品—品质—评价②蛋制品—质量控制 Ⅳ . ①TS253. 4

中国国家版本馆 CIP 数据核字（2023）第 195751 号

---

责任编辑：毕仕林 国 帅 特约编辑：罗晓莉
责任校对：寇晨晨 责任印制：王艳丽

---

中国纺织出版社有限公司出版发行
地址：北京市朝阳区百子湾东里 A407 号楼 邮政编码：100124
销售电话：010—67004422 传真：010—87155801
http://www.c-textilep.com
中国纺织出版社天猫旗舰店
官方微博 http://weibo.com/2119887771
三河市宏盛印务有限公司印刷 各地新华书店经销
2023 年 11 月第 1 版第 1 次印刷
开本：710×1000 1/16 印张：19.25
字数：353 千字 定价：98.00 元

---

凡购本书，如有缺页、倒页、脱页，由本社图书营销中心调换

# 本书编委会

主　编　陈　俐　齐晓龙　盛熙晖

副主编　耿爱莲　吕学泽　王志强

编　者（按姓氏笔划排序）

于遨川　王秋月　邓雨涵　龙　城

卢成杰　朱礼阳　孙晓彤　杨　莹

张　瑶　张天艺　张龙飞　张晓婷

贾元元　徐垭烯　潘兴亮

# 前　言

养禽业是我国畜牧业的主导产业之一。从 1985 年开始，我国的鸡蛋总产量超过美国，总产量一直居世界首位，2022 年，我国禽蛋产量（3456 万吨，其中鸡蛋 2938 万吨）占世界禽蛋总产量（9520 万吨，其中鸡蛋占比 93.2%）的 36.3%，是当之无愧的禽蛋生产大国。

禽蛋是一个大型的卵细胞，其中含有受精卵发育成胚胎必需的所有营养成分，以及保护这些营养成分的物质，即蛋壳。禽蛋是仅次于乳、肉以外，人们主要的畜产食品。

禽蛋产品品质受到育种选种、营养富集、食品安全、贮藏保鲜等影响，是禽蛋研究从基础研究到产业发展都聚焦的热点。但是，品质作为对蛋品进行综合评价的系统性指标，却很少有著作单独对其进行系统研究和论述。因此，本书在北京市创新团队家禽创新团队岗位专家经费的支持下，由北京农学院、北京农林科学院畜牧兽医研究所、北京市畜牧总站、北京市沃德股份峪口禽业的专家组成撰写团队，紧紧围绕《禽蛋产品品质评价与质量控制》的主题，对如何认识蛋品质，如何对蛋品质进行客观评价，它与品种、饲料、养殖方式、疫病、日常管理有怎样的关系，不同蛋品产品的品质如何评价，如何将日益发展的生物技术应用于蛋品的品质检测等问题进行了综合分析与论述，内容涉及育种、养殖、疫病防控、日常管理、产品加工、现代检测技术的方方面面。

本书旨在将贯穿全产业链的蛋品产品品质要素呈现在读者面前，让读者能够在生产过程中考虑到加工与消费的需求，在遇到产品加工的问题时，能够考虑到前端生产可能存在的问题和特点，为打开思路提供线索。由于撰写团队知识水平有限，书中内容难免有不少谬误和疏漏，望读者予以海涵，批评指正，为培养未来的蛋品质研究专家提供更多机会和平台。

本书编写分工如下：禽蛋的结构与化学组成（陈俐、盛熙晖）、禽蛋品种与品质的关系（盛熙晖、耿爱莲、邓雨涵）、日粮与禽蛋品质（齐晓龙、于遨川、贾元元）、疫病对蛋品质的影响（齐晓龙、卢成杰）、日常管理与环境对蛋品质的影响（吕学泽、陈俐、王秋月）、禽蛋品质评价概论（陈俐、张晓婷、杨莹）、不同日龄蛋品质评价（齐晓龙、徐垭烯、杨莹）、不同养殖方式蛋品质评价（王志强、张瑶)、不同功能性产品蛋品质评价(齐晓龙、朱礼阳)、不同贮存条件蛋品质评价(陈俐、齐晓龙、孙晓彤)、不同产品需求品质评价(陈俐、龙城、张天艺)、PCR 技术(王志强、龙城、张龙飞)、拉曼光谱技术(吕学泽、于遨川)、高效液相色谱技术(耿爱莲、邓雨涵)、高光谱成像技术(陈俐、杨莹)、低场核磁共振技术(徐垭烯、贾元元)、近红外光谱检测技术(陈俐、张晓婷、张瑶)。全书大纲编写及统稿修订由陈俐执笔完成。

陈俐

北京农学院食品科学与工程学院

2023 年 8 月 25 日

# 目　　录

## 第一篇　禽蛋品质与质量特征

**第一章　禽蛋的结构与化学组成** ⋯⋯⋯⋯⋯⋯⋯⋯⋯⋯⋯⋯⋯ 3
　　第一节　禽蛋的结构 ⋯⋯⋯⋯⋯⋯⋯⋯⋯⋯⋯⋯ 3
　　第二节　禽蛋的化学组成 ⋯⋯⋯⋯⋯⋯⋯⋯⋯ 22
　　参考文献 ⋯⋯⋯⋯⋯⋯⋯⋯⋯⋯⋯⋯⋯⋯⋯ 36

**第二章　禽蛋品种与品质的关系** ⋯⋯⋯⋯⋯⋯⋯⋯⋯⋯⋯⋯ 39
　　第一节　鸡蛋 ⋯⋯⋯⋯⋯⋯⋯⋯⋯⋯⋯⋯⋯⋯ 39
　　第二节　鸭蛋 ⋯⋯⋯⋯⋯⋯⋯⋯⋯⋯⋯⋯⋯⋯ 49
　　第三节　鹅蛋 ⋯⋯⋯⋯⋯⋯⋯⋯⋯⋯⋯⋯⋯⋯ 57
　　第四节　鸽蛋 ⋯⋯⋯⋯⋯⋯⋯⋯⋯⋯⋯⋯⋯⋯ 62
　　第五节　鹌鹑蛋 ⋯⋯⋯⋯⋯⋯⋯⋯⋯⋯⋯⋯⋯ 63
　　第六节　不同种类禽蛋品质比较 ⋯⋯⋯⋯⋯⋯⋯ 65
　　参考文献 ⋯⋯⋯⋯⋯⋯⋯⋯⋯⋯⋯⋯⋯⋯⋯ 66

**第三章　日粮与禽蛋品质** ⋯⋯⋯⋯⋯⋯⋯⋯⋯⋯⋯⋯⋯⋯⋯ 69
　　第一节　日粮与禽蛋的颜色 ⋯⋯⋯⋯⋯⋯⋯⋯⋯ 69
　　第二节　日粮与蛋壳品质 ⋯⋯⋯⋯⋯⋯⋯⋯⋯⋯ 71
　　第三节　日粮与蛋清品质 ⋯⋯⋯⋯⋯⋯⋯⋯⋯⋯ 74
　　第四节　日粮与蛋黄品质 ⋯⋯⋯⋯⋯⋯⋯⋯⋯⋯ 76
　　参考文献 ⋯⋯⋯⋯⋯⋯⋯⋯⋯⋯⋯⋯⋯⋯⋯ 78

**第四章　疫病对蛋品质的影响** ⋯⋯⋯⋯⋯⋯⋯⋯⋯⋯⋯⋯⋯ 79
　　第一节　鸡新城疫 ⋯⋯⋯⋯⋯⋯⋯⋯⋯⋯⋯⋯⋯ 79

第二节　禽流感 ·················································· 79

第三节　禽类大肠杆菌病 ·········································· 80

第四节　禽前殖吸虫病 ············································ 81

参考文献 ························································ 81

# 第五章　日常管理与环境对蛋品质的影响 ·················· 83

第一节　光照 ···················································· 83

第二节　温度与湿度 ·············································· 84

第三节　储存条件 ················································ 87

参考文献 ························································ 87

# 第二篇　禽蛋品质评价方法与标准

# 第六章　禽蛋品质评价概论 ······························ 91

# 第七章　不同日龄蛋品质评价 ·························· 93

第一节　禽产蛋前期（27 周龄）蛋品质评价 ················· 93

第二节　禽产蛋后期（62 周龄）蛋品质评价 ················· 94

参考文献 ························································ 95

# 第八章　不同养殖方式蛋品质评价 ······················ 97

第一节　粗放饲养 ················································ 97

第二节　不同养殖方式对蛋品质的影响 ······················ 98

参考文献 ······················································ 105

# 第九章　不同功能性产品蛋品质评价 ················· 109

第一节　$\omega$-3 鸡蛋 ··········································· 109

第二节　DHA 鸡蛋 ············································· 110

第三节　CLA 鸡蛋 ············································· 111

第四节　富硒鸡蛋 ·············································· 112

参考文献 ·········································································· 113

## 第十章　不同贮存条件蛋品质评价 ···································· 115

第一节　冷藏法蛋品质评价 ············································· 115

第二节　气调保鲜法蛋品质评价 ········································ 119

第三节　浸泡法蛋品质评价 ············································· 120

第四节　涂膜法蛋品质评价 ············································· 123

第五节　其他贮蛋法蛋品质评价 ········································ 128

参考文献 ·········································································· 130

## 第十一章　不同产品需求品质评价 ···································· 135

第一节　蛋白片 ·························································· 135

第二节　蛋粉 ···························································· 136

第三节　冰蛋制品 ························································ 137

第四节　腌制蛋 ·························································· 139

第五节　蛋品饮料 ························································ 146

第六节　蛋黄酱 ·························································· 147

第七节　蛋类罐头 ························································ 147

参考文献 ·········································································· 150

## 第十二章　PCR 技术 ····················································· 153

第一节　PCR 技术概述 ················································· 153

第二节　PCR 技术的基本原理和操作 ··································· 154

第三节　荧光定量 PCR ················································· 157

第四节　PCR 的应用 ···················································· 158

参考文献 ·········································································· 160

## 第十三章　拉曼光谱技术 ··············································· 163

第一节　拉曼光谱和拉曼光谱术 ········································ 163

第二节　禽蛋拉曼光谱检测的现状 ······································ 164

第三节　拉曼光谱技术在禽蛋生产中的应用 ··························· 166

参考文献 ……………………………………………………………………………… 172

## 第十四章　高效液相色谱技术 ……………………………………………… 177

第一节　高效液相色谱技术概述 ………………………………………………… 177

第二节　高效液相色谱基本原理 ………………………………………………… 177

第三节　高效液相色谱仪的组成 ………………………………………………… 180

第四节　高效液相色谱法的主要类型及分离原理 ……………………………… 186

第五节　高效液相色谱方法的选择 ……………………………………………… 200

第六节　高效毛细管电泳（HPCE）……………………………………………… 202

第七节　高效液相色谱在禽蛋品质检测中的应用 ……………………………… 207

第八节　二维色谱及联用技术在禽蛋品质检测中的应用 ……………………… 211

第九节　毛细管电泳在禽蛋品质检测中的应用 ………………………………… 216

参考文献 ……………………………………………………………………………… 217

## 第十五章　高光谱成像技术 ………………………………………………… 219

第一节　高光谱成像技术概述 …………………………………………………… 219

第二节　高光谱成像的定义和特点构件 ………………………………………… 226

第三节　高光谱数据处理方法 …………………………………………………… 232

第四节　高光谱图像技术在禽蛋品质检测中的应用 …………………………… 237

参考文献 ……………………………………………………………………………… 243

## 第十六章　低场核磁共振技术 ……………………………………………… 245

第一节　核磁共振技术概述 ……………………………………………………… 245

第二节　核磁共振波谱仪 ………………………………………………………… 247

第三节　核磁共振成像方法 ……………………………………………………… 249

第四节　核磁共振成像分析 ……………………………………………………… 253

第五节　低场核磁共振的应用 …………………………………………………… 256

参考文献 ……………………………………………………………………………… 257

## 第十七章　近红外光谱检测技术 …………………………………………… 263

第一节　近红外光谱技术的发展 ………………………………………………… 264

第二节　近红外光谱分析基础 ……………………………………………… 268

第三节　近红外光谱仪 …………………………………………………… 275

第四节　近红外光谱的定性与定量分析 ………………………………… 283

第五节　近红外光谱技术的应用 ………………………………………… 287

参考文献 …………………………………………………………………… 290

# 第一篇　禽蛋品质与质量特征

　　禽蛋包括鸡蛋、鸭蛋、鹅蛋、鹌鹑蛋、鸽子蛋、鸵鸟蛋等，营养素含量丰富，而且质量好，是营养价值较高的食品。不同种类的禽蛋，其蛋壳、蛋白、蛋黄所占比例不同，营养价值也有一定的差异。

# 第一章　禽蛋的结构与化学组成

## 第一节　禽蛋的结构

禽蛋结构如图 1-1 所示。

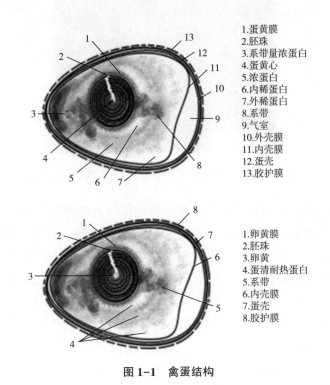

1.蛋黄膜
2.胚珠
3.系带量浓蛋白
4.蛋黄心
5.浓蛋白
6.内稀蛋白
7.外稀蛋白
8.系带
9.气室
10.外壳膜
11.内壳膜
12.蛋壳
13.胶护膜

1.卵黄膜
2.胚珠
3.卵黄
4.蛋清耐热蛋白
5.系带
6.内壳膜
7.蛋壳
8.胶护膜

图 1-1　禽蛋结构

## 一、胶护膜

1. 胶护膜结构及组成成分

蛋壳外面有一层胶质护壳膜，形成于禽蛋产出前 1.5~2.0h，是由子宫内膜的非纤毛分泌细胞产生并以球形颗粒状的形式分泌的，其直径约 1μm，在垂直晶体层的表面沉积形成 0.5~12.8μm 的膜层，呈现无色透明薄胶状的水溶性结构。胶护膜是具有光泽的可溶性蛋白质膜，主要由碳水化合物、脂肪和一些抗菌糖蛋白组成。刚产下的禽蛋的表层胶护膜可以封堵住气孔，以防止水分丢失和细菌的渗入。禽蛋产出后，附在蛋壳表面的水溶性黏蛋白与空气接触3min左右就会被风干，黏蛋白变干皱缩附着或嵌入在蛋壳表面的气孔上。黏蛋白能封闭堵塞蛋壳上的气孔，限制蛋内水分的蒸发，防止细菌或霉菌等微生物侵入蛋内。禽蛋蛋壳胶护膜少有完整状态，多呈斑驳不均匀的片状分布（图1-2）。

**图1-2 扫描电子显微镜下鸡蛋蛋壳表面斑驳的胶护膜**

胶护膜作为蛋壳的最外层结构，是抵御细菌入侵的第一道屏障。胶护膜、蛋壳、内外壳膜为禽蛋抗菌和保鲜提供了强大的屏障。雨淋、洗涤、潮湿、摩擦、长期贮存等环境均可导致胶护膜的溶解或损落，因此胶护膜发挥保护作用的时间并不长久。禽蛋入孵后，随着时间延长，表层胶护膜逐渐脱落而使气孔通畅，此时空气可以进入蛋内，有利于胚胎呼吸产生的二氧化碳和水汽排到蛋外。这种气体交换过程有助于胚胎发育。通常以胶护膜的有无来判断禽蛋是否新鲜，如胶护膜尚未脱落，则多属新鲜的禽蛋。

2. 胶护膜在禽蛋中的作用

（1）去除胶护膜对禽蛋失水率的影响。

禽类胚胎发育中的呼吸过程是通过蛋壳气孔的气体扩散完成的。蛋壳气孔是胚胎与外界环境进行物质交换的唯一通道，气体和热量通过蛋壳进行交换的能力被定义为蛋壳的通透性。

人工孵化条件下，过厚的蛋壳和胶护膜会影响胚胎发育和种蛋的孵化。这是由于过厚的蛋壳及胶护膜导致蛋壳通透性降低，使蛋内水分蒸发和气体交换受到限制。此外，胶护膜孔塞结构直接参与蛋内外水分和气体交换的调节，通过影响蛋壳通透性来影响胚胎发育和种蛋的孵化。

胶护膜在禽蛋孵化过程中会降低蛋壳通透性。利用次氯酸钠去除胶护膜会增加孵化期间的失水率。胶护膜对孵化率影响的研究发现，失水率可作为验证次氯酸钠浸泡对胶护膜去除效果的一项检测指标。

（2）去除胶护膜对褐壳受精蛋孵化率及受精蛋死胚率的影响。

禽蛋经常温次氯酸钠溶液浸泡后，去除受精蛋的胶护膜可以提高孵化率。这是由于过厚的蛋壳和胶护膜会限制胚胎发育期间的水–气交换和热量传导，影响胚胎的正常发育，并导致受精蛋的孵化率下降。

在孵化后期，若氧气不足，完全发育的胚胎会窒息于壳内。此外，在胚胎发育后期，胚蛋内脂肪的代谢活动显著增强，释放出大量热量，但若蛋壳的通透性低，散热速度变慢，很容易造成孵化过程中胚胎温度过高，导致死胚增多。

去除禽蛋胶护膜可以增加蛋壳通透性，进而提高受精蛋的孵化率，并降低受精蛋的死胚率，在一定程度上改善褐壳蛋孵化率较低的问题。

（3）去除禽蛋胶护膜对雏鸡生长的影响。

雏鸡初期的生长情况及死亡率对养殖工作十分关键。其生长情况对于成鸡的生产力、种用价值以及后续生产计划的完成至关重要。

研究通过记录雏鸡7天死亡率、体重增长状况发现，所有处理组的雏鸡7天死亡率均为0，各试验组体重增长趋势与空白对照组相关性极显著，表明使用次氯酸钠去除禽蛋胶护膜不会对雏鸡的生长造成不良影响。

3. 胶护膜品质变化及评定

随着母禽产蛋周龄的增加，蛋壳胶护膜的主要成分会逐渐发生改变，包括多聚糖类的显著减少、硫酸盐比例不断增加、脂类含量先增加后减少且在产蛋周龄后期到达最低值。研究表明，新鲜禽蛋在常温下保存时，随着保存时间增加，胶护膜品质呈现出变差的趋势。主要原因是胶护膜暴露在外界环境时容易发生干裂和脱落，并且蛋壳表面抗性细菌的糖酵素和真菌也会逐渐溶解蛋壳胶护膜，使得胶护膜的覆盖率降低，最终加速禽蛋的变质过程。

禽蛋生产中，蛋壳暗斑常见于禽蛋产出后5~7天。蛋壳表面出现水印斑点，不仅影响禽蛋的外观，还会增加微生物入侵的概率。局部胶护膜质量较差或者蛋壳结构异常时，可能导致水分渗透到钙化层和蛋壳薄弱位置，导致暗斑蛋的产生。胶护膜品质变化与蛋壳暗斑相关性不高，相关系数仅为–0.13~–0.15，因此胶护膜品质与蛋壳暗斑可能不存在因果关系。

胶护膜的遗传力介于0.27~0.40，属中等遗传力。影响胶护膜的因素包括品种、周龄和应激等。一般笼养蛋鸡的胶护膜较好，但不同周龄间存在浮动。不同品种的胶护膜品质存在差异，如褐壳蛋的胶护膜优于白壳蛋。此外，饲养密度大、噪声、温度骤变、换羽和转群等因素会对胶护膜品质产生影响。一般随着母鸡周龄的增大，胶护膜厚度逐渐变薄。温度比湿度更容易影响胶护膜品质，可能由于外界的高温环境更容易使胶护膜变干脱落，最终导致胶护膜的品质下降。

研究表明，胶护膜越完整、品质越好，禽蛋的抗菌和保鲜效果越好。因此，胶护膜品质的鉴定关系到禽蛋保存时间长短的判断。同时，选育具有优质胶护膜的地方鸡种，可以提高禽蛋抗菌和保鲜性能。

国际上一般采用 MST 胶护膜蓝染色和扫描电子显微镜两种方法对胶护膜的质量进行鉴定。MST 胶护膜蓝具有只对胶护膜着色不对蛋壳着色的特点，且着色越深胶护膜品质越好；扫描电子显微镜需要选取一小块蛋壳，经过银染等处理后，在扫描电镜下观察，根据胶护膜的斑驳程度进行评级。以上两种方法均只能对胶护膜品质进行粗略地分级。

现有一种针对不同颜色蛋壳的胶护膜质量的评价方法：采用不透明度算法来排除蛋壳不同底色对胶护膜质量评价造成的影响，通过计算 MST 胶护膜蓝染色前后胶护膜不透明度变化的大小。对蛋壳胶护膜质量优劣进行评价。该方法不仅适用于鸡蛋蛋壳胶护膜的评价，同样适用于蛋壳胶护膜品质优良禽类的选育。

不同品种禽蛋的胶护膜品质有差异，如北京油鸡和丝羽乌骨鸡的胶护膜品质始终维持在较高水平，可能与这两个地方鸡种集约化饲养时间较短有关。胶护膜的品质会随蛋禽周龄增大而下降，同一品种的蛋鸡，胶护膜的品质在整个产蛋周期均维持在较高水平。

4. 胶护膜形态及色素沉积

有研究利用 4% 乙酸分离禽蛋胶护膜层，之后离心提取沉淀，收集胶护膜。再利用粉碎机对提取到的胶护膜进行粉碎，由蛋白酶 K 分解蛋白质，冷冻干燥后，使用扫描电镜观察胶护膜的提取物。不同禽蛋胶护膜提取物形态不同，下面以莆田黑鸭蛋、北京鸭蛋、丝羽乌骨鸡蛋、鹌鹑蛋为例。

莆田黑鸭蛋胶护膜提取物与北京鸭蛋胶护膜提取物形态类似，均为片状，可观察到裂纹、孔隙等微观结构，区别在于莆田黑鸭蛋胶护膜提取物中可观察到杆状的黑色素颗粒；丝羽乌骨鸡蛋胶护膜提取物为细致的层状结构，无黑色素颗粒；鹌鹑蛋胶护膜提取物为不规则的块状，上面分布有块状原卟啉球形颗粒。

蛋壳颜色是消费者在购买禽蛋时最直观的判断依据，市面上会有不同颜色蛋壳的禽蛋供消费者选择。蛋壳有颜色的区别，是因为各类禽蛋胶护膜中的色素含量不同。

莆田黑鸭黑色蛋的蛋壳胶护膜层上可以提取和鉴定出黑色素，黑色素在鸭蛋胶护膜上沉积，导致蛋壳外观呈现黑色；北京鸭蛋和丝羽乌骨鸡蛋胶护膜中色素含量较少；鹌鹑蛋胶护膜中的主要色素为原卟啉。

胶护膜是由促性腺激素释放激素（gonadotropin-releasing hormone，GnRH）诱导在蛋壳表面沉积而成。排卵期孕激素增加对胶护膜的沉积没有影响；精氨酸、血管毒素和前列腺素等也不参与胶护膜生成。其形成过程与蛋壳色素的沉积是两个独立的过程。因此，不同蛋色的禽蛋胶护膜品质必然存在较大差异。

胶护膜上色素含量不同丰富了蛋壳颜色色素理论，该理论可消除消费者对于购买少见颜色禽蛋的顾虑，对禽蛋的消费有促进作用。

## 二、蛋壳

### 1. 蛋壳结构及组成成分

蛋壳又称石灰质硬蛋壳，看似在蛋的最外层，但本身也被一层角质层保护着，以防止细菌进入鸡蛋。它的质地坚硬，是包裹在蛋内容物外面的一层硬壳，为网状的多孔性结构，主要由无机物（包括碳酸钙、碳酸镁及其混合物）构成，占全部蛋壳的94%~97%，有机物则占3%~6%，蛋壳中还含有多种微量元素，如铜、锌、锰等。蛋壳可分为内外两层，内层为较薄的乳头状突起，外层为较厚的海绵状结构，其间有6000~8000个气孔与内外相通。乳头层是由无数圆形的乳头状结构组成的硬质层，是使蛋壳具有一定坚硬度的最主要部分；海绵层是晶体状的矿物质沉积在乳头层上的硬质层，约占蛋壳厚度2/3。蛋壳具有相当的硬度与耐压性能，起固定蛋形和保护内容物的作用，但质脆不耐碰撞或挤压，厚度为0.2~0.4mm，密度为2.3g/cm³左右。

### 2. 蛋壳的超微结构

蛋壳的超微结构从内到外由壳膜层、乳突层、栅栏层、垂直晶体层、胶护膜层构成。壳膜层是由蛋白纤维构成的网状结构，分为内、外两层，分别吸附在蛋壳和蛋清上；乳突层由大小不等的乳突和少量纤维排列组成，乳突间隙形成气孔；栅栏层是蛋壳厚度最大的一层，由不规则的柱状晶体相互嵌合组成；垂直晶体层是由垂直于蛋壳表面生长的晶体组成；胶护膜层由有机物质包裹于球状方解石晶体周围组成，是可变厚度的非钙化有机层（图1-3）。

蛋壳的超微结构决定于蛋壳中特异性蛋白的分布，不同强度、颜色和孵化阶段的蛋壳在超微结构上存在差异。用"混凝土墙体结构"描述蛋壳无机物为"墙体钢筋及砖块"，有机物则是将无机物胶黏在一起的"水泥"。研究人员在系统研究禽蛋壳形成机理和超微结构的基础上，认为蛋壳是一种由多晶型方解石组成的生物矿化碳酸钙"陶瓷"，并构建了禽蛋壳的立体结构模型。

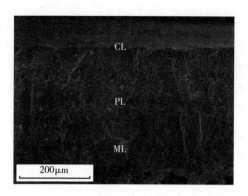

图 1-3　蛋壳横截面乳突层、栅栏层、胶护膜层

　　蛋壳开始成核时，晶体多向生长，但因彼此之间存在空间竞争，只有垂直生长到表层才能有足够的空间生长，因而蛋壳具有一定的优势定向。子宫液内的基质组分在起始和线性阶段钙化到蛋壳中促进沉积，在末期抑制沉积，通过控制晶体的大小、方向等影响蛋壳的微观结构。因此，蛋壳是由碳酸钙晶体和有机质相互作用嵌合形成。

　　蛋壳上密布着许多肉眼看不见的小气孔，这些气孔可以允许气体交换，使氧气进入到鸡蛋内部，气室也就随着时间的推移慢慢扩大。小气孔以蛋的大头密度最大，是禽蛋的内外通道，能满足孵化过程中胚胎发育进行物质代谢和气体代谢的需要，也是造成蛋类腐败的主要因素之一。蛋壳还具有透视性，通过灯光或阳光可透视蛋的内部，可对蛋的品质和胚胎发育情况进行检查。

　　3. 蛋壳的形成

　　在蛋壳形成的动态时序过程中，子宫部停留的时间最长，需要有充足的钙离子，以保证供应蛋壳形成时所需的碳酸钙。蛋壳形成中 $CO_3^{2-}$ 主要来源于血液循环和壳腺部细胞代谢产生的 $CO_2$。子宫上皮细胞不断从血液中摄入钙离子然后分泌到子宫腔内，与碳酸氢根离子共同作用，沉积形成碳酸钙，而血液中钙离子一部分通过肠道吸收，另一部分来源于髓质骨（动态钙源库）。因此，蛋禽体内钙离子的代谢及其调控机制对蛋壳形成和品质具有重要作用。子宫部有很多水和矿物质可穿过蛋壳膜进入蛋白，使鸡蛋膨胀并形成蛋白的第四层，这也是蛋壳形成和色素沉积的地方。

　　4. 蛋壳的颜色

　　蛋禽的蛋壳颜色是一个重要的经济性状，也是消费者判断蛋品质优劣的直接参考指标，从白色到褐色都很常见。禽类蛋壳颜色是在输卵管中的子宫部由色素沉积而形成的，蛋壳着色的三种主要色素成分为原卟啉Ⅸ、胆绿素以及锌胆绿素螯合物。原卟啉Ⅸ是血红素 HAEM 的直接前驱物，可引起红色或棕色背景的蛋壳；胆绿素是血红蛋白分解的副产品，使蛋壳呈现绿色。子宫壁细胞分泌的色素沉着于蛋壳表面，凹陷处通常为白色，开放的凹陷处通常有用于伪装的色素。因此，蛋壳上有各种色素沉着。它不仅受遗传因素的制约，同时也受蛋禽的营养水平、日龄、环境、应激以及疾病等因素的影响。一般认为蛋壳颜色与禽蛋的营养价值没有相关关系，但与蛋壳品质存在正向关联，通常蛋壳颜色越深，蛋壳厚度越厚，相应蛋壳强度越大。影响蛋壳颜色的相关因素如下。

（1）遗传因素。

蛋壳颜色的深浅是一种数量性状，其遗传力大小为 0.58 ~ 0.76。长期研究发现，蛋壳颜色的遗传基础可能与性别相关基因有关，它在很低的水平上影响其他蛋壳性状。蛋壳颜色与蛋禽的不同品种及不同家系都有重要关系，且在总表型变异中占79%以上，说明蛋壳颜色不仅可以稳定遗传，同时有较高的遗传力。在某些情况下，由于蛋壳颜色会被外来钙沉积所掩盖，因此颜色强度无法进行精确测量。

（2）营养因素。

钙含量：当禽类饲粮中钙含量过低时，会影响蛋壳中钙的沉积进而导致蛋壳结构疏松或栅栏层变薄，导致蛋壳颜色不均匀或变浅。

磷含量：当机体含磷水平过高时会对钙的吸收产生抑制作用，从而引起软壳蛋或破壳蛋的情况；而当磷含量过低而钙含量过高时，又会对蛋禽肾脏造成影响。磷虽然不是蛋壳的主要成分，但在蛋壳的形成过程中起重要作用，且钙磷比例在某些方面会影响蛋壳的颜色和质量。在配制日粮时，蛋鸡钙和磷的比例保持在 6：1 ~ 7：1 为宜，这样既不影响蛋壳质量，也不会引起磷缺乏。

（3）环境因素。

光照：光照强度不稳定或光照时间不足都可能导致蛋禽的生殖生理紊乱。光照强度突然增强，家禽受到刺激会对机体的钙磷代谢造成影响，从而引起蛋壳破损率上升。适宜且规律的光照时间和光照强度能有效提升蛋壳品质、降低蛋壳破损率，16h 的光照时间与 18h 的光照相比蛋壳破损率明显降低。蛋库中的光线太强则会导致禽蛋的颜色褪白，影响禽蛋外观。

温度：最适合蛋禽生产的温度为 16 ~ 25℃。当禽舍温度高于 30℃时，会引起家禽产生热应激综合征，对免疫功能有抑制作用，且热应激会抑制蛋禽机体生殖激素的分泌及下丘脑的调控作用，引起促黄体生成素、雌激素、促卵泡素的释放减少，对卵泡的发育、成熟造成影响，使排卵减少，进而影响蛋壳质量，对蛋壳的颜色造成影响，表现为蛋壳表面粗糙，破蛋率上升。反之，当禽舍气温低于 5℃时，家禽会减少采食，软壳蛋、破壳蛋的概率上升，蛋壳颜色变浅。

湿度：在湿度比较高的蛋库或者冷藏库内，禽蛋内外容易长霉斑，对蛋壳的颜色造成影响。

另外，热应激、噪声、冷刺激、接种疫苗、惊吓等应激均会导致蛋禽机体肾上腺素分泌增加，肾上腺素被释放进入血液，使蛋禽排卵推迟，对蛋壳的正常形成产生影响，使得蛋壳颜色变浅。

蛋禽的一些疾病，如减蛋综合征、肠炎、新城疫、传染性支气管炎等，会使蛋禽的子宫腺体遭到破坏、发炎，导致软壳蛋、皱壳或无壳蛋的出现。某些药物如磺胺类、呋喃类等，会降低蛋禽体内碳酸酐酶的活性，在蛋禽产蛋期使用不仅会影响蛋壳质量，还会破坏蛋的着色效果，影响蛋的品质；禽类自身的生理健康状况及应激水平，与蛋壳表面的斑点情况及蛋壳的颜色密切相关，当蛋禽受到环境应激或者疾病威胁时，蛋壳色素的合成会提前终止，进而导致蛋壳颜色变浅。

不同品种禽蛋的蛋壳颜色不同，但是必须要求种蛋符合本品种特征。对于褐壳蛋鸡或其他选择程度较低的家禽，蛋壳颜色一致性较差，留种蛋时不一定苛求蛋壳颜色完全一致。应十分注意由于疾病或饲料营养等因素造成的蛋壳颜色突然变浅，如确定该原因造成的应暂停留作种蛋。

5. 蛋壳的厚度

由于家禽的品种、年龄、营养、温度、季节、生理和遗传等因素的不同，蛋壳的厚度均有差异。蛋壳的厚薄与其表面色素的沉积有关，一般来说，色泽越深，蛋壳越厚。

蛋壳部位不同，其厚薄略有差异，以蛋的小头锐端最厚，大头钝端及周围最薄。鹅蛋的蛋壳最厚，鸭蛋次之，鸡蛋最薄。鹅蛋的蛋壳强度和结构与鸡蛋、鸭蛋有显著差异，蛋壳强度并不取决于元素相对含量的高低，受蛋壳微观结构的影响更大，蛋壳的致密度直接影响了蛋壳强度。孵化过程中，蛋壳的壳膜层、乳突层、胶护膜变化最为明显。钙、蛋白质、多糖的含量在孵化前期下降速度慢，中后期较快；磷含量在孵化前期变化不明显，中期下降较为明显，后期趋于稳定。

研究发现母鸡感染新城疫病毒后，所产下的鸡蛋蛋壳表面和壳膜结构发生了明显变化，蛋壳变薄，导致蛋壳破损、孵化失败。蛋壳变薄是由钙从外壳转移到胚胎，而不是由环境污染所导致。刚产蛋后收集的蛋壳要比临近孵化前收集的蛋壳厚，且蛋壳的厚度也会随着产卵的时间而变化。

蛋壳厚度有许多测量方法，实验室一般使用厚度测量仪来测定含或不含壳膜的蛋壳厚度。此外，可以用螺旋测微器测定蛋壳厚度，每个蛋测定钝端、锐端和中间三点，再取其平均值；用超声波蛋壳厚度测定仪直接读取厚度值；用红外蛋壳厚度测定仪测定；用盐水测定蛋的相对密度进而大致了解其蛋壳厚度等。

禽蛋的蛋壳厚度一般在 0.30~0.40mm。蛋壳厚度的大小会直接影响蛋的破损率。当蛋壳厚度在 0.38~0.40mm 时，蛋的破损率一般为 2%~3%；当蛋壳的厚度在 0.30~0.32mm 时，蛋壳的破损率可高达 10%；蛋壳厚度在 0.25mm 以下时，会产生 85% 左右的破壳蛋。蛋壳过厚，孵化时蛋内水分蒸发慢，出雏困难；蛋壳太薄，不仅易破而且蛋内水分蒸发过快，不利于胚胎发育，这可能与分泌蛋壳的腺体活动减少有关。良好的蛋壳不仅破损率低，而且能有效减少细菌的穿透数量，有良好的孵化效果。

蛋壳是蛋禽输卵管蛋壳腺中形成的一种保障其繁衍子代的坚硬材料。从生物学意义上来说，蛋壳能够形成固定形态保护禽蛋的内容物免受外力冲击和微生物入侵，并在胚胎的发育过程中通过气孔控制水分和气体的交换，为胚胎的生长发育提供保护、气体交换、矿物质元素、少量蛋白质、多糖等。禽蛋为胚胎提供了理想的发育环境，蛋壳在保护胚胎免受外力影响的同时，还要允许雏禽从蛋壳内用喙啄破蛋壳出来。

6. 蛋壳的作用

由于蛋壳富含钙及多种对人体有益的微量元素，可将蛋壳加工成为人体补充钙的钙源制剂或者用作畜禽的一种矿物质饲料。禽蛋蛋壳具有抵抗外力使禽蛋内容物免受污染和侵害、避免被捕食、加强蛋壳结构、过滤有害的太阳辐射、减少蛋壳微生物污染等功能。同时，也是运输、销售、购买禽蛋过程中的天然包装，保障了禽蛋的完整性。

蛋壳含有丰富的钙物质，蛋壳内膜可用于生产日化用品。现有食品企业在加工禽蛋时，对于产生的禽蛋的废料蛋壳碎片与内膜，大都采用人工棍棒敲击的方式使蛋壳碎片再次破碎，再利用筛网将内膜与粉状蛋壳分离。

蛋壳品质是蛋禽生产中重要的经济性状指标，蛋壳品质包括禽蛋表观形貌和力学特性，其中蛋壳缺陷、禽蛋形状异常、禽蛋表面不规则等品质降低会给家禽生产业和禽蛋加工业带来巨大的经济损失。畜禽产蛋后期蛋壳品质下降尤为严重，现代机械集蛋系统的使用更是大大增加了禽蛋的破损率，比人工捡蛋提高了 1.5%~2.0%。因此，提高蛋壳品质尤其是提高蛋禽产蛋后期的蛋壳品质，对高效生产安全、优质的禽蛋更加重要。蛋壳是由矿物质成分与有机成分共同形成的复杂结构，蛋壳结构及化学组成决定了蛋壳的力学特性。了解产蛋后期蛋壳化学组成与结构特征，有利于我们采取合理有效的营养调控手段改善蛋壳品质。

## 三、壳内膜

1. 壳内膜的结构及组成成分

在蛋壳内侧、蛋白外侧有一层白色薄膜，叫蛋壳内膜，又称壳内膜，其厚度为

73~114μm，分为卵壳外表面、卵壳内表面两部分，即内壳膜和外壳膜。壳膜内外两层均为网状纤维结构，外层较厚，内层较薄，两层膜在气室处由空气分开，其他地方紧贴在一起。外膜的一些纤维长入乳突内使膜与卵壳紧密结合，其主要作用是防止细菌侵入蛋内，也防止蛋的水分蒸发。

外壳膜比内壳膜厚3倍，外壳膜厚约0.05mm，而内壳膜厚仅有0.015mm。这两层薄膜由白色的、具有弹性的有机纤维质组成，主要成分是角质蛋白。内外层蛋壳膜也像蛋壳一样具有孔隙气孔，但气体与液体主要靠渗透和弥散作用通过蛋壳膜，而不是由气孔直接通过，壳内膜的网状纤维结构纹理粗糙，形成的气孔较大，可通过微生物；蛋白膜的网状纤维结构纹理紧密细致，形成的气孔较小，对外界微生物的侵入能起一定的屏障作用。所以，蛋壳膜只有在受到蛋白酶的破坏，使网状孔隙气孔增大时，微生物才容易侵入蛋内，引起内容物腐败变质和胚胎死亡。

2. 壳内膜的作用

大多数微生物可以直接通过蛋壳内膜，但不能通过蛋白膜，只有蛋白膜被蛋白酶破坏后，才能进入蛋内；水分和空气可以渗入壳内膜。壳内膜有保护蛋壳内蛋白、卵黄等内容物的功能。

两层壳内膜通常紧密黏合在一起，当蛋从禽体产出时，由于禽体内外温差较大，蛋壳内的蛋白、卵黄等稀软内容物遇冷收缩，在蛋的钝端形成一个空隙，即为气室。随着蛋存放时间的延长、蛋的冷却、水分蒸发和其他内容物如卵黄等的缩小，气室会逐渐增大。用检蛋器透视，能明显看到气室。因此，禽蛋气室大小是鉴别蛋新鲜程度与腐败变质蛋的一种准确又简易可行的方法。气室越小，蛋的新鲜度越大，蛋品质越好。

3. 禽蛋壳内膜的应用

蛋壳内膜中含有丰富的蛋白质，如角蛋白、胶原蛋白（大部分为Ⅰ、Ⅴ、Ⅹ型）和复合蛋白等，是潜在的多肽和氨基酸资源，具有可观的应用价值。壳内蛋白膜又称"凤凰衣"，由与人体皮肤蛋白性质相近的角蛋白和胶原蛋白组成，是制作化妆品的良好原料。将收集起来的禽蛋壳洗净，沥干残液，趁湿进行粉碎、振荡，分离出禽蛋壳内膜，经晾晒干燥，即为中药"凤凰衣"。若从孵育结束的蛋壳中剥取壳内膜则更为方便。这种"凤凰衣"含有角蛋白和少量黏蛋白纤维，具有润肺止咳、平喘开音、滋阴、明目等功能，可用来辅助治疗慢性支气管炎、久咳、咽痛、声哑、失音、溃疡不敛等症状。

在化妆品领域，向化妆品中添加适量的禽蛋壳内膜粉，可有效预防皮肤过敏等问题。以蛋壳内膜提取液、乳化剂、蜂蜡、聚乙烯吡咯烷酮等制作的化妆品，保湿效果居中等水平。日本东洋化妆品公司将禽蛋壳内膜磨粉后加入护肤霜中，长期使用可使皮肤细腻光滑，其效果优于珍珠粉，成本却比珍珠粉降低了85%。将禽蛋壳内膜添加到洗发液中，可减少头皮屑、提高头发光泽、防止脱发等。

在食品领域，禽蛋壳内膜应用广泛。日本丘比公司下属的精细化学本部将禽蛋壳内膜水解得到禽蛋壳内膜水解产品 EM 蛋白，并将其加工为调味酱；采用超微粉碎技术将禽蛋壳内膜制成纳米蛋壳内膜粉，并将其加入牛奶中制成蛋壳内膜美容保健奶；以禽蛋壳内膜为原料，采用碱性蛋白酶对其酶解，制备禽蛋壳内膜水解液，并将其添加到面包中，结果表明，面包醒发时间缩短、食用品质提高；将蛋膜肽水解液添加到橙汁中，得到蛋膜功能饮料，该饮料具有一定的保健功能。

在医药领域，我国很早以前就开始使用禽蛋壳内膜治疗烫伤、气管炎、咽痛等病症。禽蛋壳内膜还可与麻黄等中草药混合使用，用于治疗久咳气结。应用禽蛋壳内膜治疗褥疮，效果良好。以禽蛋壳内膜为原料制备的医用敷料具有良好的抑菌效果。将禽蛋壳内膜制备为粒径小于100μm 的微粒化禽蛋壳内膜颗粒，该颗粒具有促进创伤愈合的作用。

在轻工业领域，日本科学家以鸡蛋壳内膜为原料，经加工得到鸡蛋壳内膜极细粉末，并将其添加到纺织纤维中制成内衣，该内衣可使皮肤更富弹性。以禽蛋壳内膜和纤维为原料，加入消泡剂、分散剂、表面活性剂等制成蛋膜纸，即 EM 纸；以禽蛋壳膜和纤维为原料通过胶黏剂高压黏合也可以制成 EM 纸。美国 Lowa 州立大学以禽蛋壳内膜、PG、PEG-200、PEG-400 等为原料，加工制成可降解性塑料。

在环境领域，禽蛋壳内膜具有良好的金属吸附性，可吸附废水中的镉、砷、铬、铁、银纳米和磷等。研究发现，禽蛋壳内膜对铜、银、钴的吸附率分别高达98%、97%、94%。黄原酸功能化蛋壳内膜对 Pb II 的吸附效果良好。

## 四、蛋清、耐热蛋白

### 1. 蛋清、耐热蛋白的形成

鸡的输卵管不仅是运输卵子、储存精子和受精的部位，还是形成鸡蛋蛋清、壳膜和蛋壳的部位。依据输卵管结构与功能，可将其划分为漏斗部、膨大部、峡部、子宫部和阴道部五部分。输卵管漏斗部接近卵巢，是卵子和精子结合的部位。输卵管膨大部是一种腺体组织，在输卵管中占比最大，是分泌蛋清的主要部位。膨大部主要包含管状腺细胞和膨大部上皮细胞，A 型管状腺细胞主要分泌卵清蛋白、卵类黏蛋白和溶菌酶等，而膨大部上皮细胞主要分泌卵黏蛋白和抗生物素蛋白。膨大部褶皱黏膜层由具纤毛和无纤毛的单层柱状上皮细胞排列而成，固有层中分布着丰富的管状腺，这些腺体组织决定了输卵管的蛋白分泌能力，是衡量禽类生殖状况和决定禽蛋品质的重要指标之一。输卵管峡部又细又短，处于膨大部与子宫部之间，是分泌不溶性蛋白并形成壳膜的重要部位。输卵管子宫部是形成蛋壳和角质薄膜的重要部位，主要分泌色素和钙等。输卵管阴道部处于输卵管尾部。

从血液中摄取氨基酸是膨大部合成蛋清中蛋白质的前提，而且氨基酸的吸收摄取速率与蛋白质的合成速率呈正相关。卵黄从膨大部到达峡部的整个过程属于蛋清的沉积期，持续3h，具体过程如下：卵巢排卵9～10天后，初级卵泡发育成熟成为成熟卵泡卵黄，随后脱离卵巢落入输卵管漏斗部。输卵管的蠕动力将卵黄从漏斗部推入膨大部，膨大部前端分泌的蛋白包裹卵黄形成第一层浓蛋白内蛋白层；之后卵黄在膨大部继续旋转前行，膨大部管状腺细胞和腺体分泌第二层浓蛋白，包裹形成中蛋白层；接着旋转前行，壳腺将含有15～20g水的膨胀液加入浓蛋白中，膨大部形成的浓蛋白被稀释，使蛋白分层得到稀蛋白层；随后经过峡部形成内蛋白膜、外蛋白膜和壳膜，再由子宫部形成蛋壳，最后从阴道部排出体外。研究发现，蛋清中蛋白质的分泌主要在输卵管的膨大部，在输卵管膨大部的蛋清浓度约为最后蛋清浓度的2倍，说明卵黄离开膨大部后不再包覆蛋白，只是不断加水稀释蛋清。

2. 蛋清的组成成分

蛋清主要由水（87.8%）和蛋白质（9.7%～10.6%）组成，其余为碳水化合物、灰分和微量脂质。卵清蛋白（54%）、卵转铁蛋白（12%）、卵类黏蛋白（11%）、溶菌酶（3.5%）和卵黏蛋白（3.5%）是蛋清中的主要蛋白质；抗生物素蛋白（0.05%）、半胱氨酸蛋白酶抑制剂（0.05%）、卵巨球蛋白（0.5%）、卵黄蛋白（0.8%）、卵糖蛋白（1.0%）和卵抑制剂（1.5%）是蛋清中的少量蛋白质。

蛋白中主要是蛋白质和水，因此，可以把蛋白看成是一种以水作为分散介质、以蛋白质作为分散相的胶体物质。由于蛋白结构不同，蛋白的化学成分含量有差异，以鸡蛋为例，蛋白中的化学成分为水分85%～88%、蛋白质11%～13%、碳水化合物0.7%～0.8%、灰分0.6%～0.8%。

水分是蛋白中的主要成分，其分布如下：外稀薄蛋白层的水分含量为89.0%，浓厚蛋白层的水分含量为84.0%，内稀薄蛋白层的水分含量为86.0%，系带膜状层的水分含量为82.0%。大部分水以自由水形式存在，少部分水与蛋白质结合，以结合水的形式存在。

蛋白质占蛋白总含量的11%～13%，人们已经发现蛋白中含有近40种不同的蛋白质，并对其中含量较多的蛋白质有了比较多的认识，可以把蛋白看成为卵黏蛋白在多种球蛋白水溶液中形成的一种蛋白体系。浓厚蛋白和稀薄蛋白在卵黏蛋白的成分上有差别，即不溶性卵黏蛋白和溶菌酶结合构成了浓厚蛋白的凝胶结构基础，不溶性卵黏蛋白向可溶性卵黏蛋白质转化，可导致蛋白水样化。

蛋清占全蛋体积的57%～58.5%，其质地稀稠不一，越接近卵黄越浓稠，越向外越稀薄，由 89%~90% 的水、9.7%~10.6% 的蛋白质、0.03% 的脂质以及少量的矿物质和维生素组成。蛋清中约 87% 以上的蛋白质由蛋禽输卵管上皮细胞分泌，还有少量的蛋白质来自输卵管细胞的自然老化脱落和血液渗透，例如血清白蛋白等。输卵管中最长的部位是膨大部，此处分泌蛋白质来包裹卵黄。在蛋清蛋白质中，由输卵管膨大部分泌的蛋白质包括卵清蛋白、卵黏蛋白、卵转铁蛋白、卵类黏蛋白、溶菌酶等，含量约为总蛋白质量的 85.8%。

3. 蛋清的品质

在蛋的形成过程中，由于卵黄的扭转与水的介入，使蛋白分为四层。由内至外依次为内浓蛋白、内稀蛋白、外浓蛋白、外稀蛋白。浓蛋白与稀蛋白在蛋白中所占的百分比因禽类、品种、年龄、饲料和产蛋季节等条件的不同而异。其中，浓蛋白和外稀蛋白占总蛋白的 3/4，随着禽蛋贮藏时间的递增，浓蛋白逐渐水解变为稀蛋白，以致蛋白重量与比重下降，营养价值也相应降低。

蛋白中的浓蛋白含量与蛋白的质量和耐贮存性有很大关系。浓蛋白含量高的蛋白质量好、耐贮藏。新鲜禽蛋中的浓稠蛋白较多，陈蛋中稀薄蛋白较多，蛋白浓稠与否，是衡量蛋品质量的重要标志之一。蛋清含有 8 种必需氨基酸，且氨基酸比例适宜，容易被人体消化吸收，还含有 9.7%~10.6% 的蛋白质，是人类最容易获得的高质量动物源性蛋白质食物，被广泛应用于食品加工行业，为食品加工领域提供选择空间。同时，蛋清的可稀释性、发泡性、热凝固性和乳化性等特性在食品加工中发挥着重要作用。

蛋白质通常呈碱性，遇热、碱、醇类可发生凝固，遇氯化物、某些化学物质时，浓厚蛋白会水解为水样稀薄物。根据这种特性，禽蛋可加工成为松花蛋、咸蛋等。

蛋清营养价值主要指干物质和蛋白质含量、蛋白质和氨基酸组成等。禽蛋蛋清中含硫氨基酸较多，是重要的蛋白质食物来源。研究发现，影响禽蛋蛋清营养品质的主要因素包括日粮的营养含量与组成、蛋禽品种和日龄等。

蛋清质量除了上述所说的营养价值以外，还包括表观黏稠度、蛋清高度、生物医用和食品深加工特性等，是判定禽蛋新鲜度和加工利用价值的重要指标。

影响蛋清品质的主要因素包括饲粮蛋白质的来源与水平、饲粮中微量元素、抗氧化物质和氨基酸的添加水平。由于我国豆粕资源紧缺，用于替代豆粕的杂粮等非常规蛋白质原料的使用率越来越高，同时蛋鸡养殖密度也不断增大，容易引发蛋鸡的营养不均衡、体内氧化还原系统失衡等一系列问题，最终导致蛋清品质的下降。蛋清品质下降是生产者和消费者所关注的问题，蛋白高度和哈氏单位（haugh unit，HU）是判断蛋清品质的表观指标。

### 4. 蛋清的品质差异

不同种类禽蛋的品质参数具有较大差异。蛋清和蛋黄比例在陆禽、水禽、晚成雏之间差异显著。通过对不同禽蛋蛋清的营养成分进行分析，发现不同蛋清的基本营养成分（水分、粗蛋白、灰分）有所不同。不同蛋清的总氨基酸及各种氨基酸含量差异较大，但所有蛋清都含有 16 种共同的氨基酸。在氨基酸总量和必需氨基酸含量上，火鸡蛋清含量最高；在必需氨基酸比例上，鹅蛋清最高。通过对氨基酸进行评分，得出白来航鸡蛋、金定鸭蛋、扬州鹅蛋、日本鹌鹑蛋、白羽王鸽蛋、尼古拉火鸡蛋 6 种蛋清的营养价值都较高，而鸽蛋清对人体的营养价值最高。

对不同禽蛋蛋清的凝胶特性和黏性的初步分析显示，鸽蛋清的黏度最大，与其他蛋清差异显著；鹌鹑蛋清的黏附性最小，与其他蛋清差异显著。对蛋清凝胶的剪切特性的分析显示，鸡蛋清的硬度最小，口感最嫩；鸡蛋、火鸡蛋、鸽蛋清的硬度差异显著。

利用聚类和主成分分析可以在蛋清氨基酸水平上划分物种间的亲缘程度，通过氨基酸聚类分析发现，鸡、鹌鹑、火鸡、鸽子蛋清可以聚为一类，鸭蛋、鹅蛋蛋清聚为另一类；通过氨基酸的主成分分析，提取出三个主成分，氨基酸得分图与聚类分析结果较为一致。

### 5. 蛋清的作用

蛋清又名蛋白，位于蛋壳和卵黄之间，是禽蛋蛋壳下的半透明胶状黏性物质，呈无色透明黏稠的半流动体状，可以固定蛋黄，起到减震的效果。蛋清中蛋白质含量为 9.7%～10.6%，是人类重要的动物蛋白质食物来源，同时也在生物医药和食品工业中被广泛应用。在正常的孵化过程中，受精蛋发育成为初生雏时，蛋白是形成初生雏完整机体的有机物质，是雏禽的生命之源。

蛋清是富含蛋白质的透明胶体溶液，可以保护蛋黄免受撞击或细菌感染，在胚胎发育过程中起着重要的保障作用，其抗生物素蛋白和凝胶状态具有抵抗病原菌等微生物入侵的作用，同时，还为胚胎的发育提供了水分、蛋白质和其他营养物质。禽蛋蛋清还具有防震保护的作用，能缓冲温度的突然变化，保证胚胎的稳定发育。

多种蛋白质已被运用各种方法成功地从蛋清中分离出来，且被证实具有抗菌、抗肿瘤和抗氧化等生物学功能。蛋白酶的水解可以使蛋清中蛋白质的分子空间结构展开，疏水基团和芳香族残基暴露，改变蛋白质的三级结构，使高级结构中的化学键断裂，过敏原失去活性引起免疫原性的降低。不同蛋白酶水解后，蛋清蛋白质的免疫原性均降低，碱性蛋白酶水解后免疫原性降低 55.83%，随着碱性蛋白酶添加量的增加，蛋清蛋白质免疫原性降低率逐渐增加。蛋清蛋白质的免疫原性随构象的改变而改变，通过破坏蛋白质的构象及抗原表位能够使蛋清蛋白质的免疫原性降低。

禽蛋包含禽胚生长发育所需的全部营养物质，不同家禽物种为适应各自的生长发育，在进化过程中形成了具有物种特异性的蛋清特性。

禽蛋蛋清的凝胶性主要取决于卵黏蛋白，蛋清稀化时，$\beta$-卵黏蛋白溶解，$\alpha$-卵黏蛋白不受影响，表现为蛋清中 $\beta$-卵黏蛋白含量降低。另外，$\beta$-卵黏蛋白亚基的糖基化（即 $\beta$-卵黏蛋白与 $O$-型糖苷碳水化合物结合）对蛋清的凝胶性起着重要作用。禽蛋蛋清稀化时，$O$-型糖苷复合物解体，糖苷键断裂，与 $O$-糖苷连接的碳水化合物从丝氨酸和苏氨酸中释放，导致 $\beta$-卵黏蛋白亚基解体，最终影响蛋清的凝胶性。在关于禽蛋储存的研究中发现，蛋清在储存期间，蛋清中的卵清蛋白从 N 到 S 构型的转化率在 25℃时显著提高，蛋清品质也相应下降。

## 五、系带

### 1. 系带的形态结构

系带的成分、性质与浓蛋白类似，由黏蛋白纤维在蛋的形成过程中受输卵管的蠕动，在输卵管的后部绞转而形成的螺旋带状物。沿着禽蛋的长轴，蛋壳尖端和钝端的黏蛋白纤维在内端与卵黄膜的胶状层接触、合并，附着于卵黄两端，外端系带固定在内壳膜上，自卵黄向外扭转延伸，将卵黄固定在中间，构成了一个旋转轴，卵黄围绕该旋转轴旋转，使卵黄可以在内部液体蛋白中保持稳定，使之处于禽蛋正中央。当卵黄的外层胶状层在输卵管内旋转时，卵黄几乎保持不动，而黏蛋白纤维形成盘绕。使胚胎被迫处于倾斜位置，两端所形成的胶状结构，即为卵黄系带，它联系着卵黄的两端，与蛋的长轴平行，在蛋的钝端较短小，在尖端较长而粗。

系带具有弹性，其弹性程度随着禽蛋存放时间的延长而变弱。这是因为系带由比浓蛋白还浓的浓稠蛋白构成，状如粗棉线，存放时间延长，浓蛋白会逐渐变稀、变细，弹性同时变弱并逐渐消失，系带的固定作用减弱，易与卵黄脱离。

### 2. 系带的作用

系带能固定住卵黄的位置，防止其上浮接触蛋壳膜，使胚盘总是处于上方位置，胚盘不致粘壳而影响胚胎发育。鸡蛋越新鲜，蛋黄系带就越清晰。贮存时间过长或运输途中受剧烈的振动会引起系带逐渐松弛，最后断裂。因此，做好防震措施是种蛋运输过程中必须重视的问题。

国内外的禽蛋加工工厂在液体卵黄或液体蛋白的加工过程中，都会在巴氏杀菌步骤之前过滤掉卵黄系带。因此，每年大约有 800 吨的卵黄系带被作为废物处理。如此丰富的资源吸引了研究者们的注意，并寻找卵黄系带的潜在利用价值。通过对卵黄系带进行系统的研究，发现它是一种潜在的天然乳化剂，可以作为颗粒乳化剂，将液体油转化成软固体，成为传统塑性脂肪的替代品。也可以和黄原胶协同稳定泡沫乳液，通过增大泡沫粗化和聚集的阻力来稳定体系，为搅打稀奶油及奶泡类产品的制备提供了新思路，从而减少传统奶油制品中油脂氢化产生的反式脂肪酸对人体健康产生的危害。

卵黄系带是生物活性化合物唾液酸水解物、卵黏蛋白、溶菌酶等的来源。由具有特定游离氨基酸和氨基酸衍生物特征的蛋白酶 A 消化的卵黄系带水解物（protease A-digested crude chalaza hydrolysates，CCH-AS）具有抗氧化活性和降脂的功能。因此，CCH-AS 可以应用于减肥和降血脂，对心脏具有保护作用。

卵黄系带作为有价值的工业应用的资源，研究者们只进行了有限的工作，主要在医学方面有所应用，食品方面还需进一步深入的研究。

## 六、卵黄膜

### 1. 卵黄膜的结构及组成成分

卵黄膜含水量为 88%，其干物质中的主要成分是蛋白质。蛋白质含量为 87%，脂质为 3%。其蛋白质是糖蛋白，含己糖 8.5%、唾液酸 2.9%，还含有 $N$-乙酰己糖胺。卵黄膜的氨基酸多为疏水性，这是卵黄膜不溶的原因。在氨基酸中不含有组成结缔组织蛋白质的羟脯氨酸。因此，卵黄膜中不存在胶原蛋白。

卵黄膜中的脂质分为中性脂质和复合脂质，其中，中性脂质由甘油三酯、醇、醇酯以及游离脂肪酸组成，而复合脂质主要成分为神经鞘磷脂。

### 2. 卵黄膜的作用

卵黄膜是包裹在卵黄内容物外面的一层透明薄膜，其厚度约为 16μm，重量为卵黄的 2%~3%，结构与蛋白膜极为相似，富有弹性，但更为微细而紧密，卵黄膜共分 3 层，内层与外层由黏蛋白组成，中层由类胡萝卜素组成。由于黏蛋白的作用，卵黄膜具有一定的弹性和韧性，可以保护蛋黄和胚盘，防止蛋黄物质和蛋白物质相混合。

作为禽蛋的一部分，卵黄膜不仅能够分隔蛋清和蛋黄，而且是防御病原微生物入侵的第二道屏障，也是评估禽蛋新鲜程度的重要因素之一。禽蛋越新鲜，卵黄膜包裹地越紧实、越结实。

### 3. 卵黄膜的变化

卵黄膜在食品加工过程中有着重要的意义。禽蛋在加工过程中，卵黄膜强度的大小是决定蛋清、蛋黄能否完整分离的重要因素之一。

卵黄膜强度高则有利于蛋清和蛋黄的分离；尤其是其抗破裂的能力高时，能够延长禽蛋的储藏时间；卵黄膜质量是生产优质蛋苗、蛋清的关键因素；禽蛋储藏期间卵黄膜作为病原体入侵禽蛋的最后一道屏障，能够保护蛋苗内部免受病原体的侵害，维持禽蛋的新鲜程度。

卵黄膜强度低则会造成巨大的经济损失。一旦卵黄膜被破坏，卵黄就会污染蛋清，即使是少量的卵黄也会降低蛋清的功能特性，如蛋清的发泡性能。

在新鲜蛋的蛋壳破碎时，即便蛋内的蛋黄和蛋白等物质流出，蛋黄部分仍然完整不散，这主要是由于具有包裹作用的蛋黄膜的韧性和弹性较强。但是随着蛋存放时间的延长，蛋的蛋黄膜韧性和弹性都变差，蛋黄体积会因蛋白中水分的渗入而逐渐增大，当超过原体积的19%时，轻微的震动就会导致蛋黄膜破裂，蛋黄内容物外溢形成散黄蛋。所以，从蛋黄膜的紧张度可以推知蛋的新鲜程度。

随着储藏时间的延长，禽蛋卵黄膜的蛋白质会发生变化。禽蛋在高温储藏过程中，卵黄膜会逐渐失去光泽，纤维结构丢失，强度、弹性、重量、蛋白质和氨基己糖含量逐渐下降，然而，卵黄膜弱化的具体机制仍处于未知状态。

据报道，禽蛋在30℃贮藏25天后，卵黄膜的完整性丢失；此外，在30℃贮藏20天后，卵黄膜中的中性糖苷含量下降了50%。由于在新鲜禽蛋的其他组分中并未提取出中性糖苷，因此卵黄膜中的所有中性糖苷必定是膜大分子的组成部分，而在储藏期间中性糖苷的减少必定伴随膜大分子的解离，推测卵黄膜完整性的丢失可能与膜主要糖蛋白 GP Ⅱ 的降解有关。

使用 HPLC 技术分别对 5℃、10℃、20℃ 和 30℃ 储藏 30 天的禽蛋卵黄膜进行蛋白质组成分析，发现储藏期间膜劣化可能主要与卵黄膜外层蛋白 Ⅰ 和卵黄膜外层蛋白 Ⅱ 的解离有关；此外，弹性蛋白网络是人红细胞膜结构的重要组成部分，蛋白链的长度和密度与红细胞膜的物理性质有很强的相关性，在研究蛋白质修饰对红细胞膜机械性能影响时发现血影蛋白含量的降低和蛋白聚集的增加可能会降低人红细胞膜的超弹性和拉伸强度。这一研究也证实了膜蛋白变化将会影响膜的机械性能。因此，禽蛋高温储藏期间膜劣化可能主要与膜蛋白的复杂变化有关。

## 七、卵黄

### 1. 卵黄形态及组成成分

卵黄是一种混浊而黏稠的黄色乳状团块，由很多形状和大小不同的蛋黄球体组成。卵黄由称为系带的蛋白纤维带悬浮在蛋的中央，是未来胚胎的营养储备。随着保存时间的延长、外界温度的升高，系带逐渐变细，最后消失。卵黄随系带的变化，逐渐上浮至蛋壳，由此可鉴别禽蛋的新鲜程度。卵黄以脂类为主要成分，包裹在浓蛋白之内。多为杏黄色，其颜色深浅不一，这取决于禽体昼夜新陈代谢的节奏性。蛋黄呈弱酸性，平均比重略轻于蛋白，容易上浮，引起"靠黄蛋"或"贴壳蛋"。卵黄颜色并不影响禽蛋的营养价值。一些禽蛋有两个卵黄，这并不是一种畸形现象，产卵多的母鸡容易产下这种双黄蛋，人们完全可以放心食用"双胞胎"禽蛋。

2. 卵黄的形成

由于卵巢皮质的卵泡突出于卵巢表面，卵巢呈结节状，用肉眼可观察到2500个卵泡，而用显微镜可观察到大约有12000个卵泡。有人统计卵巢中卵泡数量可达数百万个，其中仅有少数达到成熟而排卵。母鸡卵巢上常有5~6个较大的、发育成熟的黄色卵泡和许多发育未成熟的、颜色发白的小卵泡。卵黄从形成开始到从卵巢中排出需要10天的时间，其生长速度很快，排卵前6天直径可从6mm增至35mm。

由于禽类昼夜不断地进行新陈代谢，卵黄以同心圆层的方式沉积，每昼夜形成一层深色的黄卵黄和一层浅色的白卵黄。

3. 卵黄的颜色

一般认为蛋中类胡萝卜素的作用是防止发育的胚胎组织被自由基氧化。类胡萝卜素是具有生物活性的色素，只能被植物、某些细菌和真菌合成，动物一般都从日粮中获得。这些色素在许多动物性信号的传递中是极为重要的，因为类胡萝卜素具有很强的抗氧化和免疫刺激作用，因此也有人认为这种色素也能反映动物的健康状况。对禽蛋的组成进行的研究表明，卵黄中的类胡萝卜素及相关抗氧化剂能够减少发育的禽类胚胎中富含脂类的组织发生由正常氧化过程中产生的自由基引起的过氧化反应。

鸡蛋的卵黄呈黄色，主要是由于母体在卵黄形成中积聚了大量的类胡萝卜素。类胡萝卜素与其他抗氧化剂之间具有协同作用，在胚胎及其孵化后的发育中都发挥着重要作用。此外，母鸡在其生长发育过程中也需要抗氧化剂以维持自身的需要。因此，如果类胡萝卜素的来源受到限制，如在日粮中缺少或者发生感染性疾病的时候，蛋禽血浆中类胡萝卜素的含量就会降低。

家禽胚胎在发育的过程中，依靠卵黄囊血管吸收卵黄内的营养物质。卵黄囊和残留的卵黄在雏禽出壳前两日，一同被吸入腹中，供出壳雏禽用于生长发育。因此，出壳后的雏禽在12~24h内不采食仍能活泼生存，就是依靠自身腹内卵黄所供给的营养。

## 八、胚珠

未受精蛋的生殖细胞在蛋的形成过程中一般不再分裂，为卵黄表面的一个白点，称为胚珠。在市场上，消费者购买到的禽蛋一般都是未受精蛋。

卵子受精后，原来胚盘占据的部位由胚胎占据，胚胎一般含有30000~40000个细胞，生殖细胞在输卵管中经过分裂，形成中央透明、边缘混浊、形状似盘、周围较暗的盘状形原肠胚，称为胚盘，直径约为 4.4mm，位于卵黄表面，是母禽接受人工授精或与公禽交配受精后，精子与卵子结合形成受精卵胚胎，发育成为雏禽的生命起始点。

未受精蛋的母源性染色体组装在称为胚盘的部位可以比较清楚地看到该部位在蛋中的位置。胚盘直径约 3.5mm，在蛋的卵黄背景上呈一白点。在切面上，胚盘漂浮在终止于卵黄芯的白卵黄柱上，因此雌原核和新形成的受精卵周围有一层液体，其基本成分类似于正常的生理体液，与含脂类较多的卵黄完全不同。

胚胎位于卵黄膜的表面，通常为圆形或非圆形的白点，直径为 2~3mm，比重较卵黄小，因此，胚胎总是位于卵黄上部，专为受精孵化之用。通常受精蛋的胚胎在适宜的温度下会迅速发育，使蛋的贮藏性能降低。

胚珠或胚盘的比重比蛋黄轻因此浮在蛋黄的表面，采用常用的照蛋器来检验未经孵化的禽蛋时，并不能辨别胚珠或胚盘，也不能区分禽蛋是否受精。

由于产蛋机制的问题，蛋禽会产下一些非正常蛋，包括双黄蛋、无黄蛋、软壳蛋、异物蛋、蛋包蛋等。

（1）双黄蛋。

正常的蛋有一个蛋黄，双黄蛋是指一个壳内有两个蛋黄。这是因为在初产或盛产季节，两个卵黄同时成熟排出或者一个成熟排出、另一个尚未完全成熟，但因母鸡受惊飞跃，物理压力迫使卵泡缝痕破裂而与前一个卵黄几乎同时排出并被漏斗部同时纳入，经过膨大部、峡部、子宫部和正常蛋一样最后从阴道排出体外。

（2）无黄蛋。

在蛋禽刚开产的时期，会出现较多的无黄蛋。这是因为在盛产季节，膨大部分泌机能旺盛，会分泌出较浓的蛋白，经扭转后包裹上继续分泌的蛋白和蛋壳膜最后产出体外形成特小的无黄蛋。此外，外源组织会进入输卵管像蛋黄一样刺激蛋清的分泌。

（3）软壳蛋。

钙和维生素 D 的缺乏、疾病蛋禽输卵管内寄生有蛋蛭或疫苗接种后的应激反应会导致蛋禽子宫部分泌蛋壳的机能失常，从而使蛋禽产下软壳蛋。另外，受惊吓的蛋禽也容易产软壳蛋。

（4）蛋包蛋。

家禽在盛产季节可能会产下特大的蛋，打开之后发现壳内还有一正常蛋，这样的蛋叫蛋包蛋。形成这种蛋的原因是蛋移行到子宫部形成蛋壳后，由于鸡受到惊吓或某些反常的现象，输卵管发生逆蠕动，将形成的蛋推移到输卵管上部，之后又与下一个成熟卵黄一起向下移行，又包上蛋白、蛋壳膜和蛋壳形成蛋包蛋。

# 第二节　禽蛋的化学组成

禽蛋各组成部分的比例和化学成分含量依禽类的品种、饲料、饲养条件和产蛋季节等因素的不同而有所差异。营养价值主要取决于蛋白和蛋黄的含量、化学成分及其组成比例。禽蛋营养成分极为丰富，与其他动物源性食物相比，禽蛋是最普遍、营养最丰富且易获得的人类食物之一，含有人体所必需的优良蛋白质、脂肪、类脂质、糖类、矿物质、维生素以及微量元素等营养物质，且消化吸收率非常高。禽蛋因均衡的必需氨基酸组成和高消化率而被认为是蛋白质的优质来源，其中所含的营养物质还可用于生产具有益生特性的食品和药用制剂。

## 一、蛋的一般化学组成

禽蛋的化学结构复杂，组成成分十分丰富，禽蛋中含有胚胎发育所必需的水分、蛋白质、脂肪、矿物元素、维生素及糖类等一切营养物质。不同禽蛋的化学成分不同，如鸡、鸭、鹅、鸽子等禽蛋，其水分、固形物、蛋白质、脂肪、灰分、碳水化合物的所占比例均不同。水分含量上，鸽蛋的百分比较高，鹅蛋最低；在固形物的比较中，鹅蛋所占比例最高，鸽蛋最低；蛋白质所占比例基本相同；脂肪含量上，鸽蛋百分比最低；灰分所占百分比基本相同；在碳水化合物的比较中，鹅蛋所占比例最高。

禽蛋中蛋白质的营养价值可以从蛋白质的含量、消化率、生物价和必需氨基酸的含量四个方面进行衡量，具体内容如下。

（1）蛋白质的含量。

在评定一种食品中蛋白质的营养价值时，应以其含量为基础。因为即使营养价值很高，但含量太低，是不能满足机体需要的，无法发挥优良蛋白质的作用。

禽蛋所含的蛋白质主要是卵清蛋白，卵黄中还含有丰富的卵黄磷蛋白，二者都属于完全蛋白质，完全蛋白质中含有很多人体必需的氨基酸。

在日常食物中，每500g食物所含蛋白质的情况：豆类150g，肉类80g，蛋类60g，粮谷类40g左右，蔬菜5~10g。由此来看，禽蛋的蛋白质含量仅低于豆类和肉类，而高于其他食物。因此，禽蛋属于蛋白质较高的重要食物。

（2）蛋白质的消化率。

蛋白质的消化率指一种食物的蛋白质可被消化酶分解的程度。蛋白质消化率越高，被机体吸收利用的可能性越大，其营养价值也越高。

按常规方法烹饪食物时，蛋类的蛋白质消化率为98%、米饭82%、面包79%、马铃薯74%。由此可见，蛋类的蛋白质消化率很高，是其他许多食物无法比拟的。

（3）蛋白质的生物价。

生物价是表示蛋白质消化吸收后在机体内被利用程度的重要指标。与牛奶、牛肉、大米、玉米、花生等食物相比，禽蛋蛋白质的生物价较高。因此，禽蛋蛋白质的营养价值也相对较高。

（4）蛋白质中必需氨基酸的含量及其相互比例。

必需氨基酸是人体需要而自身不能合成的一类氨基酸，必须由食物供给获得。评定一种食物的蛋白质营养价值高低时，要根据食物中所含的 8 种必需氨基酸的种类、含量及相互间的比例来判断。禽蛋内的蛋白质不仅必需氨基酸的种类齐全、含量丰富，且必需氨基酸的数量及相互间的比例也很适宜，接近人体的需要，是一种理想的蛋白质。

除了优良的蛋白质含量以外，禽蛋中还含有人体所必需的优良脂类、矿物质、维生素、糖类等营养物质。

（1）禽蛋中的脂类物质。

禽蛋中含有11%~15%的脂肪，脂肪中含有58%~62%的不饱和脂肪酸，其中油酸和亚油酸是必需脂肪酸，且含量丰富。禽蛋中的脂肪绝大部分存在于卵黄中，占卵黄的1/3 左右。脂肪中富含磷脂和固醇类，其中磷脂（卵磷脂、脑磷脂、神经磷脂）对人体的生长发育非常重要，是大脑和神经系统活动所不可缺少的重要物质。

（2）禽蛋中的矿物质。

禽蛋中含有约1%的灰分，其中钙、磷、铁等无机盐含量较高，相对于其他食物而言，卵黄中的铁含量高，易被人体消化吸收利用，其利用率达100%。因此，卵黄是婴幼儿及缺铁性贫血患者补充铁的良好食物。

（3）禽蛋中的维生素。

除缺乏维生素 C 以外，禽蛋中绝大部分维生素 A、维生素 D、维生素 B 等均在卵黄内，蛋白中则以 B 族维生素为主。

（4）禽蛋中的糖类。

禽蛋中的糖类主要是卵黄和蛋白内含量较少的葡萄糖。

## 二、蛋壳的化学成分

蛋壳的形成始于输卵管峡部，终于子宫部。在形成过程中于子宫部停留的时间最长，这里有很多的水和矿物质穿过蛋壳膜进入蛋白，使禽蛋膨胀并形成蛋白的第四层，这也是蛋壳形成和色素沉积的地方。当禽蛋进入子宫部以后，禽蛋浸泡在富

含 $Ca^{2+}$、$HCO_3^-$、有机成分前体物质的液体中，开始蛋壳的矿化。蛋壳矿化分为钙化初始期、快速沉积期、矿化终止期三个时期。

钙化初始期时，碳酸钙形成的方解石晶体在乳突成核位点聚集，方解石晶体继续沉积，形成 V 型晶体；随后相邻晶体接触融合，进入快速沉积期，碳酸钙继续沉积，形成垂直排列的柱状方解石晶体，其直径与外壳膜上乳突成核位点的数目呈反比；最后，进入蛋壳钙化的终止期，微晶体在柱状方解石晶体的表面沉积，抑制柱状方解石晶体生长，伴随着羟基磷灰石和色素的沉积，蛋壳钙化结束。

蛋壳又称石灰质蛋壳，是包裹在禽蛋内容物外面的一层硬壳，它使蛋具有固定的形状，并起着保护蛋白、蛋黄的作用，但其质地易脆，不耐碰撞或挤压。禽蛋蛋壳重量为 5.2~5.4g，厚度为 0.3~0.4mm，含钙量为 2~2.5g。食用醋有助消化、消食滞的作用，可以帮助人体吸收食物中的营养成分，有强身祛病的功效。禽蛋蛋壳经醋浸泡后，其主要成分碳酸钙与醋酸反应形成易被胃肠吸收的醋酸钙，醋蛋液也有一定的美白祛斑作用。

禽蛋的种类不同，蛋壳的化学组成也有差异。有研究认为蛋壳质量变差时，钙含量也随之降低。但相关实验表明蛋壳质量并不完全取决于蛋壳中钙及其他相关元素相对含量的高低，而应当结合观察蛋壳的微观结构等物质属性来进行综合评判。

有研究利用电镜技术对引进鸡品种的卵壳、壳膜结构进行观察并分析卵壳中钙、镁、铁、锌四种元素的含量及卵黄中胆固醇的含量。卵壳中钙的含量无明显差异，而镁、铁、锌的含量存在显著差异。海兰白卵壳含镁量和含锌量最高；海赛克斯褐含铁量最高。研究证实卵黄胆固醇含量存在着遗传差异。品种间的遗传差异及选择反应造成的差异均表明胆固醇含量处于严密的遗传控制之下。

1. 蛋壳中的矿物元素

蛋壳主要由宏量无机盐（以碳酸钙为主，碳酸镁）、少量有机物、多种微量元素组成。

蛋壳中的无机物质约占整个蛋壳质量的 94%~97%，其中矿物质成分由碳酸钙（约占 93%）、少量碳酸镁（约占 1.0%）、少量磷酸钙及磷酸镁等组成，钙、磷含量分别占蛋壳质量的 34.9% 和 2.2%。碳酸钙以方解石晶体的形式组成蛋壳的基本骨架，具有提高蛋壳硬度的作用，磷酸盐则可以阻止方解石晶体继续生长，终止蛋壳的矿化。

矿物质成分与有机物质以最佳的比例参与形成蛋壳时，蛋壳的脆性和韧性会达到平衡状态，此时蛋壳的品质最好。

2. 蛋壳中的微量元素

微量元素可能参与有机大分子和钙离子在界面处的相互作用，共同协调控制无机矿物相的有序析出和沉积，从而使蛋壳形成特殊的多层结构。微量元素可能会影响蛋壳中钙离子的成核、结晶、生长，从而影响蛋壳的物理特性和力学特性。此外，蛋壳形成过程中的关键酶，如糖基转移酶、碳酸酐酶、赖氨酸氧化酶等，均需要微量元素作为其活性因子而发挥功能。

然而，蛋禽对微量元素吸收率比较低。产蛋鸡饲粮中补充的微量元素一般有锰、铁、铜、锌、碘和硒等。高产蛋鸡对锌、铜的吸收率分别为 20%、15%左右；锰、锌、铜等是蛋壳形成过程所必需的微量元素。

蛋壳中砷、硒、镉、钒、锂、铜含量随产蛋鸡周龄增加而降低；其中，砷、镉、硒等元素含量与蛋壳强度呈极显著正相关，而蛋壳中铁、钴、镍、锶等元素含量与蛋壳强度呈极显著负相关；另外，蛋壳中铁、镍与钙的含量呈显著负相关，而砷、镉与蛋壳钙沉积量呈显著正相关。

锰对蛋禽机体黏多糖的形成有影响，是形成蛋壳乳头状基质层的主要成分，对蛋壳品质影响较大。若蛋禽产蛋时体内锰含量过少，会对蛋壳色素的沉着产生抑制作用，使得蛋壳颜色变浅，并且提高破壳蛋产生的概率；锌与蛋禽机体的碳酸酐酶活性有关，机体内锌含量缺少时，会引起蛋壳颜色偏白；铁是组成血红蛋白不可或缺的微量元素，在蛋壳中含量最高，为 2.3mg/g 左右，其次是锶（0.13~0.30mg/g）和镍元素（约 20μg/g）。铁缺乏时会使蛋禽出现贫血症状，且对蛋壳着色有降低作用；铜与蛋禽的蛋壳腺分泌作用有关，缺乏时会引起畸形蛋的产生。

3. 蛋壳中的维生素

维生素是影响蛋禽日常生产很重要的因素，一般在蛋禽日粮中加入 2~3 倍正常剂量的复合维生素能够有效改善蛋壳颜色和蛋壳品质。

维生素 $D_3$ 对蛋禽机体钙、磷的吸收代谢有重要的影响；饲粮中适量添加维生素 C 可提升禽蛋的蛋壳厚度；维生素 A 对机体上皮组织的分泌有影响，缺乏维生素 A 会对蛋壳的质量造成影响；维生素 $B_6$、维生素 C、维生素 K 等是蛋壳颜色形成的关键维生素。

### 三、壳膜的成分

禽蛋胶护膜包括钙化内层和非钙化的水不溶外层，内层主要由羟基磷灰石（占 3%）组成；外层主要由糖蛋白（占 90%）、多糖（占 40%）、脂质（占 3%）和少量磷脂组成，其中，半胱氨酸、甘氨酸、谷氢酸、赖氨酸、酪氨酸在蛋白质中含量较高；多糖中主要包含藻糖、半乳糖、葡萄糖、己糖胺、甘露糖、唾液酸。

胶护膜中含有大量的蛋白质，与蛋壳基质层的蛋白质重叠，绝大部分为水不溶性蛋白。通过 Rose-Martel 质谱分析，检测到 47 种蛋白质，包括 ovocalyxin-32

（OCX-32）、ovocleidin116（OC-116）、ovocalyxin36（OCX-36）、ovocleidin-17（OC-17）、卵清蛋白、蛋白抑制剂类似蛋白及少量溶菌酶 C，这些抗菌蛋白可有效降低革兰氏阴性菌和革兰氏阳性菌的跨壳污染。

蛋壳膜厚度大约为 70μm，为双层结构。蛋壳外面的一层为外蛋白膜或外蛋壳膜，由白色透明的黏液干燥而成，是一种胶质的黏液蛋白，含有蛋白质 85%~87%，糖类 3.5%~3.7%，脂肪 2.5%~3.5%。其中的蛋白质主要有胶原蛋白、涎酸糖蛋白、卵清蛋白、溶解酵素及卟啉等。在蛋壳内面的一层蛋壳膜为内蛋壳膜或壳下膜，是一种由角蛋白有机纤维交织而成的网状结构半透膜，主要成分为角蛋白中的硬蛋白，水溶性差。

壳下膜主要由蛋白质组成，并附有一些多糖，其糖含量比蛋壳和外蛋壳膜少。还含有 1.35% 的脂肪，脂肪中中性脂肪：复合脂质为 86:14，而在复合脂质中约有63% 是神经鞘磷脂。Candlish 已检出蛋白质部分含有羟脯氨酸，故该膜的蛋白质还不能被确定是否为非胶原蛋白。多糖类组成中己糖含量最多，而半乳糖胺和唾液酸含量最少。研究指出，蛋壳膜中的 $\beta$-N-乙酰葡萄糖胺酶的活性很高（约为蛋黄膜的 4 倍），并含有丰富的溶菌酶（是浓厚蛋白的 4 倍），该酶多以二聚体形式存在于壳下膜上。

禽蛋壳膜是附着在禽蛋壳上的一层薄膜，从结构上来看，禽蛋壳膜为相互交织的纤维膜，双层结构，且内膜比外膜更为致密，可有效阻挡微生物进入禽蛋内部，从而具有保护禽蛋的作用。其主要成分是以糖蛋白形式存在的蛋白质，约占蛋壳膜干重的 90%，此外还含有 3% 的脂质体和 2% 的糖类。

蛋壳膜所富含的胶原蛋白和透明质酸是具有较大利用潜力的生物资源。蛋壳膜是介于蛋清和蛋壳内表面的蛋白纤维组织，由蛋白质、黏多糖类等成分复合而成。研究证明，壳膜中含有胶原蛋白、角蛋白、弹性蛋白等蛋白成分。壳膜蛋白质成分中胶原蛋白含量丰富（占壳膜蛋白成分的 10%），可作为陆生动物源胶原蛋白的有益补充。壳膜中另一种主要成分是透明质酸（占蛋壳膜湿基 5%~10%），与胶原蛋白类似，透明质酸在医疗和美容等方面有重要应用。

除此之外，壳下膜中还含有多种可溶性的有机化合物，如 N-乙酰氨基葡萄糖、半乳糖、葡萄糖醛酸、透明质酸、硫酸软骨素、氨基酸、唾液酸等可溶性高分子营养成分，可以广泛应用于医药和护肤用品。其中的唾液酸是 9-碳单糖的衍生物，具有促进神经系统发育、提高智力、抗肿瘤、抗病毒、抗炎症等生理作用。

禽蛋壳膜中还含有很多种不同的物质，从壳膜中提取相应成分可以更加深入透彻的了解禽蛋壳膜的组成。

（1）角蛋白。

利用不同的提取方法从禽蛋壳膜中提取角蛋白，并通过紫外、红外等技术手段对角蛋白进行分析。结果表明，采用碱性蛋白酶提取到的角蛋白保持了较为完整的结构，可应用于食品、药物、饲料等领域。科研工作者采用碱液法、蛋白酶酶解法从禽蛋壳膜中也可提取到角蛋白，提取率为 26.0%~48.6%。

（2）胶原蛋白。

禽蛋壳膜蛋白主要为Ⅰ型胶原蛋白，保留了胶原蛋白较为完整的三股螺旋结构，可广泛应用于生物医药、食品、化妆品等领域。

利用胃蛋白酶提取禽蛋壳膜中的胶原蛋白，提取到的胶原蛋白为典型的Ⅰ型胶原蛋白；利用木瓜蛋白酶从禽蛋壳膜中提取胶原蛋白的提取率为 0.91%。

（3）透明质酸。

透明质酸也称为玻尿酸，是一种酸性黏多糖。酶解法具有反应温和、易控制、活性成分不易被破坏等特点，因此被广泛应用于透明质酸的提取。

利用胰蛋白酶法可从禽蛋壳膜中提取到 13.29mg/g 的透明质酸；利用胰蛋白酶和木瓜蛋白酶双酶复合法提取禽蛋壳膜中的透明质酸，提取率为 12.2mg/g；利用复合胰蛋白酶法可从禽蛋壳膜中提取到高达 23.694mg/g 的透明质酸，且纯度较高。

（4）硫酸软骨素。

硫酸软骨素是一类重要的酸性黏多糖，也是一种糖胺聚糖，当其与氨基葡萄糖配合使用时，具有止痛、促进软骨再生的功效。

采用稀碱与酶解复合提取法，可从禽蛋壳膜中提取到产率为 21% 的硫酸软骨素，纯度可达 76%；利用木瓜蛋白酶提取硫酸软骨素的提取率可达 75.31%；用碱盐法提取禽蛋壳膜中的硫酸软骨素，提取率为 74.0%。

（5）其他活性成分。

利用碱性蛋白酶对禽蛋壳膜进行酶解，可得到抑菌物质且其抑菌效果明显；采用微波辅助的方法螯合禽蛋壳和禽蛋壳膜中的钙以及多肽制备得到肽螯合钙，其钙螯合率高达 88.1%；用大豆分离蛋白和禽蛋壳膜酶解肽制备的复合膜可应用于食品包装领域。

## 四、蛋白的化学成分

蛋白又称蛋清，主要成分是蛋白质和水，因此，我们可以把禽蛋中的蛋白看作是一种以水作为分散介质，以蛋白质作为分散相的胶体物质。蛋白约占禽蛋重的60%，蛋清蛋白质中除溶菌酶外，其余都属于糖蛋白，卵清蛋白（54%）、卵转铁蛋白（13%）、卵类黏蛋白（11%）、卵黏蛋白（3.5%）和溶菌酶（3.5%）等高丰度蛋白占总蛋白的 86%；此外，还包括抗生物素蛋白（0.05%）、半胱氨酸蛋白酶抑制剂（0.05%）、卵黄蛋白（0.8%）、卵糖蛋白（1.0%）和卵抑制剂（1.5%）等微量蛋白。蛋白的结构不同，所含的蛋白质种类不同，蛋白的胶体状态也有所改变。以鸡蛋、鸭蛋为例，其蛋白化学组成中，水分、蛋白质、脂肪、碳水化合物、矿物质及无氮浸出物所占比例均较为相似。

1. 蛋白中的水分

水分是蛋白中的主要成分，蛋白中的水分含量一般为 85%～88%，其中少部分水与蛋白质结合，以结合水的形式存在，大部分水以自由水的形式存在。其水分含量主要因蛋白各层的稠薄程度而有所区别，如外层稀薄蛋白的水分含量为 89%，中层浓厚蛋白的水分含量为 84%，内层稀薄蛋白的水分含量为 86%，系带膜状层水分含量为 82%。

2. 蛋白中的蛋白质

禽蛋蛋白中的蛋白质含量为总量的 10%～13%。现已分离出 40 种的蛋白质，其中 24 种蛋白质的含量较少，含量较多的蛋白质有 12 种。

蛋白中的蛋白质除不溶性卵黏蛋白以外，一般为可溶性蛋白质。总的来看，蛋白是由大量的球状水溶性糖蛋白及卵黏蛋白纤维组成的蛋白体系，蛋白各层之间蛋白质的组成差别不大。

蛋白的化学组成主要受品种、饲养管理等方面的影响。禽蛋蛋白位于蛋白膜的内层，主要由水（87%）、蛋白质（9.7%～10.6%）、碳水化合物（0.6%）、矿物质（0.5%）、脂质（0.01%）组成。禽蛋蛋白是高营养成分和功能性成分的重要来源，主要含有卵清蛋白、卵转铁蛋白、卵黏蛋白、卵类黏蛋白、溶菌酶和卵球蛋白等蛋白质成分。

其中，卵清蛋白、卵转铁蛋白、卵类黏蛋白、溶菌酶和卵黏蛋白等蛋清中的高丰度蛋白已经可从禽蛋清中分离，且具有抗氧化、螯合金属、抑菌、抗病毒和抗肿瘤等生物学功能。

禽蛋的致过敏现象层出不穷，这主要是由蛋清中的蛋白质引起的，其中最主要的四种过敏原分别是卵清蛋白、卵类黏蛋白、卵转铁蛋白和溶菌酶。

（1）卵清蛋白含有 385 个氨基酸，分子量为 45ku，是典型的球蛋白，具抗氧化活性，约占蛋清蛋白的 54%，也是蛋清中唯一一种内部含自由巯基的蛋白质，由 A1（含 2 个磷酸盐基团）、A2（含 1 个磷酸盐基团）及 A3（不含磷酸盐基团）以 85∶12∶3 的比例组成，含 3.5% 的糖基，其氨基酸链的 N 端是乙酰甘氨酸，C 端是脯氨酸，其在储藏和孵化过程中会转化为一种热稳定形式。

卵清蛋白分子中含有疏水性氨基酸残基，氨基酸残基带有电荷，且大多数为酸性氨基酸残基，因此该蛋白质的等电点值为 4.5。此外，其热凝固点为 60~65℃，在 pH 为 9、62℃加热 3.5min 时，只有 3%~5%卵清蛋白发生热变性，而在 pH 为 7 时，几乎不发生热变性。

（2）卵转铁蛋白又称副卵白蛋白或卵伴白蛋白，占蛋清蛋白质量的 12%~13%，是一种相对分子质量为 77000~80000 的单亚基糖蛋白，含有 686 个氨基酸残基，等电点 pI 为 6.0~6.7。卵转铁蛋白的一级结构有高度保守性，其编码基因与血清转铁蛋白相同，只是两种蛋白质的糖基不同。卵转铁蛋白的晶体结构表明该蛋白的肽链折叠成两个结构相似的球形叶片，分别为氨基端小叶（N-lobe）和羧基端小叶（C-lobe），每个区域都含约 300 个氨基酸残基，并由 $\alpha$-螺旋和 $\beta$-折叠交替组成。

二硫键可以稳定二级和三级肽链的内部结构对维持蛋白质构象起到很重要的作用，并且对于蛋白质结合金属离子的能力也十分重要。卵转铁蛋白可以结合并运输 $Fe^{3+}$，碱性条件下，二者更容易结合。每个卵转铁蛋白分子具有 2 个配位中心，分别可与 $Fe^{3+}$、$Cu^{2+}$、$Zn^{+}$ 以及 $Al^{3+}$ 等金属离子结合，所形成的各金属离子复合物的颜色分别为红色、黄色、白色和无色。以结合 $Fe^{3+}$ 为例，卵转铁蛋白的氨基端小叶与 $Fe^{3+}$ 结合的氨基酸残基分别为 Asp60、Tyr92、Tyr191 和 His250，羧基端小叶为 Asp395、Tyr431、Tyr524 和 His592。

卵转铁蛋白分子在结合 $Fe^{3+}$ 前后的分子结构不完全相同，构象发生了较大变化。结合 $Fe^{3+}$ 之前，卵转铁蛋白分子呈较开放、疏散的结构；结合 $Fe^{3+}$ 之后，由于来自卵转铁蛋白分子不同方位的配体同 $Fe^{3+}$ 之间相互作用，导致整个分子结构变得更紧密、更封闭，也更加稳定，提高了该蛋白抵御热和蛋白质水解酶作用的能力。控制卵转铁蛋白释放 $Fe^{3+}$ 的重要因素是 pH。卵转铁蛋白分子上氨基端小叶和羧基端小叶在结构、序列的区别导致两个 $Fe^{3+}$ 结合位点对 $Fe^{3+}$ 的结合能力具有差异，羧基端小叶部位结合 $Fe^{3+}$ 能力高于氨基端小叶，并且氨基端小叶释放 $Fe^{3+}$ 需要较高的 pH，其肽链上 Asn473 残基具有一个糖基化位点，为典型的 $N$-连接糖基化，主要的单糖为甘露糖和 $N$-乙酰氨基葡萄糖。

（3）蛋清溶菌酶又叫胞壁质酶或者 $N$-乙酰胞壁质聚糖水解酶 EC3.2.1.17，是一种相对分子质量为 14400 的单亚基碱性蛋白质，等电点约为 10.70 溶菌酶主要分布于蛋清中，除了主要以单体形式存在外，也有部分与卵黏蛋白、卵伴白蛋白、卵清蛋白结合存在，其含量占蛋清蛋白质总量的 3%~4%，在系带膜状层或系带中的含量比其他蛋白层中至少多 2~3 倍，在各蛋白层中含量基本相同。

溶菌酶因其抑菌性而得名，是含 129 个氨基酸残基的单一多肽链，包括 10 个羧基、7 个氨基、11 个精氨酸残基、6 个色氨酸残基以及 4 个二硫桥键，分别位于

Cys6 和 Cys127、Cys30 和 Cys115、Cys64 和 Cys80、Cys76 和 Cys94 之间，可与卵黏蛋白等负电荷蛋白质结合，两者络合物影响蛋清的凝胶性。

禽蛋清中的溶菌酶是第一个用晶体学方法测定结构的酶。早在 1965 年，英国伦敦皇家研究院的 David Phillips 实验室就测定了其结构。溶菌酶的三级结构状如卵形，大小为 3.6nm×4.5nm×4.2nm，整个结构呈混合型的 α/β 结构域，其天然结构由催化活性部位，即一条沟漕分隔为两个结构域，并由一段 α-螺旋（氨基酸残基 89~99 个）将两个结构域连接。其中一个结构域含有 5 段 α-螺旋，包含肽链的 C 端部分和 N 端部分，氨基酸残基分别为 1~39 和 101~129，另一个结构域由三股折叠链构成的反平行 β-片层和两段 α-螺旋组成。4 个二硫键中有两个位于 α-螺旋结构域，一个在第二个结构域，最后一个位于两个结构域之间。

溶菌酶能够通过催化肽聚糖中 N-乙酰胞壁酸和 N-乙酰氨基葡萄糖残基间 1，4-β-糖苷键的水解而破坏细菌的细胞壁。整个过程是：首先溶菌酶通过其两个结构域之间的沟结合到肽聚糖分子上，随后其底物在酶中形成过渡态的构象。根据 Phillips 机制，溶菌酶与葡聚六糖结合，然后溶菌酶将葡聚六糖上的第 4 个糖扭曲为半椅形构象。在这种扭曲状态下能量较高的糖苷键很容易发生断裂。位于溶菌酶蛋白序列 35 位的谷氨酸（Glu35）和 52 位的天冬氨酸（Asp52）的侧链对溶菌酶的活性非常关键。Glu35 作为糖苷键的质子供体剪切底物的 C-O 键，而 Asp52 作为亲核试剂参与生成糖基酶中间体。随后糖基酶中间体与水分子发生反应水解生成产物，而酶保持不变。典型的溶菌酶敏感菌是藤黄微球菌或溶壁微球菌、枯草杆菌等部分革兰氏阳性菌。此外溶菌酶还具有催化糖转位反应的作用。

（4）卵黏蛋白由 α 和 β 两种亚基组成。α-亚基分子量为 $150×10^3 \sim 220×10^3$，含 11%~15% 的碳水化合物，富含天冬氨酸和谷氨酸；β-亚基分子量为 $400×10^3 \sim 523×10^3$，含 50%~57% 的碳水化合物，富含丝氨酸和苏氨酸。由于所含亚基比例的不同，卵黏蛋白可分为可溶性和不溶性卵黏蛋白。可溶性卵黏蛋白分子量约为 $8.3×10^6$，含有 87% 的 α-亚基和 13% 的 β-亚基，存在于浓蛋清和稀蛋清中；不溶性卵黏蛋白分子量为 $2.3×10^6$，含有 67% 的 α-亚基和 33% 的 β-亚基，仅存在于浓蛋清中。碳水化合物含量为 33% 的卵黏蛋白在蛋清蛋白质中的含量排在第五位，对蛋清凝胶性起着关键作用，其含量影响蛋清蛋白高度和哈氏单位。

3. 蛋白中的碳水化合物

蛋白中的碳水化合物分两种状态存在：一种是与蛋白质呈结合状态存在，在蛋白中占有 0.5%；另一种是呈游离状态存在，在蛋白中占有 0.4%。游离的糖类中 98% 是葡萄糖，其余是微量的果糖、甘露糖、阿拉伯糖、木糖和核糖。蛋白中的糖类含量虽然很少，但与蛋白片、蛋白粉等蛋制品的色泽有密切关系。

4. 蛋白中的脂肪

新鲜蛋白中含有微量的脂肪，约占0.002%，中性脂质和复合脂组成比例为7：1~6：1。中性脂质中的蜡、游离脂肪酸、游离甾醇是主要成分；复合脂质中的神经鞘磷脂和脑苷酯类是主要成分。禽蛋贮藏时，随着卵黄膜强度的弱化，甘油三酯和胆甾醇酯将由卵黄移行至卵蛋白中。

5. 蛋白中的矿物质

蛋白中的矿物质成分含量较少，种类却较多，主要有钠、钾、钙、镁等。其具体含量分别为钠139.1mg/kg、钾138.0mg/kg、钙58.52mg/kg、镁12.41mg/kg。

6. 蛋白中的酶

蛋白中除主要的溶菌酶外，还有三丁酸甘油酯酶、淀粉酶、肽酶、磷酸酶、过氧化氢酶。

7. 蛋白中的维生素及色素

蛋白中的维生素含量整体较卵黄中的低，但维生素 $B_2$ 较多，此外还有维生素 $B_3$ 等。蛋白中的有色物质很少，含有少量的核黄素（维生素 $B_2$），使干燥后的蛋白带有浅黄色。

### 五、系带及卵黄膜的化学成分

卵黄膜是紧紧包裹在卵黄外的一层纤维蛋白膜，是构成完整卵黄的一部分，主要有三层，薄的连续层位于两个纤维层之间，内层面对着蛋黄，外层面对着蛋清。禽蛋卵黄膜干物质的87%为蛋白质，多为糖蛋白。内层的蛋白主要有透明带蛋白ZPl、ZP3 和ZPD，糖蛋白GPⅠ、GPⅡ和GPⅢ；外层主要包括卵黏蛋白、溶菌酶C、卵黄膜外层蛋白Ⅰ和卵黄膜外层蛋白Ⅱ，卵黄膜外层蛋白与卵黏蛋白紧密结合形成复合物，这些复合物构成了鲜蛋卵黄膜外层的基本骨架。

### 六、卵黄的化学成分

#### （一）卵黄中母禽抗体的形成

在卵黄形成过程中，免疫球蛋白（特别是IgY）可进入蛋中。IgY是从禽类血清转运到卵黄血浆的一类蛋白质，主要作用是诱导胚胎中抗体的生成，直到胚胎能够产生自身的全功能抗体。雏鸡在孵化后14h内可将母体IgY异化，开始合成自身的IgY。大约2周后，小鸡血液循环中的IgY主要是其自身产生的。

与人类免疫球蛋白IgG相比，禽源抗体具有结构差异大、系统发育差异大、与哺乳动物抗原同源性低、活性高、抗原价廉等特点。每个鸡卵黄平均含有8~20mg/mL的IgY。IgY是在抗原出现后5~6天形成的。鸡在6周龄和6月龄之间达到成年时的 IgY 水平，雏鸡能异化母体抗体，也能对雏鸡的生长发育产生影响，而影响到雏鸡的表型特征。

如果在鸡母体的胚胎发育过程中通过手术方法摘除黏液囊，可引起母体缺乏 IgY，导致脾脏中攻击抗原的辅助淋巴细胞辅助 T 细胞的数量减少，后代的免疫反应性也会降低，因此使后代的生存能力下降。

目前已有多种对禽抗体进行分级和纯化的方法。提取方法中最常用的是聚乙二醇、氯仿、异丙醇、硫酸葡聚糖和海藻酸钠色谱技术，凝胶分馏和乙醇沉淀也有应用。

**（二）卵黄中的蛋白质**

卵黄蛋白质作为人类蛋白质来源的重要膳食途径之一，一直是食品营养研究的重点关注对象。卵黄中的蛋白质大部分是脂质蛋白质，包括低密度脂蛋白（占 65%）、卵黄球蛋白（占 10%）、卵黄高磷蛋白（占 4%）和高密度脂蛋白（占 16%）等，其他 5.0%。

1. 低密度脂蛋白

低密度脂蛋白是一个直径为 7~20nm 假球蛋白结构的脂蛋白，是卵黄中含量最多的蛋白质，占卵黄总蛋白质的 65%其分子量为 400kDa。低密度脂蛋白的脂质含量非常高，为 30%~89%，74% 为中性脂肪，26% 为磷脂。因此，也称为卵黄脂蛋白。其中蛋白质含量约为 11%，相对密度较低，为 0.89~0.98。

蛋白部分由 Lipovitellin-1、Lipovitellin-2 两类亚基组成。

2. 卵黄球蛋白

卵黄球蛋白约占卵黄总固体的 10.6%，主要存在于卵黄浆液中，含 0.1% 的磷和丰富的硫。其等电点为 4.8~5.0，凝固温度为 60~70℃。电泳卵黄球蛋白可得到三种组分，这三种组分在卵黄中的含量比例为 2:3:5。

3. 卵黄高磷蛋白

卵黄高磷蛋白占卵黄中蛋白质总量的 4%~10%，含有 12%~13% 的氮、9.7%~10.0% 的磷和 6.5% 的糖类磷含量占卵黄总磷量的 80%。其相对分子质量为 36000~40000，氨基酸的组成中含有 31%~54% 的丝氨酸，其中 94%~96% 的丝氨酸与磷酸根相结合。卵黄高磷蛋白含有多个磷酸根，可与 $Ca^{2+}$、$Mg^{2+}$、$Mn^{2+}$、$Sr^{2+}$、$CO^{2+}$、$Fe^{2+}$ 和 $Fe^{3+}$ 等金属离子结合，还可以与细胞色素 C、卵黄磷蛋白等大分子结合成复合体。因此，卵黄高磷蛋白在禽蛋中可作为营养物质的运载体。

4. 高密度脂蛋白

高密度脂蛋白也称为卵黄磷蛋白，占卵黄总蛋白质含量的 16%，不溶于水，可溶于中性盐、酸、碱的稀溶液，等电点为 3.4~3.5，相对分子质量为 40000。脂质含量与低密度脂蛋白相比较少，为 14.6%~22%，其大部分脂质存在于分子内部。

### 5. 核黄素结合性蛋白质

核黄素结合性蛋白质占卵黄中蛋白质总量的0.4%，与核黄素以1∶1的比例形成复合体，在pH为3.8~8.5的范围内稳定，在pH为3.0以下时核黄素离解，相对分子质量为36000，糖类含量为12%。

### 6. 小白蛋白

小白蛋白是已知磷酸化程度最高的蛋白质，其80%的丝氨酸残基发生了磷酸化，磷酸化后的丝氨酸以单一方式排列，并允许在序列中心携带多达15个连接的残基块。小白蛋白的C-末端和N-末端富含疏水氨基酸，这也是它具有两亲特性的重要原因。

### （三）卵黄中的脂质

卵黄中的脂质主要以脂蛋白的形式存在。卵黄的脂质含量为干物质的60%~65%。研究发现，卵黄脂质由62%~65%的甘油三酯、30%~33%的磷脂以及4%~5%的胆固醇组成。

脂肪酸是复杂脂质分子的组成成分，是了解脂质分子详细信息的基础。利用GC-MS对禽蛋卵黄中脂肪酸组成进行分析，总脂肪酸中油酸约为40%、棕榈酸约为14.8%、亚油酸约为11.3%，总的饱和脂肪酸、单不饱和脂肪酸都占总脂肪酸的40%以上，总的多不饱和脂肪酸占总脂肪酸的13.7%。

另一项卵黄脂肪酸组成研究发现，油酸、棕榈酸、亚油酸的总量在市售鸡与本地鸡卵黄中都超过了总脂肪酸的80%，并且脂肪酸在不同品种鸡卵黄中的含量与种类都无显著差异。在利用GC-MS对禽蛋卵黄脂肪酸分析时发现，鸡蛋、鸭蛋、鸽子蛋、鹅蛋中含量最高的是油酸，其次是棕榈酸与亚油酸，这表明禽蛋脂肪酸在分布上具有一定的相似性。

鸡卵黄中的脂质含量为30%~33%，鸭卵黄中约为36.2%，鹅卵黄中约为32.9%。

卵黄中的脂肪含量最多，广义通常是指卵黄油，占卵黄总质量的30%~33%，其中以甘油三酯为主的中性脂质约为65%，其次是磷脂类（包括卵磷脂、脑磷脂、神经磷脂），约占10%，以及少量的固醇（包括甾醇、胆固醇和胆脂醇，约为4%）和脑苷脂等。

在利用各种有机溶剂萃取脂质过程中，所采用溶剂的种类和萃取条件的不同，被提取的脂质数量和组成有很大差异，其相应的性质、功能和应用也就不同。但是其化学成分基本相同，主要包括真脂、磷脂、胆固醇三部分。

### 1. 真脂

卵黄中的真正脂肪是由脂肪酸和甘油组成的甘油三酯，在鸡卵黄中，真脂约占脂质的 62.3%。卵黄真脂中各种脂肪酸的含量如下：油酸为 34.55%、十六碳烯酸为 12.26%、硬脂酸为 9.26%、花生四烯酸为 0.07%、软脂酸为 29.77%、亚油酸为 10.09%、十四碳酸为 2.05%。

**2. 磷脂**

卵黄中约含有 10% 的磷脂，主要包括卵磷脂和脑磷脂两类，由甘油、脂肪酸、磷酸、胆碱组成。这两种磷脂占总磷脂含量的 88%，不同禽蛋卵黄中磷脂的含量不同。卵黄卵磷脂为白色或淡黄色。

**3. 胆固醇**

禽蛋的胆固醇大部分存在于卵黄中，约占卵黄中脂质总量的 4.9%；85%~90% 的胆固醇以游离态的形式存在，10%~15% 为胆固醇酯。胆固醇不仅参与细胞膜的形成，还为胚胎发育供给营养。近些年来，由于医学研究的发展，发现心血管疾病与饮食中胆固醇的含量密切相关，使得卵黄的食用问题备受争议，卵黄对心脑血管患者是否安全健康有待于今后的继续研究。

运用超声波辅助反相高效液相色谱的方法测定不同禽蛋卵黄的胆固醇含量。结果显示，土鸡卵黄中胆固醇含量最高，为 14.72mg/g，低胆固醇鸡卵黄中胆固醇含量最低为 5.23mg/g。

运用分散固相萃取-反相高效液相色谱方法测定孵化期间受精蛋中的胆固醇浓度变化，研究表明受精蛋与未受精蛋卵黄中胆固醇的浓度都会随着孵化时间的增加而逐渐降低。但两种卵黄的胆固醇浓度的变化规律有所不同，受精蛋孵化早期（0~2 天）的胆固醇浓度没有变化，在 13 天到 21 天的下降速度明显快于第 4 天到第 13 天，这说明胚胎发育期间对胆固醇的需求是动态变化的。

值得注意的是除胆固醇以外，卵黄脂质的其他组分均受蛋禽种和饲料中相应组分变化的影响。因此，可通过增加饲料中相应组成成分的含量来制备出富含相应组成成分的卵黄油或卵黄磷脂产品。

**（四）卵黄中的色素**

蛋的各个组成部分均含有色素，尤以卵黄中的含量最多，卵黄中的色素大部分为脂溶性色素，属于类胡萝卜素。其中，叶黄素及水溶性色素主要是以玉米黄色素为主，卵黄中含有约 0.3mg 的叶黄素，0.031mg 的玉米黄素和 0.03mg 的胡萝卜素，所以卵黄呈黄色或橙黄色。

**（五）卵黄中的维生素**

鲜蛋中的维生素主要存在于卵黄中，维生素的种类不仅繁多，而且含量极为丰富，尤以维生素 A、维生素 E、维生素 $B_6$、维生素 $B_5$ 居多。此外，还有维生素 D、维生素 K、维生素 $B_{12}$、维生素 $B_9$、维生素 $B_3$ 等。

## （六）卵黄中的矿物质

卵黄中含有 1.0%~1.5% 的矿物质，包括钙、磷、镁、锌、铁等。磷含量最丰富，可占其矿物质成分总量的 60% 以上；钙含量次之，占 15% 左右。此外，卵黄中的铁易被吸收，也是人体必需的无机成分。因此，卵黄常作为婴儿早期的补充食品。

运用原子吸收光谱法测定不同饲料系统下鸡卵黄矿物质含量。结果发现，不同的饲养系统对卵黄矿物质含量有影响。

基于原子吸收光谱法对添加赖氨酸螯合铜以及普通日粮的母鸡卵黄矿物质元素测定发现，Mg 与 Fe 是卵黄矿物元素中丰度较高的。与标准日粮喂养下卵黄矿物元素对比分析显示，卵黄中 Fe、Mg、Ca 的浓度显著下降，Cu 与 Zn 无显著变化。表明添加剂与日粮的营养组成会显著影响到卵黄中某一类矿物质的含量。

除了饲料、饲养系统以外，蛋鸡的年龄与品种也是影响矿物质含量的因素之一。基于电感耦合光发射光谱法测定品种、年龄对禽蛋卵黄中矿物质的影响。研究发现利白母鸡禽蛋中钙、铜的含量分别比海兰褐壳蛋鸡高 7%、8%，而海兰褐壳禽蛋中镁的浓度比利白母鸡组高出 6%、铁的浓度高 8%、锰的浓度高 5%。不同蛋鸡年龄（44 周、68 周、88 周）条件下，大多数矿物质都无显著变化。

结果说明日粮、饲养系统、蛋鸡品种可能是影响卵黄中矿物质含量的主要因素，而蛋鸡年龄可能是次要因素。

## （七）卵黄中的酶

蛋黄中含有多种酶，至今已确定存在于蛋黄中的酶主要包括淀粉酶、三丁酸甘油酶、胆碱脂酶、蛋白酶、肽酶、磷酸酶、过氧化氢酶等。蛋的冻结、解冻、均质化、喷雾干燥和冻结干燥对淀粉酶的活性基本无影响。各种酶类活性都有一定 pH 值范围和温度范围，一般最适温度在 25℃ 以上，温度过高就会失去活性。蛋黄中的淀粉酶有 $\alpha$-淀粉酶和 $\beta$-淀粉酶两种，其中 $\alpha$-淀粉酶具有一定的抗热性，在 65.5℃ 经 1.5min 或 64.4℃ 经 2.5min 才被破坏失活，而蛋的冻结、解冻、均质化、喷雾干燥和冷冻干燥对其活性没有影响。因此，在检验巴氏消毒冰蛋的低温杀菌效果时，常用测定 $\alpha$-淀粉酶的活性加以判别。

在禽蛋中经常见到各种物理、化学和生物学变化，这种现象便是由禽蛋中各种酶的参与而引起的作用所致。如禽蛋在较高的温度下，容易腐败变质，这与蛋中酶的活性增强有密切关系。所以，这一原理在禽蛋的低温贮存中具有一定的现实意义。

## （八）卵黄中的碳水化合物

卵黄中的碳水化合物约占卵黄质量的 0.2%~1.0%，以葡萄糖为主，也有少量的乳糖存在。其碳水化合物主要以与蛋白质结合的形式存在。如葡萄糖与卵黄磷蛋白、卵黄球蛋白等结合存在，而半乳糖与磷脂结合存在。鸡蛋、鸭蛋、鹅蛋卵黄的葡萄糖含量分别为 0.21%、0.23%、0.12%。

# 参考文献

[1] 李星泽，张雅岚，刘禹辰，等．次氯酸钠去除褐壳蛋胶护膜对其孵化率的影响探究 [J]．中国家禽，2022，44（8）：121-124.

[2] 时学锋，李文博，李兴正，等．品种、周龄、保存时间及保存条件对禽蛋胶护膜品质的影响 [J]．中国家禽，2018，40（17）：35-39.

[3] 郑江霞，陈霞，杨宁，等．一种不同颜色蛋壳胶护膜质量评价的方法 [P]．申请号：201710134723.4.

[4] 陈若晨，赖嘉晖，段禹交，等．莆田黑鹎黑色蛋胶护膜色素鉴定 [J]．中国家禽，2022，44（5）：14-18.

[5] 杨宁，李辉，王志跃，等．家禽生产学 [M]．北京：中国农业出版社，2010，12：24-25.

[6] 张亚男，王爽，阮栋，等．蛋壳形成的钙代谢机制及其影响因素 [J]．动物营养学报，2021，33（3）：1201-1207.

[7] 薛效贤，张月，李翌辰．食品加工技术丛书　禽蛋禽肉加工技术 [M]．北京：中国纺织出版社，2015：27-35.

[8] 陈育青．蛋壳颜色的形成机理及影响因素 [J]．福建畜牧兽医，2020，42（5）：45-47.

[9] 唐徐华．鹅蛋壳结构和组分的特性及变化的研究 [D]．扬州：扬州大学，2022.

[10] 蒋晶晶．三种家禽蛋壳厚度整齐性及蛋壳形状指标的研究 [D]．杭州：浙江农林大学浙江省，2020.

[11] 段申虎．禽蛋壳内膜自动剥离的方法 [P]．申请号：201610288079.1.

[12] 张家才，熊铭鑫，张聪，等．孕酮对禽蛋壳品质的影响 [J]．中国畜牧杂志，2020，56（1）.

[13] 牛明福，张婷婷，万鹏，等．蛋壳内膜酶解液抑菌活性的工艺研究 [J]．食品科技，2017，42（4）：78-83.

[14] 唐徐华，林君，杨海明，等．不同家禽蛋壳结构及其成分研究 [J]．福建农业学报，2022，37（2）：156-163.

[15] 凯戈．禽蛋壳的综合利用 [N]．中国禽业导刊，1999（16）：16-17.

[16] 范苗，宋美娜，全其根，等．蛋壳膜的成分及蛋膜化妆品的制作 [J]．农产品加工（学刊），2012（10）：8-13.

[17] 周艳华，张春艳．禽蛋壳膜的开发与应用前景 [J]．江苏调味副食品，2022（2）：5-7.

［18］柏雪.蛋鸡饲粮钒对禽蛋蛋清质量的影响及机理研究［D］.成都：四川农业大学，
　　　2018.

［19］刘君念.禽蛋品质和蛋清组成及质构特性研究［D］.北京：中国农业大学，2016.

［20］常心雨，王晶，张海军，等.禽蛋蛋清形成过程及品质调控研究进展［J］.中国家禽，
　　　2021，43（12）.

［21］裘永良.禽蛋的结构及各组成部分的功能［J］.养禽与禽病防治，1995（3）.

［22］汪晶晶.卵黄系带稳定的高内相Pickering乳液及泡沫乳液的研究［D］.沈阳：沈阳师
　　　范大学，2023.

［23］周玉.基于定量蛋白质组学的储藏温度对禽蛋卵黄膜劣化影响的分子机制研究［D］.
　　　武汉：华中农业大学，2023.

［24］钟家齐.家禽孵化专题讲座（一）［J］.养禽与禽病防治，1983（6）.

［25］杨宁，李辉，王志跃，等.家禽生产学［M］.北京：中国农业出版社，2010.

［26］迟玉杰.蛋制品加工技术［M］.北京：中国轻工业出版社，2009.

［27］邢国民，杨海燕，等.探究禽蛋壳的成分［J］.农村青少年科学探究，2019，10.

［28］刘娣，白秀娟，孙黎，等.鸡卵壳、壳膜超微结构及化学成分的研究［J］.吉林农业
　　　大学学报，1999，21（3）：81-85.

［29］马玲玲.蛋鸡产蛋后期蛋壳的化学组成和超微结构特征研究［D］.北京：中国农业科
　　　学院.

［30］王晶，马玲玲，冯嘉，等.微量元素调控禽蛋蛋壳品质的研究进展［J］.动物营养学
　　　报，2019，31（5）：9.

［31］陈霞，何召祥，徐桂云，等.蛋壳胶护膜研究进展［J］.畜牧兽医学报，2020，51
　　　（1）.

［32］章友昌，保明狄，李文昕，等.禽蛋壳壳膜分离技术研究进展［J］.中国家禽，2022，
　　　44（7）：44.

［33］赵玉红.蛋壳膜生物活性成分提取、化学修饰及生物相容性研究［D］.哈尔滨：东北
　　　农业大学，2009.

［34］李逢振.蛋壳壳膜分离技术的研究［J］.农产品加工，2020（4）：3.

［35］周艳华，张春艳.禽蛋壳膜的开发与应用前景［J］.江苏调味副食品，2022（2）：
　　　5-7.

［36］尧国荣，熊立根，文虹，等.家禽种蛋孵化过程蛋壳与壳膜成分结构的检测分析
　　　［J］.黑龙江畜牧兽医，2016（24）：98-100，294.

［37］刘琪.富硒禽蛋蛋清的营养品质、功能特性及胃肠消化特性的研究［D］.广州：华南
　　　理工大学，2021.

［38］POULSEN L K，HANSEN T K，NRGAARD A，et al. Allergens from fish and egg［J］.
　　　Allergy，2015，56：39-42.

［39］王晨，马艳秋，张梓湘，等.不同处理方法对蛋清蛋白免疫原性及结构的影响［J］.

食品科学，2022，43（15）．

[40] 李灿鹏，吴子健．蛋品科学与技术 [M]．北京：中国标准出版社，2013：31-35．

[41] 王晓翠，武书庚，张海军，等．禽蛋蛋清品质营养调控的研究进展 [J]．动物营养学报，2019，31（4）．

[42] 赵兴绪．家禽的繁殖调控 [M]．北京：中国农业出版社，2009：74．

[43] 熊丝丝，龚千锋，宁希鲜，等．禽蛋卵黄的研究进展 [J]．赣南医学院学报．2014，34（2）：313-315，320．

[44] 王艺．鸡卵黄形成过程中营养物质的转运规律研究 [D]．成都：成都大学，2022．

[45] 杨福明，王立枫，赵英，等．鸡卵黄中天然活性物质的开发与利用 [J]．食品安全质量检测学报，2019，10（7）：1890-1895．

[46] 黄娟，林捷，郑华，等．腌制方法对鸭卵黄成分变化及品质影响 [J]．食品科技，2012，37（4）：5．

[47] 王仁华，T. Sujatha. 功能性配方饲料对"白来航"蛋鸡卵黄成分的影响 [J]．江西饲料，2014（3）：7-9．

# 第二章 禽蛋品种与品质的关系

禽蛋含有蛋白质、脂肪、卵黄素、卵磷脂、维生素和微量元素等多种营养物质，几乎含有人体所需的全部营养物质。常见禽蛋有鸡蛋、鸭蛋、鹅蛋、鸽蛋、鹌鹑蛋等。蛋品质是影响家禽生产效益的重要指标，也是衡量家禽生产性能的主要指标，既影响蛋的营养价值，又影响蛋的种用价值、经济价值等。通常衡量蛋品质的性状指标主要包括蛋重、蛋形指数、蛋壳厚度、蛋壳强度、蛋黄比、哈氏单位和蛋白高度等。不同类型的禽蛋，其蛋品质存在一定差异。遗传因素是影响禽蛋品质的主要因素，不同品种畜禽的蛋品质不同，比如不同品种或品系鸡蛋蛋白的性状存在显著差异，表现出不同的哈氏单位；蛋鸡比肉鸡的哈氏单位高；国外鸡种普遍比我国地方鸡种的哈氏单位高；不同禽类的蛋白高度和哈氏单位表现出不同的遗传力，白壳蛋品系比褐壳蛋品系的蛋白高度和哈氏单位遗传力低，表现为中等遗传力。不同的禽类表现出不同的蛋壳颜色，通过选育的商业化品种和地方鸡种的蛋壳颜色差异较大；蛋壳颜色为多基因共同调控的性状，同一品种内个体遗传结构存在差异，褐壳蛋表现出由棕色到浅褐色之间的不同颜色，其颜色的深浅取决于所生产的色素多少。

## 第一节 鸡蛋

### 一、常见蛋鸡品种

#### （一）地方品种

1. 仙居鸡

仙居鸡又称梅林鸡，主要分布于浙江仙居、临海等地，是我国优良的蛋用型鸡种。仙居鸡体型紧凑，有黄、黑、白三种羽色，以黄色多见；黑羽鸡体型最大，黄羽鸡次之，白羽鸡略小。目前选育的仙居鸡主要是黄羽鸡种。黄羽鸡种羽毛紧密、背平直、骨骼细致、神经敏捷、易受惊吓、善飞跃，具有蛋用鸡的体型和神经类型；头大小适中，颜面清秀，喙黄色或青色，单冠，冠齿5~7个；肉髯薄，中等大小，肉髯、耳叶为椭圆形，均呈红色；眼睑薄，虹彩多呈橘黄色，皮肤呈白色或浅黄色；胫以黄色为主，少数为青色，仅少数有胫羽；公鸡羽毛多为黄色或红色，母鸡羽毛多为黄色，雏鸡绒毛多为浅黄色。

仙居鸡平均开产日龄为145天，66周龄时的平均产蛋数为172枚，平均蛋重44.0g。种蛋受精率为91.4%，受精蛋孵化率为92.5%。母鸡就巢性弱。

2. 白耳黄鸡

白耳黄鸡又称白银耳鸡，主要分布于江西省广丰、玉山和上饶等地，属蛋用型品种。白耳黄鸡体型矮小、匀称；外貌特征为"三黄一白"，即黄羽、黄喙、黄脚、白耳；单冠直立，冠齿为4~6个，呈红色；肉髯呈红色；耳叶呈银白色，耳垂大，似白桃花瓣；虹彩呈金黄色；胫、皮肤均呈黄色，无胫羽。成年公鸡体躯呈船形，肉髯软、薄而长，虹彩呈金黄色；头部羽毛短，呈橘红色；颈羽为深红色；大镰羽不发达，呈墨绿色，小镰羽呈橘红色。成年母鸡体躯呈三角形，结构紧凑，肉髯较短，眼大有神，虹彩呈橘红色，全身羽毛呈黄色；少数母鸡性成熟后冠倒伏，冠、肉髯呈红色。雏鸡绒毛呈黄色。

白耳黄鸡平均开产日龄为152天，300日龄时的平均产蛋数为117枚，500日龄时的平均产蛋数为197枚。300日龄时的平均蛋重54g。公、母鸡配比1∶12~1∶15，种蛋受精率为93%，受精蛋孵化率为89%。

3. 济宁百日鸡

济宁百日鸡主要分布于山东济宁市。该种鸡体型小而紧凑，体躯略长，头尾上翘，背部呈U形；多为平头，凤头较少；喙以黑灰色居多，尖端为浅白色；单冠直立，冠、肉髯呈红色；虹彩呈橘黄色或浅黄色；皮肤多呈白色；胫呈铁青色或灰色，少数个体有胫、趾羽。公鸡体型略大，以红羽个体居多，黄羽次之，杂色甚少；红羽公鸡的尾羽呈黑色，有绿色光泽。母鸡羽毛紧贴，有麻、黄、花等羽色，以麻羽居多；麻羽母鸡的头、颈部羽毛呈麻花色，羽面边缘呈金黄色，中间有灰色或黑色条斑，肩部羽毛和翼羽多为深浅不同的麻色，主、副翼羽末端及尾羽多呈淡黑色或黑色。雏鸡绒毛呈黄色，部分背部有黑色绒毛带。

济宁百日鸡平均开产日龄100~120天，年产蛋数为180~190枚，平均蛋重42g。公、母配种比例为1∶10~1∶15，种蛋受精率为93%，受精蛋孵化率为96%。母鸡就巢率为5%~8%。

4. 长顺绿壳蛋鸡

长顺绿壳蛋鸡主要分布于贵州省长顺县鼓扬镇。该种鸡体型紧凑，结构匀称，背部平直；喙呈黄褐色或黑色；单冠、肉髯和耳叶多呈红色，少数呈黑色，虹彩多呈橘黄色；胫、爪多呈黑色，少数呈白色或黄色。公鸡颈羽、鞍羽呈红色，背羽、腹羽红黄相间；母鸡羽色以黄麻色居多；雏鸡绒毛以黄麻色居多，背上有条状黑色绒毛带。

长顺绿壳蛋鸡开产日龄为 165～195 天，年产蛋数 120～150 枚，平均蛋重 51.8g。蛋壳颜色以绿色居多，占 85%。种蛋受精率为 90%～95%，受精蛋孵化率为 86%～94%。母鸡就巢性较强。

5. 北京油鸡

北京油鸡有赤褐色和黄色两种羽色，其中赤褐色的鸡体型较小；冠、肉髯呈红色；耳叶呈浅红色；虹彩多呈棕褐色；喙、胫均呈黄色；单冠，冠叶小而薄、前段常有一个小的 S 状褶曲，冠齿不甚整齐；冠羽大而蓬松，常将眼的视线遮住；有胫羽；有些个体兼有趾羽和髯羽，通常将这种独特的外貌特征称为"三羽"（凤头、胡须和毛脚）。具有髯羽的北京油鸡的肉垂很小或全无，少数个体有五趾。公鸡头高昂，羽毛色泽鲜艳光亮，尾羽多呈黑色。母鸡的头、尾微翘，胫部略短。雏鸡绒毛呈淡黄色或土黄色。

北京油鸡开产日龄为 145～161 天，母鸡体重为 1640～1740g，29 周龄达到产蛋高峰，产蛋率为 70%～75%。72 周龄时的产蛋数为 140～150 枚，平均蛋重 53.7g。种蛋受精率和受精蛋孵化率均在 90% 以上。母鸡就巢率为 6%～8%。

6. 边鸡

边鸡又称右玉鸡，主要分布于内蒙古的凉城县、卓资县和山西的右玉县。边鸡体型中等，呈元宝状，前胸发达，头小，单冠，喙短粗，胫长且粗壮。公鸡冠形直立，羽色为红黑或黄黑色，主翼羽、腹羽和鞍羽呈深红色，尾羽呈墨绿色，主尾羽下垂。母鸡冠形较小、冠色鲜红，羽色多呈麻色或黑麻杂色。雏鸡绒毛多呈淡黄色。

山西饲养资料：边鸡开产日龄为 170～180 天，开产蛋重 39～42g，500 日龄产蛋数 123～136 枚，平均蛋重为 53g，种蛋受精率为 90%，受精蛋孵化率为 82%。

内蒙古饲养资料：边鸡开产日龄为 210～270 日龄，年产蛋数 119～130 枚，平均蛋重 58g。种蛋受精率为 92%，受精蛋孵化率为 80%。

7. 固始鸡

固始鸡主要分布于河南固始、罗山、信阳等地和安徽省霍邱、金寨等县。固始鸡的体型中等，单冠直立、冠齿 6～7 个、部分冠后缘分叉，喙略短呈青黄色；虹彩呈浅栗色；冠、肉髯均呈红色；胫、趾呈青色；皮肤多呈白色，少数呈黑色。公鸡羽色为深红色或黄色，梳羽鲜亮，尾型多为佛手状尾，镰羽呈黑色，带有青铜色光泽。母鸡羽色呈麻黄色或夹杂黑色，尾型为佛手尾或直尾。雏鸡绒毛呈黄色，头顶有深褐色绒羽带，背部有深褐色绒羽带、两侧有黑色绒羽带。

固始鸡开产日龄为 160～180 天，体重为 1540～1620g。68 周龄时的产蛋数为 158～168 枚，平均蛋重 52g。公、母配种比例为 1：10～1：14，种蛋受精率和受精蛋孵化率均大于90%。

8. 茶花鸡

茶花鸡主要分布于云南省及周边地区。其体型矮小似船形，骨细，头多为平头，少数为凤头；冠型单冠、豆冠；冠、肉髯、耳叶呈红色；喙呈黑色。虹彩多呈黄色；胫呈黑色；皮肤为白色或黄色。公鸡羽毛除翼羽、主尾羽和镰羽为黑色或黑色镶边外，其余呈赤红色，梳羽、鞍羽有鲜艳光泽，尾羽发达呈墨绿色。母鸡羽毛除翼羽、尾羽为黑色外，全身呈麻褐色，翼羽略微下垂。

茶花鸡开产日龄为140~160d，年产蛋数70~130枚，蛋重37~41g。种蛋受精率为84%~88%，受精蛋孵化率为84%~92%。母鸡就巢性强，就巢率为60%。

9. 寿光鸡

寿光鸡又称慈伦鸡，主要分布于山东省寿光市、昌乐县、青州市和诸城市。寿光鸡体躯高大，骨骼粗壮，体长胸深，胸部发达，背稍窄，胫较高而粗；单冠，冠、肉髯、耳叶和脸部呈鲜红色；虹彩呈黑色；全身羽毛黑色，有金属光泽；喙、胫、趾呈灰黑色。公鸡体躯近似方形，冠大而直立。母鸡体型呈元宝形，冠有大小之分。初生雏绒毛呈黑色。

寿光鸡平均开产日龄为190天，平均年产蛋数144枚，300日龄时的平均蛋重52g。公、母配种比例为1:8~1:12，种蛋受精率为91%，受精蛋孵化率为81%。

10. 萧山鸡

萧山鸡主要分布于浙江省杭州市、绍兴市和义乌市。萧山鸡体型大，方而浑圆；冠、肉髯、耳叶呈红色；虹彩呈橘黄色；皮肤、胫呈黄色；公鸡喙粗短、稍弯曲，前端红黄色，基部呈褐色，全身羽毛颜色有红色和黄色，颈部、两翼和背部颜色较深。母鸡冠型较小，喙呈褐黄色，全身羽毛多为黄色或麻栗色，尾羽和翼羽多呈黑色。雏鸡绒毛呈淡黄色。

萧山鸡开产日龄为150~170天，500日龄时的平均产蛋数150.5枚，平均蛋重52g。种蛋受精率为84.9%，受精蛋孵化率为89.5%。母禽就巢率为30%。

11. 卢氏鸡

卢氏鸡主要分布于河南省卢氏县的周边乡镇。卢氏鸡体躯较小，形如楔形，颈部细长，背部平且宽，尾部上翘；喙略短呈青色，少数呈粉色或黄色；单冠，少数为凤冠；冠、肉髯呈红色；虹彩呈橘黄色或棕褐色；皮肤呈粉白色或黄色；胫多呈青色。公鸡羽毛以黑红色为主，母鸡羽毛以黄麻色为主。雏鸡绒毛为黑色。

卢氏鸡平均开产日龄为170天，开产体重为1170g，开产蛋重44g，年产蛋数150~180枚。蛋壳颜色为粉色或绿色。种蛋受精率为94.6%，受精蛋孵化率为93.7%。

12. 狼山鸡

狼山鸡主要分布于江苏、上海、黑龙江、湖南、湖北、云南、贵州等多个省市。狼山鸡体型较大，头昂尾翘，背部较凹，呈 U 形；头部短圆，俗称蛇头大眼；喙呈黑褐色或白色，尖端稍淡；单冠，冠、肉髯、耳叶均为红色；虹彩呈黄色或黄褐色；皮肤呈白色；胫呈黑色、细长；羽毛颜色有黑色、白色和黄色三种。公鸡全身羽毛多呈黑色，带有墨绿色光泽。母鸡偶见 9~10 根主翼羽呈白色。雏鸡绒毛呈黑色，头部间有白色，腹、翼尖部及下颌等处绒毛呈淡黄色。

狼山鸡平均开产日龄为 155 天，500 日龄鸡产蛋数 185 枚，群体平均蛋重 50g。种蛋受精率为 92.7%，受精蛋孵化率为 90.1%。

13. 溧阳鸡

溧阳鸡主要分布于江苏省溧阳市的天目湖和戴埠、溧水、宜兴和安徽省的广德等地。溧阳鸡体型较大，略呈方形，胫粗长，胸宽，肌肉丰满；冠、肉髯、耳叶呈红色；喙、胫、皮肤均呈黄色；虹彩呈橘红色。公鸡单冠直立，冠齿 5~7 个；羽毛呈黄色或橘黄色，主翼羽有全黑与半黄半黑之分，副主翼羽呈黄色或半黑色，主尾羽呈黑色；胸羽、颈羽、鞍羽呈金黄色或橘黄色。母鸡单冠，有直立、倒冠之分；羽色绝大部分呈草黄色，少数为黄麻色。雏鸡绒毛为米黄色，部分有黑色条状绒毛带。

溧阳鸡平均开产日龄为 154 天，开产体重 2300g，66 周龄饲养日产蛋数 145 枚，300 日龄时的平均蛋重 57g。种蛋受精率为 94%，受精蛋孵化率为 90.7%。

14. 景阳鸡

景阳鸡主要分布于湖北省景阳、花坪和官店等（乡）镇。景阳鸡腿高、粗壮，头大；虹彩呈金黄色；耳叶呈绿色或白色；胫呈黑色。公鸡单冠，冠齿 7~9 个，冠大、直立，冠色为红色，肉髯大；母鸡冠多偏向一侧，冠色为乌色。颈羽、主翼羽、主尾羽为黑色；根据背羽、腹羽、鞍羽颜色的不同，景阳鸡分为褐麻和黄麻两种类型。雏鸡绒毛为黄色，少量雏鸡背部有灰绒或黑绒。

景阳鸡平均开产日龄为 175 天，年产蛋数 145~176 枚，平均蛋重 56g。种蛋受精率为 91.2%，受精蛋孵化率为 95.5%。母鸡就巢率约为 20%。

（二）培育品种

1. 黑龙江白鸡

黑龙江白鸡主要分布于黑龙江省哈尔滨、齐齐哈尔、牡丹江、佳木斯。黑龙江白鸡是经来航鸡与当地鸡杂交精心选育而逐渐形成的。其体型小，体躯长，背平直，胸宽而深，胫高粗壮，后躯发达。公鸡冠大而直立，母鸡单冠，冠顶有 4~5 个冠齿，倒向一侧。冠、肉髯、睑呈鲜红色。耳叶白色。喙、胫和皮肤呈黄色。羽毛呈白色，尾羽发达。

母鸡开产日龄为170天，平均年产蛋200枚。蛋壳白色。公、母鸡配种比例1∶12，平均种蛋受精率和受精蛋孵化率均达90%。母鸡无就巢性。

2. 湖北红鸡

湖北红鸡主要分布于湖北省武汉市、汉江平原和大别山区周边。湖北红鸡由湖北省农业科学院家禽研究开发中心以洛岛红蛋鸡为素材选育出的红羽褐壳蛋鸡新品种。其体型中等，被毛紧凑；喙呈黄棕色；羽毛呈深红色；皮肤呈浅黄色；单冠；胫、趾呈黄色。

母鸡产蛋率为50%的开产日龄为165天，平均年产蛋275枚（Ⅰ系）、256枚（Ⅲ系）。平均蛋重58g（Ⅰ系）、60g（Ⅲ系）。配套生产的商品鸡平均年产蛋291枚，料蛋比2.55∶1。蛋壳为深褐色。种蛋受精率为82%，平均受精蛋孵化率为88%。

3. 新狼山鸡

新狼山鸡是在以澳大利亚黑鸡为父本、狼山鸡为母本的基础上杂交培育出来的。其背部平直，羽毛疏密程度介于父本与母本之间；全身羽毛黑色；单冠，虹彩呈黄褐色；胫、趾部呈灰黑色；无胫羽；换羽后，羽毛呈蓝绿色带有鲜艳光泽。

母鸡平均开产日龄为196天，平均年产蛋190枚，平均蛋重57g。蛋壳呈深褐色。公、母鸡配种比例为1∶15~1∶18，平均种蛋受精率为90%，平均受精蛋孵化率为88%。

4. 新扬州鸡

由扬州大学（原江苏农学院）在原扬州地方鸡的基础上，经品种杂交选育、改良和品系繁育等途径选育而成。新扬州鸡体型中等，头小而清秀；单冠，冠齿5~7个；冠、肉髯、耳叶呈鲜红色；虹彩呈黄褐色；羽色有黄褐色和淡黄色两种，主翼羽、副翼羽和尾羽有部分黑色；胫、趾呈黄色；无胫羽。

母鸡平均开产日龄为182天，平均年产蛋197枚，平均蛋重56g。公、母鸡配种比例为1∶10~1∶15，种蛋受精率为89%，受精蛋孵化率为93%。

**（三）培育配套系**

1. 农大褐3号小型矮脚蛋鸡

农大褐3号小型矮脚蛋鸡是由中国农业大学培育的优良蛋鸡配套系。农大褐父母代种鸡1~120日龄的成活率为95%，耗料7.5kg/只，120日龄时的平均体重为1550g；开产日龄为151~155天，高峰产蛋率为94%；72周龄入舍母鸡平均产蛋276枚，产合格种蛋230~240枚，产母雏80~87只；母鸡体重1900~2200g，产蛋期日耗料110~115g/只，产蛋期成活率为93%。商品鸡120日龄时的平均体重为1250g，1~120日龄耗料5.7kg/只，成活率为97%；开产日龄为150~156天，高峰产蛋率为 93%；72 周龄入舍母鸡平均产蛋 275 枚，总蛋重 15.7~16.4kg，蛋重 55~58g；产蛋期平均日耗料 88g/只，料蛋比为 2.0∶1~2.1∶1，产蛋期成活率为 96%。

**2. 新杨褐蛋鸡**

新杨褐蛋鸡是由上海市新杨家禽育种中心培育的褐壳蛋鸡配套系。父母代种鸡20 周龄体重为 1580~1700g，1~20 周龄耗料为 7.8~8.0kg/只，成活率为 95%~98%；开产日龄为 147~161 天，26~32 周龄达产蛋高峰，高峰产蛋率为 91%~93%；72 周龄入舍母鸡产蛋 266~277 枚，产合格种蛋 234~248 枚，孵化率为81%~84%；68 周龄体重为 2100~2200g，21~72 周龄成活率为 93%~97%。商品鸡20 周龄体重为 1580~1700g，1~20 周龄耗料 7.8~8.0kg/只，成活率为 96%~98%。

**3. 京白 939 蛋鸡**

京白 939 蛋鸡是由北京市华都种禽有限公司培育的粉壳蛋鸡配套系。商品代鸡全身为花羽，一种是白羽与黑羽相间，另一种在头部、颈部、背部或腹部相杂红羽；单冠，冠大而鲜红，冠齿 5~7 个，肉垂椭圆而鲜红，体型丰满，耳叶为白色；喙为褐黄色，胫、皮肤为黄色。

商品鸡 18 周龄体重为 1400~1455g，1~20 周龄耗料 7.40~7.60kg/只，成活率为 95%~97%；开产日龄为 155~160 天，24~25 周龄能达产蛋高峰，高峰产蛋率为96.5%；72 周龄入舍母鸡产蛋 290~303 枚，总蛋重 16.7~17.4kg，平均蛋重 62g；21~72 周龄日耗料 100~110g/只，料蛋比为 2.30∶1~2.35∶1。

**4. 京红 1 号**

京红 1 号由北京华都峪口禽业自主培育的蛋鸡配套系。商品代鸡母雏为棕红色，公雏为白色。成年母鸡体型中等，呈元宝形；全身羽毛呈红褐色，单冠红色，冠齿 4~7 个，眼圆大有神，虹彩内圈为黄色、外圈为橘红色，瞳孔为黑色，耳叶呈红色，喙、胫、皮肤呈黄色，四趾、无胫羽。商品代鸡 126 日龄体重为 1510g，1~18 周龄耗料 5.10~5.30kg/只，成活率为 98%~99%。50% 开产日龄为 139~142 天，高峰产蛋率为 94%~97%；72 周龄入舍母鸡平均产蛋 311 枚，总蛋重 19.5kg，平均蛋重 49.5~50.5g；21~72 周龄只耗料 31~36kg，产蛋期料蛋比为 2.2∶1。

**5. 新杨黑羽蛋鸡**

商品代雏鸡全身披黑色绒毛，腹部和翅尖为白色绒毛，母雏为快速羽，公雏为慢速羽。成年母鸡为黑色羽毛，部分鸡夹带黄黑麻羽或黑白麻羽；胫呈黑色，凤头，皮肤呈白色，80% 的个体有五趾，冠为单叶冠、叶后端分叉。

商品鸡 18 周龄体重为 1388~1404g，1~18 周龄耗料 5.10~5.30kg/只，成活率为 98%~99%。50% 开产日龄为 142~144 天，27 周龄能达产蛋高峰，高峰产蛋率为94%；72 周龄入舍母鸡产蛋 281~299 枚，总蛋重 14.1~15.1kg，平均蛋重 49.5~

50.5g；21～72 周龄每只耗料 31～36kg，料蛋比为 2.05：1～2.65：1。

### （四）引进品种

**1. 来航鸡**

来航鸡原产于意大利，1835 年由意大利来航港输往美国，因此得名。来航鸡体型小而清秀，轻巧活泼，觅食能力强，善飞跃，易受惊吓；全身羽毛紧贴，尾羽发达、高翘；单冠，公鸡冠大、厚而直立，母鸡冠较薄至开产时即倾斜于一侧；冠、肉髯鲜红色，耳叶白色，喙、胫、趾、皮肤黄色，产蛋后因色素减退而呈白色；无胫羽。

来航鸡开产日龄为 140～150 天，年产蛋数 200～300 枚，蛋重 54～60g，母鸡无就巢性。

**2. 洛岛红鸡**

洛岛红鸡原产于美国东海岸的洛德岛洲。国内引进的洛岛红鸡主要为单冠红羽和单冠白羽，现分布于上海、北京、河北等地。洛岛红鸡体躯呈长方形，背部宽平；单冠，红羽品变种的全身羽毛呈红棕色，主翼羽、尾羽大部分呈黑色；头中等大，冠、肉髯、耳叶呈鲜红色，喙呈褐黄色，胫、趾、皮肤呈黄色；无胫羽。单冠白羽（洛岛白）鸡全身羽毛呈白色，其他外貌特征与洛岛红鸡相似。

洛岛红鸡开产日龄为 180～210 天，年产蛋数 200 枚，平均蛋重 60～65g。母鸡有就巢性。

### （五）引进蛋鸡配套系

**1. 海兰褐鸡**

海兰褐鸡母雏全身羽毛呈红色，公雏全身羽毛呈白色。商品代母鸡在成年后，全身羽毛基本呈（整体上）红色，尾部上端大都带有少许白色。该鸡的头部较为紧凑，单冠，耳叶呈红色，也有带有部分白色的；皮肤、喙和胫呈黄色；体形结实，基本呈元宝形。

商品鸡 18 周龄体重为 1470～1570g；日龄为 140 天的产蛋率达到 50%，26 周龄达产蛋高峰，高峰期产蛋率达 94%～96%，平均蛋重 57.3～59.7g；80 周龄入舍母鸡产蛋率达 74%～76%，产蛋 359.7～371.5 枚，总蛋重 22.4kg，平均蛋重 63.5～66.1g；18～100 周龄日耗料 105～112g/只，料蛋比 1.98：1～2.10：1，成活率为 92%。

**2. 罗曼褐蛋鸡**

罗曼褐蛋鸡是德国罗曼家禽育种有限公司培育的褐壳蛋鸡配套系。父母代种鸡 18 周龄体重为 1400～1500g，1～20 周龄耗料 8.0kg/只（含公鸡），1～18 周龄成活率为 96%～98%，开产日龄为 147～161 天，产蛋率达 50%，产蛋高峰期产蛋率为 90%～92%；72 周龄产蛋量 275～283 枚，产合格种蛋 240～250 枚，产母雏 95～102 只；68 周龄母鸡体重为 2200～2400g；21～68 周龄耗料 41.5kg/只，产蛋期成活率为

94%~96%。商品代鸡 20 周龄体重为 1500~1600g，1~20 周龄耗料 7.2~7.4kg/只，1~18 周龄成活率为 97%~98%，开产日龄为 145~150 天，产蛋高峰期产蛋率为 92%~94%；72 周龄母鸡产蛋 295~305 枚，总蛋重 18.5~20.5kg，平均蛋重 64g，体重为 1900~2100g；19~72 周龄日耗料 108~116g/只，料蛋比为 2.3∶1~2.4∶1，成活率为 94%~96%。

3. 伊莎褐蛋鸡

伊莎褐蛋鸡是法国哈伯德伊莎公司培育的褐壳蛋鸡配套系。父母代种鸡 1~19 周龄的成活率为 97%；平均开产日龄为 154 天，26 周龄达产蛋高峰，高峰产蛋率在 93%以上；68 周龄入舍母鸡平均产蛋 271 枚，平均产合格种蛋 233 枚，平均产母雏 93 只；20~68 周龄成活率为 91%。商品鸡 18 周龄平均体重为 1550g，1~18 周龄耗料 6.65kg/只，成活率为 98%；开产日龄为 140~147 天，25~26 周龄为产蛋高峰，高峰产蛋率在 95%以上；76 周龄入舍母鸡平均产蛋 330 枚，总蛋重 21.3kg，平均蛋重 63g，体重为 1950~2050g；19~76 周龄日耗料为 118g/只，料蛋比为 2.02∶1~2.10∶1，成活率为 93%。

4. 海赛克斯褐蛋鸡

海赛克斯褐蛋鸡是荷兰尤利布里德公司培育的褐壳蛋鸡配套系。海赛克斯褐壳蛋鸡具有耗料少、产蛋多和成活率高的特点。商品代鸡可自别雌雄，有三种类型，其中母雏为褐色，公雏以黄、白色较为常见。蛋鸡 18 周龄体重为 1500g 左右；达到 50%产蛋率日龄为 143 天，26 周龄达产蛋高峰，高峰产蛋率为 96%，平均蛋重 59.2g；80 周龄入舍母鸡平均产蛋率达 75.1%，平均产蛋 360 枚，总蛋重 23.1kg，平均蛋重 64.2g；18~90 周龄平均日耗料 110g/只，料蛋比为 2.17∶1，成活率为 93.9%。

## 二、不同品种鸡的蛋品质

不同品种鸡的蛋品质见表 2-1。

表 2-1　不同品种鸡的蛋品质

| 品种 | 蛋重/g | 蛋形指数 | 蛋壳强度/（kgf/cm²） | 蛋壳厚度/mm | 蛋壳颜色 | 哈氏单位/HU | 蛋黄颜色 | 蛋白高度/mm | 蛋黄比率/% |
|---|---|---|---|---|---|---|---|---|---|
| 仙居鸡 | 46.77±1.58 | 1.26±0.11 | 4.72±0.34 | 0.41±0.30 | 浅褐色 | 59.33±2.94 | 7.45±0.49 | 3.53±0.18 | — |
| 白耳黄鸡 | 53.19±4.60 | 1.35±0.06 | 4.26±0.60 | 0.31±0.03 | 褐色 | 79.12±9.42 | 9.33±0.51 | 3.74±0.63 | — |

续表

| 品种 | 蛋重/g | 蛋形指数 | 蛋壳强度/(kgf/cm²) | 蛋壳厚度/mm | 蛋壳颜色 | 哈氏单位/HU | 蛋黄颜色 | 蛋白高度/mm | 蛋黄比率/% |
|---|---|---|---|---|---|---|---|---|---|
| 济宁百日鸡 | 37.65±0.60 | 1.30±0.01 | 4.12±0.10 | 0.34±0.06 | 浅褐色 | 86.70±0.67 | 7.28±0.21 | 6.29±0.12 | — |
| 长顺绿壳蛋鸡 | 51.08±4.66 | 1.32±0.05 | — | 0.32±0.03 | 绿色 | 76.39±2.76 | | 5.53±0.72 | |
| 北京油鸡 | 50.18±4.29 | 1.29±0.06 | 3.91±0.52 | 0.37±0.02 | 粉色 | 76.46±6.08 | 6.10±1.59 | 5.50±0.82 | |
| 边鸡 | 52.33±4.65 | 1.30±0.06 | 4.30±0.52 | 0.37±0.73 | 褐色 | 72.40±2.74 | 4.40±1.27 | | |
| 固始鸡 | 66.15±1.61 | 1.36±0.01 | 3.40±0.12 | — | 褐色 | 88.58±1.75 | 8.70±0.61 | 8.20±0.31 | — |
| 茶花鸡 | 39.00±22.70 | 1.33±0.06 | 3.11±0.03 | 0.33±0.16 | 浅褐色 | 79.00±5.30 | — | — | 32.80±1.90 |
| 寿光鸡 | 47.45±0.76 | 1.32±0.01 | 4.05±0.13 | 0.35±0.06 | 褐色、浅褐色 | 89.24±0.93 | 8.51±0.32 | 7.46±0.21 | — |
| 萧山鸡 | 52.10±0.30 | 1.39±0.08 | 3.12±0.10 | 0.31±0.03 | 褐色 | 86.10±7.10 | | | 32.40±3.10 |
| 卢氏鸡 | 49.20±3.90 | 1.31±0.10 | — | 0.36±0.03 | 绿色、粉色 | 82.50±5.30 | | | 33.20±2.60 |
| 狼山鸡 | 51.60±1.30 | 1.30±0.05 | 4.00±0.46 | 0.34±0.06 | 浅褐色 | 73.40±3.70 | | | 33.20±2.30 |
| 溧阳鸡 | 54.17±5.22 | 1.34±0.07 | 4.18±1.42 | 0.33±0.03 | 褐色 | 74.50±10.15 | 8.01±0.67 | 5.43±1.31 | — |
| 景阳鸡 | 56.10±6.30 | 1.31±0.05 | 3.99±0.73 | 0.38±0.02 | 浅褐色 | 71.70±7.80 | — | — | 32.90±1.10 |
| 农大褐3号 | 54.76±4.50 | 1.34±0.07 | 4.15±0.38 | 0.43±0.04 | 褐色 | 65.33±8.18 | 5.40±1.30 | 3.99±0.86 | 29.27±3.00 |
| 新杨褐 | 50.56±2.96 | 1.27±0.06 | 3.75±0.83 | 0.36±0.02 | 褐色 | 85.07±8.27 | 8.00±1.24 | | 21.65±1.51 |
| 京白939 | 60.06±3.89 | 1.30±0.04 | 3.45±0.95 | 0.38±0.02 | 粉色 | 79.34±6.54 | 9.00±0.71 | | 27.60±2.07 |

| 品种 | 蛋重/ g | 蛋形 指数 | 蛋壳强度/ (kgf/cm²) | 蛋壳厚度/ mm | 蛋壳 颜色 | 哈氏单位/ HU | 蛋黄 颜色 | 蛋白高度/ mm | 蛋黄比率/ % |
|---|---|---|---|---|---|---|---|---|---|
| 京红1号 | 62.32± 0.29 | 1.31± 0.02 | 3.99± 0.15 | 0.34± 0.02 | 褐色 | 75.92± 3.17 | 8.12± 0.27 | — | — |
| 新杨黑羽 | 51.20± 3.20 | 1.34± 0.05 | 3.72± 0.81 | 0.38± 0.03 | 粉色 | 86.10± 4.8 | 9.60± 0.40 | 7.00± 0.80 | — |
| 来航鸡 | 55.40± 5.10 | 1.35± 0.07 | 3.50± 1.04 | 0.38± 0.03 | 白色 | 73.00± 11.2 | — | — | 30.40± 2.80 |
| 洛岛红鸡 | 56.80± 4.30 | 1.32± 0.06 | 2.99± 1.08 | 0.44± 0.13 | 褐色 | 62.60± 9.10 | — | — | 29.90± 2.70 |
| 海兰褐蛋鸡 | 57.74± 0.74 | 1.28± 0.02 | 4.55± 0.11 | 0.37± 0.03 | 褐色 | 93.68± 0.82 | 11.54± 0.15 | 8.75± 0.16 | — |
| 罗曼褐蛋鸡 | 48.73± 3.70 | 1.29± 0.04 | 3.95± 0.07 | 0.37± 0.02 | 褐色 | 82.56± 4.09 | 9.00± 1.40 | — | 22.61± 1.28 |
| 伊莎褐蛋鸡 | 50.23± 3.62 | 1.28± 0.04 | 3.91± 0.87 | 0.36± 0.02 | 褐色 | 81.43± 6.74 | 8.00± 1.22 | 21.32± 1.56 | — |
| 海赛克斯 褐蛋鸡 | 48.26± 3.13 | 1.26± 0.04 | 4.20± 0.76 | 0.36± 0.03 | 褐色 | 84.11± 4.87 | 8.00± 1.14 | 22.89± 1.91 | — |

# 第二节 鸭蛋

## 一、常见鸭品种

### (一) 地方品种

我国优良蛋鸭品种资源丰富，以麻鸭类为蛋鸭的主体，主要优良品种有绍兴鸭、金定鸭、攸县麻鸭、荆江麻鸭、三穗鸭、连城白鸭、莆田黑鸭、山麻鸭、洞庭麻鸭、巢湖麻鸭、咔叽—康贝尔鸭、江南Ⅰ号、江南Ⅱ号等。

1. 绍兴鸭

绍兴鸭简称绍鸭，又称绍兴麻鸭，主要分布于浙江省、上海市郊区及江苏的太湖地区。绍兴鸭属于小型麻鸭，体型似琵琶，喙长颈细，臀部丰满，腹部下垂，体躯狭长、匀称。全身羽毛以褐麻色为基色,有带圈白翼梢和红毛绿翼梢两个品系。红毛绿翼梢的母鸭全身为深褐色羽,颈中部无白羽颈环,镜羽呈墨绿色,有光泽;腹部呈褐麻色;喙呈灰黄色,喙豆呈黑色;胫、蹼呈橘红色,爪呈黑色;眼的虹彩呈褐色;皮肤呈黄色。公鸭全身羽毛呈深褐色,从头至颈部均为墨绿色,有光泽;镜羽呈墨绿色,性羽呈墨绿色;喙呈橘黄色,胫、蹼呈橘红色。带圈白翼梢的母鸭全身为浅褐色麻雀羽,颈中部有 2~4cm 宽的白色羽环;主翼羽呈全白色;腹部中下部羽毛呈纯白色;喙呈橘黄色,颈、蹼呈橘红色;喙豆呈黑色;爪呈白色;眼的虹彩呈灰蓝色;皮肤呈黄色。公鸭全身羽毛呈深褐色,头、颈上部羽毛呈墨绿色,具有光泽。性羽呈墨绿色;颈中部有白羽颈环;主翼羽、腹中下部为白色羽毛。喙、胫、蹼颜色均与母鸭相同。

红毛绿翼梢母鸭年产蛋量 260~300 枚,300 日龄蛋重 70g;带白圈翼梢母鸭年产蛋量 250~290 枚,300 日龄平均蛋重 67g,料蛋比为 2.97:1。母鸭开产日龄为 100~120 天。公、母鸭配种比例为 1:20(早春)或 1:30(夏秋),种蛋受精率为 90%,受精蛋孵化率在 80% 以上。

2. 金定鸭

金定鸭主要分布于福建厦门市郊区及闽南沿海各地。金定鸭体型较大、匀称,喙呈古铜色,眼的虹彩呈褐色,胫、蹼呈橘红色,皮肤呈白色。公鸭头大、颈粗,体型略呈长方形;头、颈部羽毛呈蓝绿色、有光泽,主翼羽、主尾羽呈黑褐色,腹羽、臀羽呈灰白色,镜羽呈蓝绿色。母鸭身体细长,匀称紧凑,头较小;全身呈赤褐色麻雀羽,背面体羽呈绿棕黄色,羽片中央为椭圆形褐斑,羽斑由身体前部向后部逐渐增大,颜色加深,腹部的羽色变浅,颈部的羽毛纤细,没有黑褐色斑块,翼羽呈黑褐色。

高产系金定鸭产蛋率为 50% 时的开产日龄为 139 天,年平均产蛋量可达 300 枚,平均蛋重 73g。公、母鸭配种比例在 1:20,种蛋受精率和受精蛋孵化率均为 90%。

3. 攸县麻鸭

攸县麻鸭主要分布于湖南省攸县。攸县麻鸭具有体形小、生长快、成熟早、产蛋多的优点。公鸭的头部和颈上部羽毛呈墨绿色,有光泽,颈中部有宽 1cm 左右的白色羽圈,颈下部和胸部的羽毛呈红褐色,腹部呈灰褐色,尾羽和性羽呈墨绿色;喙呈青绿色,虹彩呈黄褐色,胫、蹼呈橘黄色,爪呈黑色。母鸭全身羽毛披褐色带黑斑的麻雀羽,鸭群中深麻羽色者占 70%,浅麻羽色者占 30%。喙呈黄褐色,胫、蹼呈橘黄色,爪呈黑色。

攸县麻鸭母鸭开产日龄为 100~110 天,年产蛋量可达 230~250 枚,蛋重为

61~62g。公、母鸭配种比例为 1∶25，种蛋受精率为 93%，受精蛋的孵化率为 85%。蛋壳颜色多为白色。

**4. 荆江麻鸭**

荆江麻鸭主要分布于长江中游的江陵、监利和沔阳县。该鸭种具有成熟早、产蛋多、适于放牧、善于觅食等特点；体形较小，肩较狭，背平直；体躯稍长且向上抬起；全身羽毛紧密；头清秀；颈细长；喙呈石青色；胫、蹼呈橙黄色；眼上方有长状白羽。公鸭头颈部羽毛具翠绿色光泽，前胸、背腰部羽毛呈褐色，尾部呈淡灰色。母鸭头颈部羽毛多为泥黄色，背腰部羽毛以泥黄色为底色，上缀黑色条斑，或浅褐色底色上缀黑色条斑，群体中以浅麻雀色者居多。

母鸭开产日龄为 120 天左右，在 2~3 年时产蛋量达最高峰，生产年限为 5 年；公、母鸭配种比例为 1∶20~1∶25，种蛋受精率为 93.1%，受精蛋孵化率为 93.24%。年平均产蛋量为 214 枚，平均产蛋率为 58%，最高产蛋率在 90%左右，白壳蛋平均蛋重 63.5g，青壳蛋平均蛋重 60.6g。壳色以白色居多。

**5. 三穗鸭**

三穗鸭的主要产区为贵州省东部的三穗、镇远、岑巩、天柱、台江、剑河、锦屏、黄平、施秉、思南等县，在湖南和广西等地也有分布。三穗鸭具有成熟早、产蛋多、耐粗饲和饲料利用能力强的特点，适于丘陵、河谷、盆地水稻产区放牧饲养。该鸭种体长、颈细、背平、胸部丰满，前躯高抬，尾上翘。三穗鸭公鸭以绿头居多，体躯稍长，胸部羽毛呈红褐色，颈中下部有白色颈圈，背部羽毛呈灰褐色，腹部羽色呈浅褐色，颈部及腰尾部披有墨绿色发光的羽毛。母鸭颈细长，体躯近似船形，羽毛以深褐色麻雀羽居多。翅上有镜羽。三穗鸭虹彩呈褐色，胫、蹼呈橘红色，爪呈黑色。

母鸭开产日龄为 110~120 天，公、母鸭配种比例为 1∶20~1∶25，受精率为 80%~85%，孵化率为 85%~90%，60 日龄成活率为 95%以上。公鸭利用年限为 1 年，母鸭为 2~3 年。年产蛋量 200~240 枚，平均蛋重 65g。蛋壳颜色以白色居多，青壳仅占 8%~9%。

**6. 连城白鸭**

连城白鸭又称白鹜鸭，主要产区为福建省的连城、长汀、上杭、永安和清流等县。连城白鸭体形狭长、头小、颈细长、前胸浅、腹部下垂；体羽洁白，喙呈黑色，胫、蹼呈灰黑色或黑红色，雄性具性羽 2~4 根，公母鸭的全身羽毛都是白色，是我国麻鸭中独具特色的小型白色变种。

母鸭开产日龄为 120~130 天。公、母鸭配种比例 1∶20~1∶25。种蛋受精率在 90%以上。公鸭利用年限为 1 年，母鸭为 3 年。年产蛋 220~230 枚，平均蛋重 58g，白壳蛋占多数。

7. 莆田黑鸭

莆田黑鸭主要分布于福建省莆田平潭、福清连江、惠安、晋江、泉州等市县。莆田黑鸭体形轻巧、紧凑，头大小适中，眼亮有神，颈细长（公鸭较粗短）；全身羽毛呈浅黑色，加上尾脂腺发达，水不易浸湿内部绒毛；喙（公鸭墨绿色）、跖、蹼、趾均为黑色。母鸭骨盆宽大，后躯发达，呈圆形；公鸭前躯比后躯发达，颈部羽毛呈黑色且具有金属光泽，发亮，尾部有几根向上卷曲的性羽，雄性特征明显。

莆田黑鸭 50% 开产日龄为 120~130 天，300 日龄产蛋数 283~296 枚，蛋重 67~70g。公、母鸭配种比例为 1∶20，种蛋受精率达 95%，受精蛋孵化率为 90%。母鸭无就巢性。

8. 山麻鸭

山麻鸭主要分布于福建、广东、广西、湖南和浙江等省区。山麻鸭喙豆呈黑色，虹彩呈褐色，皮肤呈黄色，胫、蹼呈橙黄色，爪呈黑褐色。公鸭头至颈上部呈孔雀绿色，颈下部有一白色颈圈；体躯除飞羽有 2~3 根白羽外，其余均为赤棕色或黑色。母鸭全身羽毛浅麻偏白，有浅麻色、麻褐色和杂麻色之分，每根羽轴有一条纵向的黑色条纹。

山麻鸭产蛋率为 50% 时的开产日龄为 108 天，500 日龄产蛋数 299 枚，蛋重 66~68g。公、母鸭配种比例为 1∶30~1∶35，种蛋受精率达 85% 以上，受精蛋孵化率为 86%~89%。

9. 恩施麻鸭

恩施麻鸭又称利川麻鸭，主要分布于湖北省利川市、恩施、咸丰等市（县）。该鸭种的头大小适中，眼大有神，前躯较浅，后躯宽广，体态匀称，羽毛紧凑。公鸭头较粗短，额部略高，颈较短而粗，前躯微昂，背平直，胸深较宽而扁平，羽毛细致紧密，脚短蹼大；母鸭头小而秀丽，额平，颈细长，前躯较窄，后躯丰满，背腰平直，腹部深广，脚短蹼薄。成年公鸭头颈为绿黑色，颈中部多有一圈白毛，背、腹部羽毛呈青褐色，胫、蹼多为黄色，尾羽为黑色，尾部卷羽上翘。母鸭颈羽、背羽多为麻羽。每片羽毛中央有一条黑带，边缘为淡黄色者称"红麻鸭"，背部羽毛呈青色者称"青麻鸭"。

恩施麻鸭母鸭开产日龄为 150~180 天，年产蛋量 200 枚左右，平均蛋重 65g。公、母鸭配种比例 1∶20，种蛋受精率在 90% 以上，受精蛋孵化率为 85% 左右。

10. 微山麻鸭

微山麻鸭主要分布于山东省微山湖、南阳湖、独山湖和昭阳湖流域。该鸭种体型紧凑，颈细长；前胸较小，稍向上抬起；尾部略上翘，整个体躯似船形；喙呈青色，喙豆呈黑色；虹彩以土黄色居多；皮肤呈白色；胫、蹼呈橘红色。公鸭颈羽为孔雀绿色、有光泽，颈中段以下至食管膨大处羽毛呈红褐色，背羽呈灰色，腹羽呈灰白色，主、副翼羽呈红褐色；性羽为3~5根，呈黑色。母鸭全身为麻羽，分红麻羽和青麻羽。雏鸭绒毛呈黄色。

微山麻鸭平均开产日龄为140天，年产蛋180~200枚，平均蛋重70g。公、母鸭配种比例为1∶30左右，种蛋受精率为9.5%，受精蛋孵化率达90%以上。母鸭就巢性与年龄有关。

11. 沔阳麻鸭

沔阳麻鸭主要分布于湖北省仙桃、洪湖、荆门、天门和汉川等市。该鸭种体躯大且呈长方形。公鸭头颈上半部和主翼羽为孔雀绿色，有金色光泽；颈下半部和背腰为棕褐色，臀部呈黑色，胸腹部和副主翼羽为白色；喙壳呈青黄色，喙豆呈黑色，俗称"青头白裆"。母鸭全身羽色为带有斑纹细小的条状麻色，分为深麻和浅麻两种，以浅麻色居多；主翼羽呈青黑色，喙壳呈铁灰色，喙豆呈黑色。雏鸭为乌灰羽色，头顶至颈背部常见有一条深色的羽毛带。

沔阳麻鸭平均开产日龄为145天，年产蛋163~250枚。公、母鸭配种比例为1∶20左右，种蛋受精率为93%，受精蛋孵化率均达84%以上。母鸭无就巢性。

12. 高邮鸭

高邮鸭主要分布于江苏省高邮、金湖、兴化、宝兴和建湖等市（县）。高邮鸭母鸭全身羽毛呈褐色，有黑色细小斑点，如麻雀羽；主翼羽呈蓝黑色；喙豆呈黑色；虹彩呈深褐色；胫、蹼呈灰褐色，爪呈黑色。公鸭体型较大，背阔肩宽，胸深躯长呈长方形。头颈上半段羽毛为深孔雀绿色，背、腰、胸为褐色芦花毛，臀部呈黑色，腹部呈白色。喙呈青绿色，趾、蹼均为橘红色，爪呈黑色。

高邮鸭生长快、肉质好、产蛋率高且多产双黄蛋。母鸭开产日龄为110~140天，平均年产蛋150枚。公、母鸭配种比例为1∶20，种蛋受精率和受精蛋孵化率达85%以上。母鸭无就巢性。

13. 褐色菜鸭

褐色菜鸭主要分布于为台湾省宜兰、屏东和大林等地。褐色菜鸭公鸭的头、颈部羽毛呈暗褐色，背羽呈灰褐色，胸羽呈栗色，腹羽呈灰色或灰褐色，主翼羽呈褐色，尾部有卷曲性羽；喙呈黄绿色、黄色或灰色，皮肤呈白色，胫、蹼呈橙黄色。母鸭全身羽毛呈浅褐色，喙呈黄色或灰色，胫、蹼呈橙黄色。雏鸭绒毛呈灰黄色。

褐色菜鸭母鸭的平均开产日龄为135天，平均年产蛋250~280枚。公、母鸭配种比例为 1∶15 左右，种蛋受精率和受精蛋孵化率均达 90% 以上。母鸭就巢性弱。

14. 文登黑鸭

文登黑鸭主要分布于山东省文登市、乳山市、牟平区、荣成市、环翠区等地。该鸭种体型中等，前胸较深，背部扁平，后驱发达；全身以黑羽为主，颈、食管膨大处羽毛为白色斑块；喙多为青黑色；虹彩呈深褐色或黑色，皮肤呈浅黄色，胫、蹼呈橘黄色或黄黑相间。公鸭头颈部羽毛呈青绿色。母鸭颈部细长，臀大而腹宽，后驱丰满。雏鸭绒毛呈灰黑色，食管膨大处羽毛为黄色。

文登黑鸭开产日龄为 120~140 天，平均年产蛋 210~240 枚。公鸭与母鸭配种比例为 1∶25 左右，种蛋受精率为 95%，受精蛋孵化率为 90%。母鸭就巢性弱。

15. 巢湖麻鸭

巢湖麻鸭主要分布于安徽省巢湖流域和长江中下游地区。该鸭种的体型中等，羽毛紧密、有光泽，颈细长，喙豆呈黑色；虹彩呈褐色；皮肤呈白色，胫、蹼呈橘红色。公鸭喙呈橘黄色，头部和颈上部羽毛呈墨绿色，颈下部羽毛和背羽呈灰褐色，主翼羽呈灰黑色，胸羽呈浅褐色，腹部呈白色，臀部呈黑色，尾羽呈灰色，尾梢呈白麻色。母鸭喙呈黄色；颈羽、胸羽、背羽、腹羽和尾羽为麻黄色，主翼羽呈灰黑色，镜羽呈墨绿色、有光泽感。雏鸭绒毛呈黄色。

巢湖鸭开产日龄为 150~180 天，500 日龄产蛋数 170~200 枚，蛋重 71~83g。公、母鸭配种比例为 1∶15~1∶20，种蛋受精率为 92%~95%，受精蛋孵化率为 90%~95%。母鸭无就巢性。

16. 麻旺鸭

麻旺鸭主要分布于重庆市周边乡镇。该鸭种体型较小，颈细长；喙呈橘黄色或青色；胫、蹼呈橘黄色。公鸭头部和颈上部羽毛为墨绿色、有金属光泽，颈中有白色羽圈，背部羽、尾羽为黑色或灰黑色，镜羽为墨绿色。母鸭羽色多呈浅麻色，亦有少量为深麻色。雏鸭绒毛为黄色。

麻旺鸭开产日龄为 100~120 天，开产蛋重 57~60g，年产蛋数 220~260 枚，蛋重 64~66g。公、母鸭配种比例为 1∶20~1∶25，种蛋受精率为 88%~92%，受精蛋孵化率为 87%~92%。母鸭无就巢性。

**（二）培育配套系**

江南Ⅰ号和江南Ⅱ号是由浙江省农业科学院畜牧兽医研究所主持培育的配套杂交高产商品蛋鸭，适合我国农村的圈养条件。江南Ⅰ号母鸭羽色呈浅褐色，斑点不明显。江南Ⅱ号母鸭羽色呈深褐色，黑色斑点大而明显。

江南 I 号产蛋率达 5%、50%、90% 时的日龄分别平均为 118 天、158 天和 220 天。产蛋率为 90% 以上的保持期为 4 个月。500 日龄产蛋数平均 306.9 枚，产蛋总重平均为 21.08kg。300 日龄平均蛋重 72g。产蛋期料蛋比为 2.84 : 1。产蛋期成活率为 97.1%。江南 II 号产蛋率达 5%、50%、90% 的日龄分别平均为 117 天、146 天和 180 天。产蛋率为 90% 以上的保持期为 9 个月。500 日龄产蛋量平均为 328 枚，产蛋总重平均 22kg。300 日龄平均蛋重 70g。产蛋期料蛋比为 2.76 : 1。产蛋期成活率为 99.3%。

### （三）引进品种

康贝尔鸭原产于英国，在我国主要分布于江苏和福建等地，具有耐粗饲、耗料少、适应性和抗病力强等特点。康贝尔鸭体躯高大、胸深广而结实，颈细长而直，背宽广平直，胸部饱满，腹部发育良好。公鸭的头、颈、尾及翼肩部羽毛均呈青铜色，喙呈墨绿色，胫、蹼为深橘红色。母鸭头、颈羽毛呈深褐色，其余部位的羽毛为卡其色，喙呈浅褐色或浅绿色，胫、蹼呈黄褐色。

成年公鸭体重 2.25~2.50kg，母鸭 2.0~2.3kg。康贝尔鸭开产日龄为 135 天，少数 120 天，在标准饲养条件下，年平均产蛋 280~300 枚，高产品系可达 365 枚，蛋重 65~77g，蛋壳为白色，公母配比为 1 : 15~1 : 20。受精率、孵化率均较高，分别为 95% 和 90%。公、母鸭的利用年限一般均为 1 年。母鸭第 2 年产蛋量明显下降。

## 二、不同品种鸭的蛋品质（表 2-2）

表 2-2　不同品种鸭的蛋品质

| 品种 | 蛋重/ g | 蛋形 指数 | 蛋壳强度/ （kgf/cm²） | 蛋壳厚度/ mm | 蛋壳 颜色 | 哈氏单位/ HU | 蛋黄比率/ % | 蛋白高度/ mm |
|---|---|---|---|---|---|---|---|---|
| 绍兴鸭 | 71.88± 5.04 | 1.33± 0.06 | — | 0.31± 0.01 | 白色、 青色 | 84.78± 8.47 | 33.70± 2.40 | — |
| 金定鸭 | 72.08± 4.62 | 1.38± 0.06 | 4.13± 0.77 | 0.37± 0.03 | 青色 | 72.02± 8.61 | 31.80± 2.41 | 5.92± 1.25 |
| 攸县麻鸭 | 68.76± 5.09 | 1.36± 0.06 | 3.44± 0.98 | 0.34± 0.06 | 白色、 青色 | 64.52± 8.79 | 34.97± 2.19 | 5.09± 1.04 |
| 荆江鸭 | 68.40± 4.85 | 1.33± 0.05 | — | 0.29± 0.01 | 白色、 青色 | 87.51± 4.08 | 34.10± 3.10 | — |

续表

| 品种 | 蛋重/g | 蛋形指数 | 蛋壳强度/（kgf/cm²） | 蛋壳厚度/mm | 蛋壳颜色 | 哈氏单位/HU | 蛋黄比率/% | 蛋白高度/mm |
|---|---|---|---|---|---|---|---|---|
| 三穗鸭 | 68.86±7.78 | 1.38±0.06 | — | 0.38±0.03 | 白色、绿色 | 72.96±9.38 | — | 6.24±0.89 |
| 连城白鸭 | 62.98±2.70 | 1.35±0.04 | 4.43±0.60 | 0.33±0.03 | 白色 | 74.99±6.04 | 32.52±2.02 | 5.89±0.91 |
| 莆田黑鸭 | 50.08±3.91 | 1.38±0.04 | 4.15±0.81 | 0.33±0.05 | 白色、青色 | 99.58±6.76 | 26.39±1.90 | 9.64±1.32 |
| 山麻鸭 | 68.76±4.15 | 1.40±0.05 | 3.69±0.70 | 0.33±0.03 | 白色、青色 | 65.22±13.38 | 34.93±2.03 | 5.26±1.18 |
| 恩施麻鸭 | 64.60±8.00 | 1.41±0.06 | 3.30±0.57 | 0.35±0.03 | 白色、绿色 | 77.40±8.20 | 37.00±4.80 | — |
| 微山麻鸭 | 69.70±5.90 | 1.42±0.07 | 3.38±1.01 | 0.30±0.03 | 白色、青色 | 71.50±9.20 | 30.80±2.50 | — |
| 沔阳麻鸭 | 70.27±6.30 | 1.13±0.42 | 4.50±0.80 | 0.47±0.02 | 白色、青色 | 91.48±11.80 | 34.16±2.75 | 9.10±2.01 |
| 高邮鸭 | 83.90±3.70 | 1.40±0.08 | 6.09±0.62 | 0.45±0.05 | 白色、青色 | 68.00±4.50 | 37.90±2.60 | 5.07±0.53 |
| 褐色菜鸭 | 68.03±4.97 | 1.45±0.09 | 3.83±1.09 | 0.34±0.04 | 青色、白色 | 61.72±11.64 | 35.47±2.26 | 4.92±0.98 |
| 文登黑鸭 | 75.30±6.00 | 1.42±0.08 | 4.20±0.80 | 0.35±0.03 | 白色、青色 | 70.30±9.60 | — | 36.00±2.00 |
| 巢湖鸭 | 71.20±4.40 | 1.48±0.03 | 4.43±0.28 | 0.53±0.01 | 白色 | 71.80±3.50 | — | 33.40±2.50 |
| 麻旺鸭 | 65.30±4.80 | 1.42±0.13 | 6.09±0.50 | 0.33±0.03 | 白色 | 78.40±5.80 | — | 34.60±2.10 |
| 康贝尔鸭 | 72.30±4.80 | 1.28±0.07 | 3.49±0.78 | 0.33±0.03 | 白色 | 72.00±7.80 | — | 33.20±4.00 |

## 第三节　鹅蛋

### 一、常见蛋鹅品种

#### （一）地方品种

1. 籽鹅

籽鹅主要分布于黑龙江、吉林、辽宁等地。其全身羽毛洁白，体型小而紧凑，呈卵圆形；颈细长，无咽袋或偶有咽袋；头顶有缨状头髻，肉瘤较小；眼虹彩为蓝灰色；背平直，胸部丰满、略向前突出，腹部不下垂，尾羽上翘；喙、胫及蹼皆为橙黄色。

籽鹅适应性强，产蛋性能高。成年公鹅体重为 4.0～4.5kg，母鹅体重为 3.0～3.5kg。母鹅开产日龄为 180 日龄，年平均产蛋量 120 枚（个别鹅最高年产蛋量可达到 170 枚），平均蛋重为 130g。公、母鹅配种比例为 1∶5～1∶8，种蛋受精率和受精蛋孵化率均可达 85% 以上。

2. 豁眼鹅

豁眼鹅又称五龙鹅，主要分布于山东省烟台、青岛市和辽宁省开原、阜新、朝阳市。该种鹅体型较小，颈细形呈弓形，全身披白色羽毛；眼睑呈三角形、两眼上眼睑的旁边有明显的豁口。公鹅体型较大、身姿挺拔，黄色肉瘤突出。母鹅羽毛紧贴，腹部丰满下垂、有褶皱。

豁眼鹅开产日龄为 190～210 日龄，年产蛋量 80～120 枚，蛋重 125～133g。公母鹅配种比例在 1∶7，种蛋受精率为 85%，受精蛋孵化率为 90%。

3. 百子鹅

百子鹅主要分布于山东省微山县、任城区、嘉祥县和菏泽市等地。百子鹅体型适中，头呈方圆形、面目清秀，额前有橘黄色肉瘤，颌下有咽袋；羽色有灰、白两种；多数鹅为白色，背部有灰斑，主、副翼羽和颈、腹部羽毛均为白色；少数鹅为灰色，俗称"灰鹅"或"雁鹅"，背羽呈灰色，主、副翼羽中间呈灰褐色，毛尖边沿呈白色，腹羽呈白色。灰鹅喙部呈黑色，白鹅喙部呈橘红色；皮肤均呈白色，胫、蹼均呈橘红色。公鹅高大雄壮，胸宽深，肉瘤较大。母鹅后躯发育丰满，腹部宽大、下垂，腹褶明显。

百子鹅体型小，产蛋多。母鹅开产日龄为 240～270 日龄，年产蛋数 80～100 枚，平均蛋重 136g。公、母鹅配种比例在 1∶5～1∶7，种蛋受精率高于 80%，受精蛋孵化率为 90%。

### 4. 四川白鹅

四川白鹅主要分布于四川省宜宾、德阳、成都、乐山等市和重庆市周边。四川白鹅体型中等，羽毛为白色有光泽感；虹彩呈蓝灰色，皮肤呈白色，喙、胫、蹼呈橘黄色。成年公鹅体型稍大，头颈粗短，体躯较长，额部有半圆形的肉瘤，颌下咽袋不明显。成年母鹅体型稍小，头清秀，肉瘤不明显，颈细长，无咽袋，腹部稍下垂，少量有腹褶。

四川白鹅开产日龄为 200~240 日龄，年产蛋数 70~110 枚。公、母鹅配种比例为 1∶4~1∶5 的情况下，种蛋受精率高于 88%，受精蛋孵化率为 90%~94%。母鹅无就巢性。

### 5. 太湖鹅

太湖鹅主要分布于浙江、江苏、安徽等省份。该种鹅体型紧凑，颈细长呈弓形，无咽袋，肉瘤淡黄色、圆而光滑；全身羽毛为白色，偶见头顶部、腰背部出现灰褐色羽毛；虹彩为蓝灰色，皮肤呈白色，喙、胫、蹼呈橘黄色。公鹅肉瘤大而突出。母鹅腹部下垂，有大量腹褶。

太湖鹅繁殖力高，饲料报酬高。成年公鹅体重为 3.5~3.8kg，母鹅体重为 3.2~3.4kg。母鹅开产日龄为 180~220 日龄，年产蛋数 60~90 枚，蛋重 135~142 克。公、母鹅配种比例在 1∶6~1∶8，种蛋受精率为 88%~94%，受精蛋孵化率为 88%~92%。

### 6. 浙东白鹅

浙东白鹅主要分布于浙江省宁波、余姚、慈溪、绍兴等市。该种鹅体型中等呈船形，结构紧凑，体态匀称，背平直，尾羽上翘；喙呈橘黄色；全身羽毛呈白色，虹彩呈蓝灰色，皮肤呈白色；肉瘤高突呈橘黄色，胫、蹼呈橘黄色。公鹅体大雄伟，颈粗长，肉瘤高突、耸立于头顶，尾羽短而上翘，行走时昂首挺胸。母鹅颈细长，肉瘤较小，腹部大而下垂，尾羽平伸，极少数鹅有"反翅"现象，部分翼羽朝上反长。雏鹅绒毛呈黄色。

浙东白鹅开产日龄为 130~150 日龄，年产蛋数 28~40 枚。公、母鹅配种比例为 1∶8~1∶10，种蛋受精率为 85%，受精蛋孵化率为 80%~90%。

### 7. 皖西白鹅

皖西白鹅主要分布于安徽、河南、湖北、广东等省份。该种鹅体型较大，颈细长呈弓形，胸深广，背宽平；全身羽毛洁白，部分鹅头顶部有灰色羽毛；部分鹅枕部生有球形羽束，俗称"凤头鹅"；少数鹅颌下有咽袋，俗称"牛鹅"；肉瘤呈橘黄色，圆而光滑，无皱褶；喙呈橘黄色；虹彩呈蓝灰色；胫、蹼呈橘黄色。公鹅体形高大雄壮，颈粗长、有力，肉瘤大、颜色深，喙较宽长。母鹅颈较细且短，肉瘤较小且颜色较淡，腹部轻微下垂。产蛋期间腹部有一条明显的腹褶，高产鹅的腹褶大且接近地面。

皖西白鹅开产日龄为185~210日龄，年产蛋数22~25枚，蛋重140~170g。公、母鹅配种比例为1：4~1：5，种蛋受精率为85%~92%，受精蛋孵化率为78%~86%。母鹅就巢性强，就巢率为99%。

8. 闽北白鹅

闽北白鹅主要分布于福建省的古田、沙县和江西省的铅山、广丰。该种鹅全身羽毛为白色；头顶有橘色的肉瘤，无咽袋；喙呈橘黄色，喙边有梳齿；虹彩呈灰蓝色，皮肤呈白色，胫、蹼呈橘黄色。公鹅颈长，胸宽，头部高昂，肉瘤较大。母鹅尾部宽大、丰满，性情温驯，肉瘤较小，产蛋期间母鹅有腹褶。雏鹅全身绒毛呈黄色。

闽北白鹅繁殖季节为每年8月份到次年的4月。母鹅平均开产日龄为150日龄，年产蛋数30~36枚，平均蛋重136g。公、母鹅配种比例约为1：5时，种蛋受精率为85%，受精蛋孵化率为90%。母鹅就巢性较强。

9. 莲花白鹅

莲花白鹅主要分布于江西省莲花县周边和湖南省的茶陵、攸县等地。该种鹅体躯宽，呈椭圆形。全身羽毛白色。喙呈橘黄色。皮肤呈淡黄色，胫、蹼呈橘黄色。公鹅颈长，头大，体躯长，肉瘤较大，腹下平整或有一条沟。母鹅颈短、稍粗，体较短而宽，肉瘤较小、稍隆起，腹部下坠，无腹褶。

莲花白鹅平均开产日龄为250日龄，开产蛋重80g，年产蛋数24枚，300日龄平均蛋重114g。种蛋受精率为90%，受精蛋孵化率为94%。母鹅就巢性强。

10. 狮头鹅

狮头鹅主要分布于广东省的潮州、汕头、揭阳等市。该种鹅体型较大，头大呈方形，颌下咽袋发达，呈弓形，延至颈部及喙的下部；全身背面羽毛及翼羽呈棕色，由头顶至颈部背面形成如鬃状的棕色羽毛带；腹面羽毛呈白色或灰白色；棕色羽毛的边缘色较浅，呈镶边羽；肉瘤质软，呈黑色；喙短，呈黑色；虹彩呈褐色；皮肤呈米黄色或乳白色；胫、蹼呈橘红色，偶见有黑斑；腹部与腿内侧多有似袋形的皮肤皱褶。公鹅前额肉瘤极其发达，母鹅肉瘤相对较小。

狮头鹅平均开产日龄为235日龄，开产蛋重170g，年产蛋数26~29枚，平均蛋重212克。种蛋受精率为85%，受精蛋孵化率为88.2%。

11. 安定鹅

定安鹅主要分布于海南省周边地区。其体型中等，颈细长，胸深，腹垂；头顶有黄色或黄褐色肉瘤，喙呈黄色或橘黄色；全身羽毛为白色，其中部分个体头顶和尾根部有灰黑色斑；皮肤呈淡黄色，胫、蹼呈黄色或橘黄色。公鹅肉瘤较发达。母鹅腹褶明显。雏鹅全身绒毛呈黄色。

定安鹅开产日龄为 160~180 日龄，年产蛋数 36~52 枚，高产个体可达 60~70 枚，平均蛋重 130~140g。种蛋受精率为 80%，受精蛋孵化率为 80%。母鹅就巢性较强。

12. 平坝灰鹅

平坝灰鹅主要分布于贵州省及周边地区。该种鹅体型紧凑；颈长、呈弓形，咽袋较大，头上有半球形黑色肉瘤，肉瘤边缘及喙的后部有一宽窄不等的灰白色毛圈；颈的背侧有一条明显的灰褐色羽带，颈两侧及颈腹面羽毛呈灰白色；胸部羽毛呈浅灰色，腹部羽毛呈灰白色或白色，背、翼、肩及腿羽都是灰色镶白色边；喙呈黑色，皮肤呈白色；胫、蹼多呈橘红色，少数个体呈黑色。公鹅喙长且宽，颈粗壮，肉瘤较大。母鹅肉瘤较小，有腹褶。

平坝灰鹅开产日龄为 240~270 日龄，年产蛋数 20~30 枚，蛋重 156~178g。公、母鹅配种比例为 1：4~1：5，种蛋受精率为 85%~90%，受精蛋孵化率为 75%~80%。母鹅就巢率为 100%。

13. 乌鬃鹅

乌鬃鹅主要分布于广东省清远、广州、佛山和四会等市。该种鹅结构紧凑，体躯宽短，背平；喙、肉瘤呈黑色；成年鹅自头部至颈背基部有一条由宽渐窄的鬃状黑色羽毛带；颈部两侧的羽毛为白色；翼羽、肩羽和背羽呈黑色，羽毛末端有明显的棕褐色镶边；胸部羽毛呈灰白色，腹部羽毛呈白色，性羽呈灰黑色。在背部两边，有一条自肩部直至尾根的白色羽毛带；虹彩呈褐色，胫、蹼呈黑色。公鹅肉瘤发达，向前突出。母鹅颈细，尾羽呈扇形，稍向上翘起。雏鹅绒毛呈灰色。

乌鬃鹅开产日龄为 130~140 日龄，年产蛋数 30~35 枚，开产蛋重 123g，300 日龄平均蛋重 147g。公、母鹅配种比例为 1：8~1：10，种蛋受精率为 89.9%，受精蛋孵化率为 93.7%。

**（二）培育品种或品系**

扬州鹅是以太湖鹅、四川白鹅、皖西白鹅 3 个鹅种为育种素材，由扬州大学和扬州市农业局共同培育。扬州鹅体型中等，体躯方圆紧凑；全身羽毛呈白色，偶见眼梢或腰背部有少量灰褐色羽毛的个体；头中等大小，肉瘤明显，呈橘黄色，颈匀称，喙、胫、蹼呈淡橘红色，眼睑呈淡黄色，虹彩呈灰蓝色。公鹅体态健壮，体型比母鹅略大而长，肉瘤大于母鹅；母鹅体态清秀。雏鹅全身呈乳黄色，喙、胫、蹼呈橘红色。

扬州鹅开产日龄为 185～200 日龄，476 日龄母鹅产蛋数为 58～62 枚，蛋重 135～150g。母鹅就巢性极弱。

**（三）引进鹅种**

莱茵鹅原产于德国的莱茵河流域，全身羽毛为白色，喙、胫、蹼均为橘黄色；头上无肉瘤，颌下无皮褶，颈粗短而直；雏鹅绒毛为黄褐色。

莱茵鹅体型大、生长快、饲料报酬高。种鹅开产日龄210～240 天，年产蛋50～60 枚，蛋重 150～190g。成年公鹅体重 5000～6000g，母鹅体重 4500～5000g。平均种蛋受精率为 74.9%，受精蛋孵化率为 80.0%～85.0%。

## 二、不同品种鹅的蛋品质（表 2-3）

表 2-3 不同品种鹅的蛋品质

| 品种 | 蛋重/g | 蛋形指数 | 蛋壳强度/（kgf/cm²） | 蛋壳厚度/mm | 蛋壳颜色 | 哈氏单位/HU | 蛋黄比率/% |
|---|---|---|---|---|---|---|---|
| 籽鹅 | 133.30±20.30 | 1.53±0.12 | — | 0.57±0.13 | 白色 | 74.60±8.70 | 33.40±4.60 |
| 豁眼鹅 | 132.50±5.90 | 1.48±0.05 | 5.31±1.25 | 0.42±0.06 | 白色 | 79.50±13.30 | 28.30±2.50 |
| 百子鹅 | 136.00±18.80 | 1.47±4.37 | 5.27±1.31 | 0.55±0.06 | 白色 | 83.60±8.90 | 33.70±3.50 |
| 四川白鹅 | 141.30±11.60 | 1.49±0.05 | — | — | 白色 | 74.70±5.80 | 35.20±2.60 |
| 太湖鹅 | 141.90±10.40 | 1.46±0.06 | 11.10±2.23 | 0.51±0.06 | 白色 | 68.20±5.70 | 27.80±3.30 |
| 浙东白鹅 | 169.10±11.30 | 1.44±0.06 | 7.53±0.21 | 0.55±0.07 | 白色 | — | 34.80±2.40 |
| 皖西白鹅（河南省） | 162.00±11.60 | 1.49±0.24 | — | 0.52±0.07 | 白色 | 86.60±4.60 | 38.30±4.20 |
| 皖西白鹅（安徽省） | 149.00±9.00 | 1.47±0.40 | 7.20±0.10 | 0.59±0.20 | 白色 | 68.60±0.40 | 29.50±0.30 |
| 闽北白鹅 | 136.40±7.50 | 1.44±0.04 | — | 0.51±0.02 | 白色 | — | 29.20±1.20 |
| 莲花白鹅 | 113.70±15.60 | 1.43±0.06 | — | 0.55±0.14 | 乳白色 | 72.00±7.60 | 30.10±4.20 |
| 狮头鹅 | 210.00±12.00 | 1.36±0.02 | 12.53±1.20 | 1.02±0.04 | 乳白色 | 68.20±9.25 | 35.30±2.10 |
| 安定鹅 | 140.00±9.80 | 1.38±0.05 | 5.52±0.23 | 0.61±0.02 | 白色 | 70.10±7.10 | 38.30±1.10 |
| 平坝灰鹅 | 165.69±8.61 | 1.47±0.04 | — | 0.49±0.07 | 白色 | 87.30±16.50 | 34.10±3.20 |
| 乌鬃鹅 | 132.20±0.02 | 1.49±0.04 | — | 0.49±0.04 | 白色 | 73.70±12.50 | 39.50±1.20 |

# 第四节　鸽蛋

## 一、常见鸽品种

### (一) 地方鸽种

1. 塔里木鸽

塔里木鸽又称新和鸽，主要分布于新疆喀什、阿克苏和塔里木盆地。该种鸽头圆，为平头；胸部突出，背部平直；羽色以灰色及灰二线、雨点色为主；下颈和上胸均呈暗紫色，有青绿色金属光泽；喙短，微弯，呈紫红色或黑色；胫呈红色，爪呈黑色。

成年公塔里木鸽体重 407g，母鸽体重 366g。开产日龄为 150 日龄，年产蛋数 14~18 个，种蛋受精率在 80% 以上，受精蛋孵化率在 90% 以上。蛋重 15~18g。母鸽就巢率为 100%。

2. 石歧鸽

石歧鸽体躯大，身形如芭蕉的蕉蕾；羽色有白色、灰二线、红色、浅黄色 4 种，白色多为常见。公鸽头较圆，额稍凸出，颈较粗；鼻瘤较大，鼻呈粉白色，基部具有皱纹；嘴甲较阔；母鸽头较细，额不凸出、较斜，颈较细，鼻瘤较小、较光滑。

成年公鸽体重 700~750g，成年母鸽体重 650~750g。开产日龄为 160~170 日龄，年产蛋数为 22~25 个，种蛋受精率在 90% 以上。蛋重 24~26g。

### (二) 培育鸽种

泰深鸽是广东省家禽科学研究所与深圳农业科学研究中心选育的新品种。根据 3~4 日龄乳鸽的羽毛颜色可以辨别雌雄个体。泰深鸽体型中等大小、头圆润、颈部粗壮、背宽、胸宽且肌肉丰满。公鸽羽色为白色或灰白色，颈部到嗉囊间有 4~6cm 的浅红褐色环，部分公鸽的翅膀主翼羽末端或尾羽末端分布有黑色块或黑斑；母鸽羽色为浅灰色，颈部羽毛呈灰黑色，翅膀中间有两条黑色带，尾尖呈浅黑色。

### (三) 引进品种

1. 白羽王鸽

白羽王鸽又称大白鸽，主要分布于广东珠江三角洲地区。该种鸽头大颈粗，平头；体型中等，背宽胸深，胸肌饱满；尾部稍短，尾羽与地面平行或稍上翘；全身白羽。喙、胫呈红色。

白羽王鸽性成熟期较迟，开产日龄为 185 日龄左右，年产蛋数 20~23 个，种蛋受精率在 90% 以上，受精蛋孵化率为 88%~92%，雏鸽成活率为 90%~95%。

2. 卡奴鸽

卡奴鸽又称赤鸽，体型中等，羽毛紧凑；外观雄壮，胸阔、颈粗，站立时姿势挺立，短翼矮脚，头圆嘴尖，尾巴向地面倾斜；羽色有纯红、纯白、纯黄 3 种，或混合型。

成年公鸽体重 650~750g，母鸽 590~700g。年产蛋量 16~24 枚。母鸽就巢性能、育雏性能良好，换羽期间也不停止。

3. 银羽王鸽

银羽王鸽全身紧披银灰色略带棕色的羽毛，翅上有两条巧克力色的镶边（俗称红二线），颈部羽毛呈紫红色带金属光泽，鼻瘤为粉红色，爪为紫红色，眼环为橙黄色，简称"三红一黄红二线"。该鸽为黑豆眼，眼睑呈粉红色。平头，光脚，羽毛紧密，体态美观。

成年公鸽体重为 800~1100g，母鸽为 700~800g。年产蛋量 12~16 枚。

## 二、不同品种鸽的蛋品质（表 2-4）

表 2-4　不同品种鸽的蛋品质

| 品种 | 蛋重/<br>g | 蛋形指数 | 蛋壳强度/<br>（kgf/cm²） | 蛋壳厚度/<br>mm | 哈氏单位/<br>HU | 蛋黄颜色 | 蛋白高度/<br>mm |
|---|---|---|---|---|---|---|---|
| 塔里木鸽 | 16.40±2.90 | 1.37±0.06 | — | 0.16±0.02 | 78.20±4.60 | — | — |
| 泰深鸽 | 22.37±2.06 | 1.34±0.08 | 1.25±0.22 | 0.32±0.07 | 72.96±5.47 | 6.67±1.71 | 3.22±0.66 |
| 白羽王鸽 | 22.77±2.03 | 1.38±0.06 | 1.04±0.72 | 0.41±0.07 | 79.71±5.20 | 6.70±1.58 | 4.14±0.72 |
| 白卡奴鸽 | 22.76±2.23 | 1.37±0.08 | 1.04±0.25 | 0.42±0.07 | 79.86±4.97 | 7.17±1.49 | 4.16±0.71 |
| 银羽王鸽 | 22.85±1.56 | 1.37±0.06 | 1.05±0.18 | 0.42±0.06 | 80.45±4.06 | 6.80±1.56 | 4.24±0.57 |

# 第五节　鹌鹑蛋

**常见蛋鹌鹑品种**

**（一）培育鹌鹑品种**

1. 中国白羽鹌鹑

由北京市种鹑场、南京农业大学等单位利用隐性白羽鹌鹑育成。雏鹌鹑羽色为浅黄色。换羽后，体羽洁白，偶有浅黄色条斑。体型略大于朝鲜鹌鹑。

成年公鹌鹑体重 145g，母鹌鹑体重 170g。开产日龄 45 天，年平均产蛋率为 80%~85%，年平均产蛋量 265~300 枚，蛋重 11.5~13.5g，产蛋性能明显超过同期的朝鲜鹌鹑。

2. 中国黄羽鹌鹑

黄羽鹌鹑由南京农业大学利用朝鲜鹌鹑隐性黄羽个体育成。幼雏和成年鹌鹑毛色为浅黄色；皮肤为白色，喙、胫、趾等均呈浅棕黄色，且均随鹌鹑月龄的增大而逐渐变淡。成年鹌鹑体型略小于朝鲜栗羽鹌鹑。黄羽鹌鹑抗寒和抗病能力与朝鲜鹌鹑无显著差异，但比中国白羽鹌鹑的抗寒搞病能力强，且差异极显著。

成年公鹌鹑体重 145g，母鹌鹑体重 170g。开产日龄 42 天，年产蛋量 260~300 枚，平均产蛋率为 84.7%，平均蛋重 11.43g，料蛋比为 2.68∶1。公、母鹌鹑在 1∶3 的配种比例情况下，种蛋受精率为 88.6%，受精蛋孵化率为 84.5%。

3. 神丹 1 号鹌鹑

母鹌鹑羽毛为黄麻色，公鹌鹑羽色为栗麻色，羽片上均有灰色线状横纹，蛋壳呈灰色带有大小不等深色斑点，喙为棕褐色，皮肤、胫、趾均为浅灰白色。

成年鹌鹑开产日龄 43~47 天，35 周龄入舍鹌鹑产蛋数 155~165 枚，平均蛋重 10~11g，平均日耗料 21~24g，料蛋比为 2.5∶1~2.7∶1。

**（二）引进鹌鹑品种**

1. 日本鹌鹑

日本鹌鹑属蛋用型培育品种，在我国主要分布于北京、上海、黑龙江、吉林、辽宁等地。日本鹌鹑体型较小呈纺锤形，酷似雏鸡，羽毛多呈粟褐色，夹杂黄黑色相间的条纹；喙细长而尖，无冠髯，虹膜呈红褐色，胫无距，尾羽短而下垂。成年公鹌鹑的睑、下颌、喉部呈赤褐色，胸羽呈砖红色；母鹌鹑睑呈淡褐色，下颌呈白色，胸羽呈淡褐色且散在布有大小不等的黑色斑。

成年公鹌鹑体重 100~110g，母鹌鹑 130~140g。35~40 日龄开产，年产蛋量 250~300 枚。蛋壳颜色为青瓷色或白粉色带棕褐色斑块或斑点。300 日龄雌鹌鹑的平均产蛋率仍可达 85%。种蛋受精率为 65%~85%，每只鹌鹑日均耗料 22~25g，料蛋比为 2.9∶1~3.1∶1。

2. 朝鲜鹌鹑

朝鲜鹌鹑是在日本鹌鹑基础上培育而成的，可分龙城品系和黄城品系。体重较日本鹌鹑大，羽色基本相同。

成年公鹌鹑体重 125~130g，母鹌鹑约为 140g。45~50 日龄时开产，平均年产蛋率约为 75%，年产蛋量 270~280 枚，蛋重 10.5~12g。

## 第六节　不同种类禽蛋品质比较

如表 2-5 所示，鹅蛋平均质量为 123.97g，是所有蛋中平均质量最大的蛋，其次为鸭蛋、鸡蛋、鸽蛋，最小的鹌鹑蛋平均蛋重只有 10.99g。鹅蛋蛋黄、蛋清和蛋壳的质量都显著大于其余 4 种禽蛋（$P<0.05$）。蛋黄/蛋清的比值大小顺序依次为鸭蛋、鹅蛋、鹌鹑蛋、鸡蛋、鸽蛋，鸭蛋与鸡蛋、鹌鹑蛋、鸽蛋相比差异显著（$P<0.05$）。

表 2-5　不同种类禽蛋品质比较

| 种类 | 蛋黄/蛋清 | 蛋壳质量/ g | 蛋重/ g | 蛋形指数 | 蛋壳厚度/ mm | 蛋白高度/ mm | 哈夫单位/ HU | 蛋黄质量/ g |
|---|---|---|---|---|---|---|---|---|
| 鸡蛋 | 0.48±0.04 | 7.20±0.40 | 64.03±2.22 | 1.31±0.03 | 0.42±0.02 | 3.54±0.16 | 61.56±4.67 | 17.28±1.02 |
| 鸭蛋 | 0.62±0.09 | 8.00±0.72 | 71.22±2.44 | 1.36±0.05 | 0.40±0.02 | 4.52±1.04 | 60.93±1.05 | 22.93±1.51 |
| 鹅蛋 | 0.59±0.12 | 14.10±0.92 | 123.97±1.97 | 1.48±0.01 | 0.62±0.03 | 7.71±1.38 | 70.65±6.66 | 40.06±2.76 |
| 鸽蛋 | 0.36±0.04 | 1.28±0.15 | 20.00±1.69 | 1.37±0.02 | 0.17±0.04 | 3.84±0.53 | 79.60±13.30 | 4.29±0.70 |
| 鹌鹑蛋 | 0.51±0.24 | 0.85±0.16 | 10.99±0.76 | 1.27±0.03 | 0.20±0.01 | 2.90±1.37 | 80.25±2.01 | 1.68±0.14 |

蛋形指数从大到小依次为鹅蛋、鸽蛋、鸭蛋、鸡蛋、鹌鹑蛋，鹅蛋蛋形指数最大，与另外 4 种禽蛋相比差异显著（$P<0.05$）。

蛋壳厚度从大到小依次为鹅蛋、鸡蛋、鸭蛋、鹌鹑蛋、鸽蛋，鹅蛋蛋壳厚度最大，与各组相比差异显著（$P<0.05$）。

蛋白高度从大到小依次为鹅蛋、鸭蛋、鸽蛋、鸡蛋、鹌鹑蛋，鹅蛋蛋白高度最大，与各组相比差异显著（$P<0.05$）。

哈夫单位由大到小依次是鹌鹑蛋、鸽蛋、鹅蛋、鸡蛋、鸭蛋，鹌鹑蛋的哈夫单位最高，与鸽蛋、鹅蛋相比差异不显著；鹌鹑蛋与鸽蛋的哈夫单位均与另外 3 种禽蛋的相比差异显著。

不同蛋的 $L$、$A$、$B$ 值见表 2-6。

表 2-6　不同种类禽蛋蛋壳的 $L$、$A$、$B$ 值比较

| 种类 | 蛋壳 | | | 蛋黄 | | |
|---|---|---|---|---|---|---|
| | $L$ | $A$ | $B$ | $L$ | $A$ | $B$ |
| 鸡蛋 | 82.91±3.95 | −5.89±1.44 | 17.67±2.00 | 53.13±1.99 | 12.50±2.05 | 58.50±4.78 |
| 鸭蛋 | 81.08±2.24 | 13.14±0.98 | 32.39±1.15 | 48.21±2.94 | 13.14±0.98 | 32.39±3.15 |

续表

| 种类 | 蛋壳 | | | 蛋黄 | | |
|------|------|------|------|------|------|------|
| | L | A | B | L | A | B |
| 鹅蛋 | 89.86±1.25 | −1.42±0.99 | 6.26±1.98 | 46.86±7.07 | 3.51±0.22 | 54.22±6.99 |
| 鸽蛋 | 86.91±0.70 | 0.83±0.66 | 2.76±0.18 | 39.12±3.12 | 4.47±2.02 | 86.13±7.13 |
| 鹌鹑蛋 | — | — | — | 48.89±5.52 | 1.34±0.37 | 58.05±3.45 |

# 参考文献

[1] 张剑, 初芹, 王海宏, 等. 不同品种鸡及其杂交后代产蛋前期蛋品质分析 [J]. 中国家禽, 2009, 31 (19): 44-46.

[2] 刘银兰, 李国勤, 叶轩, 等. 红豆杉叶对仙居鸡蛋品质指标及其相关性的影响 [J]. 饲料研究, 2020, 43 (4): 39-42.

[3] 曾涛, 李进军, 祝碧琴, 等. 白耳黄鸡蛋品质及营养成分研究 [J]. 中国家禽, 2012, 34 (3): 58-59.

[4] 史雪萍, 赵明, 尹泽盛, 等. 山东地方鸡种与海兰褐鸡鸡蛋品质比较及分析 [J]. 黑龙江畜牧兽医, 2020, 19 (607): 66-70.

[5] 程帮平, 李维, 尹鑫, 等. 长顺绿壳蛋鸡鸡蛋品质及常规营养指标测定 [J]. 贵州畜牧兽医, 2015, 39 (3): 21-23.

[6] 孙研研, 江琳琳, 石雷, 等. 北京油鸡及相关品系和配套系鸡蛋的蛋品质比较 [J]. 中国家禽, 2019, 41 (22): 57-60.

[7] 李琦章, 章玲玲, 章世元, 等. 同一保种基地内地方鸡种蛋品质的比较与分析 [J]. 中国畜牧杂志, 2011, 47 (23): 6-10.

[8] 孙帅, 豆腾飞, 黄英, 等. 日粮中添加鲜柠檬对地方鸡生产性能、蛋品质和盲肠微生物的影响 [J]. 饲料工业, 2022, 43 (18): 13-17.

[9] 郑明德, 刘喜魁, 冯敏, 等. 溧阳鸡肌肉和鸡蛋品质的检测与分析评价 [J]. 畜牧与兽医, 2022, 54 (8): 20-26.

[10] 马玉杰, 卢彦翰. 不同水平的紫苏籽提取物对海兰灰蛋鸡生产性能、蛋品质及经济效益的影响 [J]. 中国饲料, 2020 (23): 26-29.

[11] 程浩, 姚亚铃, 曲湘勇, 等. 洪江雪峰乌骨鸡和罗曼粉蛋鸡鸡蛋营养成分和蛋品质比较 [J]. 中国家禽, 2021, 43 (1): 24-29.

[12] 刘秋红, 郭海宁, 谢金泉, 等. 不同蛋鸭品种及笼养模式对鸭蛋品质的影响 [J]. 江西农业大学学报, 2022, 44 (4): 961-967.

[13] 朱志明, 韦丽金, 周世业, 等. 不同蛋鸭品种（品系）蛋品质测定与分析 [J]. 中国

家禽，2023，45（2）：111-116.

［14］张芸，杨世皓，杨学坤，等．日粮中添加石吊兰粉对三穗鸭产蛋性能及蛋品质的影响［J］.黑龙江畜牧兽医，2023（3）：84-86.

［15］林瑞意，赵芳露，李家权，等．莆田黑鸭蛋品质及羽色遗传规律分析［J］.中国畜牧杂志，2022，58（7）：144-147.

［16］胡振华，龚萍，叶胜强，等．沔阳麻鸭蛋品质测定与分析［J］.中国家禽，2018，40（14）：66-68.

［17］李洪林，李维，祖盘玉，等．平坝灰鹅蛋品质及营养成分的研究［J］.黑龙江畜牧兽医，2018（2）：60-62.

［18］汤青萍，常玲玲，付胜勇，等．不同品种鸽蛋品质分析［J］.江苏农业科学，2018，46（4）：171-173.

［19］王云浩，郑玉才，李志雄，等．不同种类禽蛋的蛋品质和蛋内营养成分的比较分析［J］.畜牧与兽医，2022，54（5）：40-44.

［20］国家畜禽遗传资源委员会．中国畜禽遗传资源志．家禽志［M］.北京：中国农业出版社，2011.

［21］陈国宏，等．中国禽类遗传资源［M］.上海：上海科学技术出版社，2004.

# 第三章　日粮与禽蛋品质

根据动物生长发育规律、体内营养物质的沉积和代谢规律，适宜调整动物摄入营养素的种类和数量，进而使动物的生长、发育、繁殖等生产过程朝着人类预期方向发展的过程称为动物营养调控。现代规模化、集约化的生产方式使动物摄入的日粮几乎完全由人类供给，这为实现营养调控改善动物生产过程提供了前提。

## 第一节　日粮与禽蛋的颜色

### 一、日粮与蛋壳颜色

对于禽蛋而言，蛋壳颜色主要有白色、褐色、粉色、红色、绿色等，禽类蛋壳颜色由蛋壳色素的沉积决定。禽蛋的蛋壳色素主要有三种：原卟啉-IX、胆绿素-IX和胆绿素的锌螯合物，这三种色素按不同比例混合，可形成多种不同的蛋壳颜色。褐壳、红壳、粉壳禽蛋的蛋壳色素主要为原卟啉（红壳和粉壳禽蛋可分别视为原卟啉含量较高和较低的褐壳禽蛋），绿壳禽蛋的蛋壳中含有胆绿素（含胆绿素较多而原卟啉较少的蛋壳呈淡绿色或蓝绿色，若绿壳禽蛋的蛋壳中同时含有较多的原卟啉，则形成黄绿色、土黄色的蛋壳），白壳禽蛋的蛋壳中原卟啉和胆绿素含量均较低。此外，还有橄榄绿、灰褐色等不常见的蛋壳颜色。关于蛋壳色素的来源，有研究者推测：由于蛋壳腺体积较小，难以负担全部蛋壳色素的合成，因此蛋壳色素的主要来源最有可能是血液，而蛋壳腺仅负责一部分合成工作。近期的研究表明，蛋壳腺和血液均有合成蛋壳色素的功能，蛋壳中原卟啉的主要合成部位是蛋壳腺，而胆绿素主要由衰老红细胞中的血红素降解而来。

饲粮中维生素 D、维生素 C、钙、磷等不足或营养不均衡，都可能导致蛋壳颜色发生变化。钙是蛋壳的主要成分，当畜禽体内缺乏钙时，会直接影响蛋壳中钙的沉积，而釉质沉积受到影响会导致蛋壳色素沉积不均匀，或蛋壳颜色变浅。磷是不直接参与构成蛋壳的主要元素，但由于机体对钙的吸收途径与磷元素关系紧密，当饲粮中过度补充磷元素导致体内磷含量过高时，钙的吸收过程会受到抑制，从而影响蛋壳的形成。

铁参与血红素的形成，饲粮中添加一定量的铁元素能使蛋壳颜色变深，添加钒和镁元素则可使蛋壳颜色变浅。产蛋后期，蛋鸡对饲粮中钙的吸收能力下降，蛋壳表面形成一层白色钙粉沉积或钙粒突起，使蛋壳颜色变浅。

维生素 $D_3$ 影响机体对钙、磷的吸收，日粮中添加维生素 C 可以使蛋壳增厚，缺乏维生素 A 会影响机体上皮组织的分泌，维生素 $B_6$、维生素 C、维生素 K 在蛋壳颜色形成过程中具有关键作用。

### 二、日粮与蛋清颜色

有些禽蛋在冷藏保存一段时间后，蛋清呈现粉红色，卵黄体积膨大，质地变硬而有弹性，有的呈现淡绿色、黑褐色，有的出现红色斑点这种蛋俗称"橡皮蛋"。这与饲粮中添加的棉籽饼的质量和比例有关。棉籽饼粕中含有棉酚和残油，用棉籽饼粕饲喂的畜禽虽产蛋多，但会导致禽蛋在贮存中出现蛋黄变褐、蛋清变红的现象。棉油中不饱和脂肪酸含量高，容易被氧化生成环丙烯脂肪酸，使蛋清变色，若饲喂蛋鸡的棉籽粕中残油超过日粮的 0.1%，则会促使禽蛋清在储藏过程中变红。此外，棉粕饲养的蛋鸡所产的禽蛋在储藏过程中，蛋内的棉酚容易与蛋白质结合，同时蛋黄膜的超微结构也发生显著变化，变得更加疏松，可能导致蛋黄中的钙、铁元素流失到蛋清中去，使蛋清变红。由此可见，棉粕饲粮诱导的禽蛋变色是化学、物理、生物学变化的综合现象。

### 三、日粮与蛋黄颜色

蛋黄的颜色是除新鲜度之外被消费者广泛重视的蛋的品质之一。蛋黄颜色是由脂溶性色素在卵形成期间沉积到蛋黄中形成的。畜禽没有合成色素的能力，它们由饲粮中的色素转化而来。蛋黄着色的程度与饲粮中色素的种类、含量、饲粮组成和蛋禽的健康状况等密切相关。

色素的影响：形成蛋黄颜色的色素主要是叶黄素。叶黄素类化合物种类繁多，常见的有黄体素、玉米黄质、隐黄素、柑橘黄素、虾黄素。真正有着色作用的叶黄素只有黄体素和玉米黄质。叶黄素中的各种色素显色效果不同，黄体素产生黄色，玉米黄质为橙色，虾黄素产生红色，柑橘黄素偏红色，因此，它们之间不同的分布比例将显示不同的色调。黄色叶黄素（如黄体素）能明显提高蛋黄的黄色度和明亮度，红色度的高低由红色叶黄素（如玉米黄质）决定。

蛋黄颜色一方面受饲粮中色素含量的影响，另一方面还受色素种类的影响。玉米面筋中的色素对蛋黄的着色效果比苜蓿草粉和干藻粉的效果更佳，其原因是玉米所含的色素中玉米黄质的相对比例较高。饲粮中添加叶黄素含量高的植物如黄玉米、苜蓿草、万寿菊花瓣、辣椒粉和海藻粉等同样可以增加蛋黄的颜色。化学合成色素在这方面也有应用。常用于蛋黄着色的化学合成红色类胡萝素主要有角黄素、柠檬黄素和辣椒黄素/辣椒红素。角黄素的沉积率大大高于柠檬黄素和辣椒黄素/辣椒红素的沉积率。此类化学合成着色剂在生产中极易添加过量,过量食用有害人体健康,近几年这种使用化学合成色素,增加蛋黄颜色的做法已被国际市场否定。

脂类和抗氧化剂的影响:叶黄素可溶解于脂类,其在肠道中的吸收可能与脂类的吸收相关,所以,在饲粮中添加油脂可提高蛋黄颜色,特别是在饲粮色素含量低时,效果更明显。此外,如果不加入保护剂,饲粮中25%的叶黄素会被氧化而失去着色能力,因而可在饲粮中加入125~250g的抗氧化剂防止色素的氧化,提高色素对蛋黄的着色作用。维生素E和乙氧喹在这方面都有效果,尤其当饲粮中加入不饱和脂肪酸时,效果更佳。

维生素和钙含量的影响:维生素A具有与色素相似的结构,因此它们之间在吸收时存在着竞争性抑制,如果维生素A过量,则降低色素的吸收沉积。但维生素A不足,又会使类胡萝卜素在畜禽体内转化为维生素A。即维生素A的补充量应该适中,过高、过低均会影响色素的沉积。从着色效果考虑,日粮中维生素A最佳添加量为12000IU/kg。维生素E有保护脂肪和脂溶性物质不被氧化的作用,日粮中维生素E不足将导致着色效果下降。叶黄素在肠道吸收时存在竞争,叶黄素在血液中的输送依赖于脂蛋白,而钙对脂蛋白的亲和力大于叶黄素。所以钙的含量太高会对叶黄素的吸收造成竞争性抑制,使着色效果变差。如日粮中含钙2.5%时,$1 \times 10^{-6}$的橘黄素就能使蛋黄着色良好,当含钙增至3.5%时,橘黄素要增至$1.7 \times 10^{-6}$时才能达到同样的着色效果。因此,饲粮中不可过多地添加钙,钙的添加量应控制在4%以内。

日粮营养不平衡可影响叶黄素在肠道的吸收。饲料中维生素E、蛋氨酸、胆碱和微量元素水平不当会造成着色差别。另外,饲料中盐分过高,特别是硝酸盐过高也会影响着色效果。正常禽蛋蛋清有轻微的黄绿色,这种颜色来自维生素$B_2$。若产蛋禽日粮中维生素$B_2$过量,则蛋清的颜色加深。

# 第二节 日粮与蛋壳品质

蛋壳品质的好坏直接关系到禽蛋破损率的高低,从而影响禽蛋的经济效益。蛋壳品质主要包括蛋壳强度、厚度。影响蛋壳强度的主要营养素有钙、磷、钠、钾、氯、锌、锰、维生素、氨基酸等。

钙是蛋壳的重要组成成分,占蛋壳重量的38%~40%,决定蛋壳的强度。因此母禽每天大约需要2g钙来合成蛋壳。母禽通常将白天采食的日粮钙储存起来,在晚上释放到生殖道中用于形成蛋壳，因为母禽体内蛋壳形成的活动在夜间最活跃，因此，晚上饲喂牡砺壳或石灰石颗粒，有显著提高蛋壳质量的效果，因为这些钙源能在消化道内滞留到夜间而被母禽吸收利用。用不同钙水平（2.75%、3.75%、4.25%）的3种日粮饲喂蛋鸡发现，随着钙水平的增加，蛋壳强度会有显著线性增加。有研究表明大颗粒钙源可以通过提高蛋壳强度来改善蛋壳品质，可以为蛋壳的生产提供持续性更高的钙源，以颗粒状石灰岩为钙源的蛋鸡，其蛋壳质量明显好于以粉末状石灰岩为钙源的蛋鸡。Athnayaka等研究表明，向55周龄海兰白蛋鸡饲粮中添加骨粉可提高蛋比重、蛋壳厚度，从而减少蛋壳损坏。与牡蛎壳和石灰石相比，骨粉是商业蛋鸡最好的钙源。这可能是因为骨粉中除了含有丰富的脂肪、骨胶和三碱式磷酸钙外，骨粉还含有0.225mm以下的细小颗粒，高于其他两种来源，且骨粉中的颗粒分布也与其他两种来源不同。还有研究指出，较大粒度的石灰石会增加肌胃和十二指肠中的可溶性钙含量，保证蛋壳形成过程中钙的供应，改善蛋壳品质。Cufadar等研究表明，不同钙浓度、不同粒径及其交互作用对蛋壳重和蛋壳厚度均无显著影响，但钙浓度与粒径的交互作用对蛋壳强度有显著影响，随着粒径的增大，低钙日粮（30g/kg）提高蛋壳强度的效果最佳。

磷同样是蛋壳的重要组成成分，决定蛋壳的弹性和硬度。蛋鸡饲料配制时会对总磷和有效磷进行区分。有效磷水平的高低会影响到蛋壳品质，当水平过低时会降低蛋壳强度。植物中存在丰富的磷，但大部分以难消化吸收的植酸磷形式存在，在饲粮中添加植酸酶可以有效降解植物性饲粮中大量存在的植酸磷，提高磷在饲粮中的转换率和利用率，节约外源性磷的使用，并降低对环境的污染。饲粮中添加植酸酶不仅可以改善磷的利用，而且能提高氨基酸的利用率，在含0.1%植酸磷的日粮中添加植酸酶，能极大地提高蛋壳的质量。饲粮添加黑曲霉植酸酶和大肠杆菌植酸酶可使N、Ca、P沉积增加，干物质、有机物、粗蛋白、钙、总磷以及半胱氨酸和脯氨酸外的所有氨基酸的总消化率都有所提高，总磷、植酸磷、蛋氨酸、精氨酸的回肠表观消化率提高。饲粮中添加巴氏杆菌植酸酶（pasteurella phytase，PSP）后，蛋禽保持健康和维持正常生产力水平所需的钙和有效磷量均降低。这是因为PSP具有很高的植酸盐降解功效，可将肉鸡胃肠道中的植酸盐浓度迅速降低60%~90%。

锰、锌作为金属酶合成碳酸酯和黏多糖的辅助因子，对蛋壳晶体的形成和结构的改变有影响。其中，锰通过激活糖基转移酶来促进蛋白多聚糖的形成，蛋白多聚糖能够调控晶体延伸，促进晶体正确生长并最终改善蛋壳晶体结构和蛋壳质量。一般认为饲粮中添加55~75mg/kg的锰，可显著提高蛋壳质量。Zhang等在研究有机锰和无机锰两种锰源对蛋壳形成过程中的力学和超微结构变化的影响中发现，两种锰源均可以使蛋壳乳头体厚度降低、乳头节密度和成核位点增加、有效厚度与总厚度之比提高。因此，饲料中添加锰可以改善蛋壳形成过程中的断裂强度和乳头层、栅栏层的结构，进而改善蛋品质。氨基酸螯合锰作为一种有机锰，能够代替无机锰进一步改善蛋壳颜色、蛋壳强度和蛋禽体内的氧化还原状态。

蛋鸡饲料中添加一定水平、形式的锌能够有效改善蛋壳品质。首先，锌是 Ca 的辅助因子，能够增强 Ca 活性，从而促进 $CaCO_3$ 的生成。其次，锌能够加速 Ca 基因的转录及翻译过程，增强 Ca 活性，加速壳腺部 $CaCO_3$ 的沉积。在 70 周龄产蛋鸡的日粮中添加 500mg/kg 硫酸锌或氨基酸锌可显著降低蛋壳缺陷、提高蛋壳强度，添加 75mg/kg 的锰和 50mg/kg 的锌可以使蛋壳有较高的钙氮比，糖醛酸含量增加，从而改善蛋壳品质。与无机锌相比，氨基酸螯合锌、寡糖螯合锌、酵母锌等有机锌可以通过提高蛋鸡对锌的吸收与利用率来进一步改善蛋壳品质。在饲粮中添加果胶寡糖螯合锌（适宜添加量为 600mg/kg、800mg/kg）可以明显提高鸡血清中锌金属酶活性、肝脏和胰腺中锌的沉积，提高锌利用率；相对于硫酸锌，添加酵母菌转化的酵母锌中锌的利用率为 114.83%；添加羟基蛋氨酸螯合锌（适宜添加量为 40/80mg/kg）可提高蛋壳厚度、蛋壳强度、蛋壳比重，改善蛋壳品质。另有研究表明，日粮中用有机锌、有机锰（适宜添加量为 40/60mg/kg）替代无机锌、无机锰对蛋鸡产蛋性能和骨质量无影响，但可以降低蛋鸡由于年龄升高对蛋壳强度的不良影响。

日粮中铜供给不足会使赖氨酰氧化酶结构异常，进而使壳膜纤维结构发生变化，蛋壳钙化受阻。无机硫酸铜（综合考虑以 60mg/kg 为最适添加量）添加到蛋鸡基础日粮中能够提高蛋壳强度和厚度，改善蛋壳品质。氨基酸螯合铜、壳聚糖铜等有机铜因为生产成本较高，通常不被添加到蛋鸡饲料中来改善蛋壳品质。酵母铜等微生物富集铜可以作为营养补充剂有效改善蛋壳品质，同时能够降低添加成本，但是微生物富铜能力遗传稳定性差的问题仍有待研究。

镁参与许多生化过程，包括磷酸盐的活化和碳水化合物代谢，其功能与钙和磷密切相关。镁盐可增加禽体内磷酸苷酶的活力而间接影响蛋壳强度，蛋禽日粮中缺镁会导致蛋壳中镁含量降低，蛋壳变薄，蛋壳质量与产蛋率下降。蛋禽日粮中镁的需求量为 400mg/kg，如果镁过量（500mg/kg）也会使蛋壳变薄。用含镁 1.5% 的石灰石粉作饲料钙源补充料，一个月后母禽产蛋量急剧下降，砂壳蛋增加，血清钙含量下降。

铁在动物体中参与许多重要的反应，如氧气的运输和储存、能量供应、蛋白质新陈代谢、抗氧化等。缺铁会阻碍原卟啉-Ⅸ 的生成，影响蛋壳着色。日粮中添加无机镁和有机铁能够改善蛋壳强度和颜色。

维生素 $D_3$ 参与机体钙、磷代谢过程，既是钙、磷元素吸收与骨组织钙、磷代谢的调节因子，又为钙、磷在蛋壳腺内转化沉积所必需。维生素 $D_3$ 被摄入机体后，在肝脏内转化成 25-$(OH)_2$-$D_3$，继而在肾脏中转变成活性型的代谢产物 1，25-$(OH)_2$-$D_3$，后者诱导十二指肠黏膜与蛋壳腺中钙结合蛋白的合成，从而促进钙的吸收和在蛋壳中的沉积。维生素 C 参与蛋壳腺中钙的吸收和沉积，如果供应失衡会影响蛋壳质量，尤其在各器官处于应激条件下时，维生素 C 的生物合成不能满足机体的需要，会导致破损蛋比例增加。缺少维生素 $D_3$ 的母禽在 4 周之内就开始产薄壳蛋和软壳蛋。日粮中添加 1500IU/kg 维生素 $D_3$ 时，可获得优良的蛋壳质量。在热应激情况下，饮水或饲粮中补加维生素 C 有助于改善蛋壳质量。

饲粮中烟酸过量会使维生素 D 失活，从而导致低血钙，蛋壳质量下降；饮水中的盐分含量高（采用地下水的），也会影响蛋壳质量；饲料中的氨基酸含量不足，会使蛋壳厚度不匀；饲料中脂肪含量过多，机体会增加钙的排出，还会影响磷、镁、锌的利用；饲料中能量不足会影响钙的沉积，导致软壳蛋增多。

在形成蛋壳的过程中，由于蛋壳腺中产生碳酸根，$H^+$ 释放增加，子宫液和血液中酸度增加，pH 下降，这种酸化现象对蛋壳形成是不利的。电解质平衡（dietary electrolyte balance，dEB）对体内酸碱平衡有重要影响，从而影响蛋壳质量。由于在蛋禽饲料中主要是 $Na^+$、$K^+$、$Cl^-$ 对电解质平衡的影响较大，即 $dEB = Na^+ + K^+ - Cl^-$，即每千克饲料中 $Na^+$、$K^+$ 的毫克当量数之和减去 $Cl^-$ 的毫克当量数（mEQ/kg）。为保证蛋壳质量，所必需的、适宜的 dEB 范围一般为 250~400mEQ/kg。有些阳离子能减少蛋壳腺部 $HCO_3^-$ 的生成量，继而影响蛋壳形成。提高饲粮酸度（高氯或高磷）对蛋壳质量有害；而碱性处理（限制摄入 $Cl^-$ 或加入 $NaHCO_3$）有利于改善蛋壳质量。

## 第三节　日粮与蛋清品质

饲粮中蛋白质的品质是影响蛋清品质的重要因素，不同饲粮的蛋白质原料的氨基酸组成和抗营养因子不同，在动物体内的代谢过程（消化、吸收和转运）也不尽相同，最终会影响蛋清品质。蛋鸡饲粮主要以豆粕为蛋白质原料。为提高蛋鸡养殖业的经济效率，需不断挖掘可能的饲粮蛋白质资源。我国棉花产量居世界之最，棉籽粕（cottonseed meal，CSM）是棉籽榨干油后的副产品，可部分替代豆粕。由于 CSM 的能量和蛋白质含量明显低于豆粕，其用作饲粮蛋白质原料具有局限性。蛋鸡的能量和蛋白质需求低于肉鸡，CSM 应用于蛋鸡饲粮更具优势。卵黏蛋白是决定禽蛋浓蛋白高度和 HU 值的重要因素，从 HU 值高的禽蛋浓蛋白中分离出的卵黏蛋白总量要远高于 HU 值低的禽蛋。研究发现，饲粮中添加 CSM 可显著降低禽蛋蛋白高度、HU 值和卵黏蛋白含量，导致蛋白稀化，直接缩短禽蛋货架期。蛋白稀化的主要原因是卵黏蛋白的降解，饲粮中添加 CSM 会减少蛋清卵黏蛋白的含量，导致新鲜禽蛋或储存期禽蛋的蛋白高度和蛋清品质下降。此外，在饲粮中添加菜籽粕也会降低禽蛋的储存稳定性。研究表明，与豆粕相比，饲粮中添加 CSM 会降低蛋清中溶菌酶的含量，添加菜籽粕还会降低溶菌酶活性。蛋白黏度取决于卵黏蛋白-溶菌酶复合物的稳定性，蛋清稀化可能是由于卵黏蛋白和溶菌酶之间相互作用的改变。因此，饲粮中添加 CSM 导致蛋清品质变差的原因可能是禽蛋中卵黏蛋白和溶菌酶的含量降低。另外，聚集素是一种存在于生物体液（包括精液、尿液和血浆）中的分子伴侣。未折叠或部分折叠的蛋白质会导致蛋清失去黏性，聚集素可以促使未折叠或部分折叠的蛋白质相互作用并提高稳定性，从而抑制蛋白质的沉淀或聚集。饲粮中添加 CSM 会降低禽蛋蛋清中聚集素水平，说明 CSM 降低蛋清品质还可能与聚集素有关。先前研究表明，蛋清中的卵清蛋白、卵转铁蛋白、卵类黏蛋白、溶菌酶和抗生物素蛋白的合成与孕酮、雌激素有关。孕酮在膨大部上皮细胞和管状腺细胞的生长中发挥重要作用，饲粮中添加 CSM 可显著降低蛋鸡血清中的孕酮水平，进而减缓膨大部上皮细胞和管状腺细胞的生长速度，导致蛋清蛋白质合成速度下降。

对于饲粮蛋白水平对蛋清品质的影响，众多学者的结论不一致。Penz 等研究发现，当饲粮粗蛋白水平从 16% 降低到 13% 时，禽蛋的蛋清比例下降；Keshavarz 等研究发现，当饲粮粗蛋白从 17% 增加到 21% 时，蛋清比例增加。Shim 等分别饲喂蛋鸡玉米-豆粕型基础饲粮和 3 个梯度的高蛋白饲粮，产蛋高峰期和后期的蛋清 HU 值均随饲粮粗蛋白水平升高而显著增加。Anwar 等指出，饲粮粗蛋白含量从 14.89% 上升到 17.38%，可改善禽蛋蛋清品质，并促进垂体释放卵泡刺激素（follicle stimulating hormone，FSH）和黄体生成素（luteinizing hormone，LH），这可能是由于蛋鸡补充蛋白质后，FSH 和 LH 分泌细胞的直径增加，从而增加了激素分泌；另外，补充蛋白质还降低了蛋鸡血清皮质醇和应激激素水平，有助于改善机体的抗氧化状态，减少氧化应激，进而提升禽蛋品质。此外，有研究者发现采食低蛋白的动物的下丘脑中的黄体生成素释放激素减少。

微量元素（trace element，TE）与蛋白质结构特征及稳定性息息相关，并且可以参与电子转移过程。TE 包括锌、锰、铁、铜、硒和碘等，在家禽饲粮中的占比不到 0.1%。有机微量元素（organic trace element，OTE）相较于无机微量元素（inorganic trace element，ITE）的生物利用率要更高，用 OTE 代替 20%~40% 的 ITE，能够显著提高蛋鸡生产性能。据报道，饲粮中 OTE 含量增加可显著提升 HU 值，并减少禽蛋在储存过程中因蛋白质下降而造成的损失；在低温环境下，饲粮添加铬和硫酸锌会显著提高蛋清 HU 值。然而也有研究表明，TE 并不会影响蛋清品质。目前，关于 TE 调控蛋清品质的报道较少，具体影响及作用机制还需进一步研究。

产蛋后期蛋鸡体内的氧化还原系统容易失衡，导致蛋鸡生殖功能下降，机体转运、合成蛋白质的能力降低，在生产中表现为禽蛋的蛋白高度和 HU 值下降，蛋清品质变差。饲粮中添加抗氧化剂可延长饲料的储存期，还可调节蛋禽体内氧化还原的平衡并减少氧化应激的发生。表没食子儿茶素-3-没食子酸酯（epigallo catechin gallate，EGCG）作为绿茶中含量最丰富的生物活性物质（占儿茶素的 50%~70%），是体外活性氧系列的有效清除剂。饲粮中添加 EGCG 可提高蛋鸡产蛋量、蛋清品质和抗氧化能力。Ognjenovic 等证实 EGCG 会诱导卵黏蛋白中 $\beta$-折叠的增加，从而通过构象改变来影响卵黏蛋白结构。茶多酚（greenteapolyphenols，GTP）具有抗氧化特性，可以清除活性氧、活性氮、螯合金属离子，最终表现为抗炎作用。蛋清凝胶的形成是由蛋白质分子链的伸展、分裂、结合、聚集等共同决定的，相邻分子间的氢键和二硫键会相互作用形成三维空间结构。饲粮中添加 GTP 会增加卵清蛋白相关 Y 蛋白和卵清抑制剂的表达水平，使蛋白凝胶结构更加紧密。卵清蛋白对蛋清的凝胶质构起着重要作用，使其具有热凝固性，进而提高蛋清蛋白高度和哈氏单位。另外，在家禽垂体中发现了一种卵清抑制剂变异体，该变异体可能具有激素载体的活性，或在控制细胞信号传导中发挥调控作用。从组织形态来看，饲粮中添加 GTP 后，蛋鸡输卵管膨大部腺泡腔呈不同程度的扩张，分泌物增加，且腺泡内腔面积与腺泡总面积的比值也有增大，有利于蛋白质的分泌从而促进蛋清生成。然而，针对抗氧化物质调控蛋清品质的研究，需进一步揭示不同种类抗氧化物对蛋清品质影响的差异性及作用机制。

苏氨酸和丝氨酸是组成卵黏蛋白的重要氨基酸，卵黏蛋白的典型特征是具有富含丝氨酸、苏氨酸的结构域。苏氨酸是家禽的必需氨基酸，饲粮苏氨酸水平升高会显著增加禽蛋蛋清的 HU 值和蛋白高度，提高蛋清重和蛋清比例。苏氨酸对卵黏蛋白的合成和肠道功能的改善起着重要作用，饲粮中添加苏氨酸会增加蛋鸡回肠中卵黏蛋白 mRNA 的表达水平。苏氨酸可增加家禽回肠黏膜中寡肽转运蛋白 1（PEPT 1）的 mRNA 水平，促进小肠对氨基酸的吸收。饲粮中添加丝氨酸会显著提高蛋清重。有研究发现，在 CSM 替代豆粕的饲粮中补充丝氨酸会提升蛋清品质，并且通过提高输卵管膨大部的绒毛高度和管状腺细胞数量来改善输卵管的蛋白分泌功能。另外，丝氨酸和苏氨酸缺乏会使 $\beta$-卵黏蛋白亚基解体，破坏蛋清的凝胶性。

# 第四节　日粮与蛋黄品质

禽蛋中含有丰富的脂类物质，以鸡蛋为例，鸡蛋黄中的脂类含量为 30%~33%，其中脂肪含量最多，约为蛋黄总量的 20%，占脂类含量的 62.3%，其次是磷脂类，约占蛋黄总量的10%，占脂类的32.8%，此外是少量的固醇（4.9%）。研究发现，尽管禽蛋的蛋白质、脂肪的总含量不能通过人为的途径得到很大改善，但通过日粮调控可以增加禽蛋中多不饱和脂肪酸（polyunstatured fatty acid，PUFA）的含量。禽蛋脂肪酸的组成很大程度上受日粮影响，如禽蛋中的二十碳五烯酸（eicosapentaenoic acid，EPA）和二十二碳六烯酸（docosahexaenoic acid，DHA）主要来自蛋禽的日粮。一般通过增加蛋禽对油类物质的摄入量来提高禽蛋中的不饱和脂肪酸。很多国家都开发了富含多不饱和脂肪酸的禽蛋制品。目前，富含$\omega$-3脂肪酸的禽蛋已在美国、加拿大、澳大利亚等国家出售。澳大利亚新英格兰大学的设计蛋与普通商品蛋在外观、味道和人们的接受能力方面均无差异，但$\omega$-3PUFA的含量显著提高。$\omega$-3PUFA是由寒冷地区的水生浮游植物合成的，以食此类植物为生的深海鱼类（野鳕鱼、鲱鱼、鲑鱼等）的内脏中富含该类脂肪酸。因此，在饲粮中添加深海鱼类的鱼油可以有效提高禽蛋中$\omega$-3PUFA的含量。研究表明，饲粮中添加3%的步鱼油可使蛋黄中的$\alpha$-亚麻酸（$\alpha$-linolenic acid，ALA）和DHA这两种$\omega$-3PUFA的含量分别上升78.5%和35.6%；EPA的含量也显著上升，而对照组中却不含EPA。在蛋鸡饲粮中添加鱼油、植物种子及植物油等富含$\omega$-3脂肪酸的组分之后，每个蛋黄中的$\omega$-3脂肪酸含量高达220mg，相当于100g海鱼所提供的量。每人每周食用2~4个富含$\omega$-3脂肪酸的禽蛋，便可满足机体对$\omega$-3脂肪酸的需要。此外，饲粮对禽蛋中磷脂和固醇含量的影响也有报道。在蛋鸡饲粮中添加少量的大豆磷脂，全蛋和蛋黄中的总磷脂、卵磷脂和脑磷脂含量都能显著提高，同时胆固醇含量也略有增加。日粮中添加100~250mg/kg的铜，蛋黄中胆固醇可从12mg/g下降至8mg/g，降低了30%。$\beta$-环糊精、壳聚糖、大蒜素和有机铬等也可对蛋黄胆固醇浓度产生影响。

禽蛋中的维生素A几乎全部存在于蛋黄内，一个重60g的禽蛋约含640IU的维生素A。日粮的维生素水平对蛋中维生素含量的影响极大。维生素由饲粮向蛋中转移的效率（按大小排列）依次为：维生素A（60%~80%）>维生素$B_2$、维生素$B_5$、维生素H、维生素$B_{12}$（40%~50%）>维生素$D_3$、维生素E（15%~25%）>维生素K、维生素$B_1$和维生素$B_{11}$（5%~10%）。蛋黄中维生素A含量的变化幅度很大，其变动范围在0.5~416IU，这主要是受饲粮中类胡萝素、维生素A含量的影响所致。在饲粮中添加维生素A，可以获得维生素A富集的营养强化蛋。但由于维生素A是脂溶性维生素，在体内有贮存作用，饲粮中过量添加除了增大生产成本之外，还会造成蛋禽维生素A中毒而导致产蛋率降低和蛋黄褪色。据英国研究，当饲粮中的维生素A含量超过$9.68\times10^4$IU/kg时，不论所用维生素A来源（鱼油、合成、天然维生素A）如何，都会引发蛋禽采食量、体重以及产蛋率的下降。因此维生素 A 的添加量应控制在适当的范围内。研究发现，饲粮中维生素 A 的含量阈值为 30000IU/kg，含量超过该值时蛋黄会出现褐色、变浅的现象，而在该值以下时，饲粮中维生素 A 含量的变化几乎不引起蛋黄褐色。因此可以认为，既能生产 2 倍以上维生素 A 强化禽蛋，又不影响产蛋率以及蛋黄颜色的饲粮维生素 A 含量是 16000～30000IU/kg。

禽蛋中的碘主要沉积在蛋黄中，这直接与饲料中碘含量有关。因此，通过严格的药物控制"加碘处理"的禽蛋可作治疗和预防甲状腺肿疾病之用。从孵化角度来看，蛋鸡饲料中碘的最大允许量为 50mg/kg。蛋鸡慢性缺碘时，其卵巢功能会受到限制，垂体的促黄体功能也会受到影响。严重缺碘的产蛋鸡所产禽蛋的孵化率极低，而且胚胎重量下降，即使有孵出的雏鸡，体质也很虚弱，并伴有甲状腺肿大。但是用超过适宜剂量 300～1000 倍的碘饲喂母鸡，又会导致母鸡暂时性停止产蛋，并且蛋的孵化率降低。铬是葡萄糖耐受因子的组成成分，参与胰岛素的生理功能，在机体内糖脂代谢中发挥重要作用。铬能显著提高蛋鸡产蛋率，并使卵黄胆固醇水平显著下降和哈氏单位上升。其作用机理是通过增加胰岛素活性，促进体内脂类物质沉积，减少循环中的脂类，从而降低血浆和蛋黄中的胆固醇含量。与添加无机铬组相比，添加有机铬的效果更明显，且添加量以 0.8mg/kg 为最佳水平。

# 参考文献

[1] 罗睿杰，等 . 鸡蛋蛋壳颜色影响因素及其与蛋品质及营养特性关系研究进展 [J]. 中国家禽，2022，44（7）：96-104.

[2] 常心雨，等 . 鸡蛋蛋清形成过程及品质调控研究进展 [J]. 中国家禽，2021，43（12）：93-101.

[3] 韩文格 . 浅析影响蛋壳质量的因素与应对措施 [J]. 今日畜牧兽医，2014（4）：42-44.

[4] 殷若新 . 饲料营养成分对水禽蛋产品品质的影响 [J]. 水禽世界，2015（6）：38-40.

[5] 唐维国，蒋红萍 . 饲料营养与鸡蛋品质的关系 [J]. 江西畜牧兽医杂志，2006（6）：23-25.

[6] 黄茜，等 . 饲料营养与禽蛋品质及功能特性关系的研究进展 [J]. 中国家禽，2011，33（6）：42-46.

# 第四章　疫病对蛋品质的影响

随着我国畜牧业的不断发展，家禽养殖也逐渐向规模化、集约化的方向发展，养殖规模和养殖密度不断加大，但在产业发展的同时，家禽中疾病的发生也越来越频繁，特别是传染性疾病，一旦发生会迅速蔓延至整个群体，对家禽健康以及禽蛋品质带来了较大的负面影响。

## 第一节　鸡新城疫

鸡新城疫俗称"鸡瘟"，是一种由病毒引起的鸡的高度接触性传染病。该病具有多型性的特点，可发生在任何季节，而且各日龄的鸡都可以感染该病。本病的主要传染来源是病鸡，健康鸡通过与病鸡接触，经消化道和呼吸道感染。病鸡在出现症状前的24h，其分泌物和粪便中含有大量病毒，被病毒污染的饲料、饮水、用具、运动场地都能传播该病毒。

病鸡发病初期主要表现为体温急剧升高、精神萎靡、鸡冠肉髯为暗红色或暗紫色。随着病程延长，病鸡出现呼吸困难、伸颈、张口呼吸的现象，且所排粪便稀薄，多为蛋清样的黄绿色稀粪；部分鸡可见有神经症状。个别病鸡患病后可康复，但会遗留神经症状，如头颈歪斜，全身抽搐。典型病理变化主要表现为黏膜卡他性炎症，全身黏膜和浆膜见有出血和坏死，尤其以消化道和呼吸道最明显。腺胃乳头出血，偶有溃疡和坏死。产蛋鸡患有新城疫时会表现出产蛋率明显下降，异常蛋数量增多，蛋壳品质降低。

## 第二节　禽流感

禽流感是由正黏病毒科正黏病毒属 A 型流感病毒引起的家禽和野生禽类的一种高度接触性传染病。低致病性禽流感仅会引起一些轻微的呼吸道症状，死亡率较低，有时也会出现无症状感染的情况，H9N2 是现在流行最广泛且最具有破坏性的亚型。

病鸡的症状表现为精神沉郁嗜睡，羽毛蓬松杂乱，食欲减退，体温升高，严重者打喷嚏，呼吸困难，粪便呈绿色蛋清样，头部及眼睑周围水肿，流泪并伴有分泌物，眼结膜出现炎症，鸡冠和肉髯发红或呈紫红色肿胀，流鼻涕，鼻腔内充满白色黏液，排水样白色稀粪、产蛋率下降、蛋壳薄等。随着病情的发展，有的病鸡还会出现神经紊乱的症状。剖检观察可见病鸡气管黏膜充血出血，黏膜的表面附有大量黏稠的分泌物。肺脏充血出血呈暗红色实变。腺胃黏膜乳头肿大且出血，十二指肠浆膜充血，有的胰腺边缘出血。肾脏肿胀、充血出血，有的因变性、尿酸沉积而出现"花斑肾"病变。母鸡的卵泡充血、出血、液化，卵黄破裂后，卵黄液流入腹腔，形成卵黄性腹膜炎。生殖系统表现为产蛋鸡卵巢及输卵管黏膜充血、出血、卵泡畸形、萎缩、颜色变淡、充血、易破裂、卵巢退化；输卵管腔内充满黏稠的分泌物，并夹有白色纤维素性渗出物或黄色干酪样物；腹腔内有破裂的卵黄，严重者出现卵黄性腹膜炎。

## 第三节　禽类大肠杆菌病

禽类大肠杆菌病是导致全世界家禽业重大经济损失和临床最常见的疾病之一，3 日龄时，通过分离培养鸡苗卵黄囊内容物，几乎 100% 能分离到大肠杆菌红色菌落，革兰氏染色呈阴性，显微镜下观察为鲜红色或淡粉红色的杆状病菌。

鸡肠炎型大肠杆菌病发病迅速，可分为急性和亚急性。急性患病鸡在 2 天内就会出现死亡，亚急性型一般在患病后 1 周左右死亡。患病鸡初期表现为精神萎靡、生长缓慢、睡眠时间增长、行动能力降低、摄食及饮水量下降、消化能力减弱，并发生腹泻，粪便呈白色粥样状或棕黄色水样并带有难闻恶臭气味。患病中期，鸡的体温会显著升高至 40℃ 左右，由于持续腹泻进而导致鸡出现脱水症状，体重降低。患病后期，鸡的胸腔内会有大量积液，腹部周围逐渐鼓起，拍打有击鼓声。病鸡口腔和鼻腔内积有大量黏液，呼吸困难，同时机体也可能出现局部炎症反应和全身症状，如气囊炎、肝周炎、心包炎、败血症、卵黄性腹膜炎等，病鸡最后由于器官衰竭而死亡。

肠炎型大肠杆菌病是畜禽通过外界摄入大肠杆菌或肠腔内条件致病菌异常繁殖，并产生大量毒素，对肠黏膜细胞造成危害，进而引发增厚、脱落、变性、坏死、溃疡等病变的一种疫病类型。病鸡以粪便不成型、长期腹泻、采食量下降、机体脱水为特征。严重者还可见到粪便中有脱落的肠黏膜，如果为产蛋鸡群，则产蛋率和均蛋重会出现下降，同时畸形蛋、脏蛋比例升高，蛋壳质量变差，机体出现营养不良。

## 第四节 禽前殖吸虫病

禽前殖吸虫病又名"蛋蛭病"，是由前殖科前殖属的前殖吸虫寄生于鸡、鸭、鹅等输卵管、法氏囊、卵巢、泄殖腔和直肠内引起的一种疫病，前殖吸虫寄生常引起输卵炎，导致病禽的卵形成能力和产卵功能下降，使家禽产蛋率下降、产畸形蛋，严重时可引发腹膜炎导致病禽死亡。

前殖吸虫寄生于家禽的输卵管内，用吸盘和体表的小刺刺激输卵管腺体影响其正常功能，壳腺被破坏致使家禽形成蛋壳石灰质的功能亢奋或降低，从而破坏蛋白腺功能引起蛋白质分泌过多。由于过多的蛋白质聚集使输卵管正常收缩运动出现障碍，影响卵的通过，从而产生软壳蛋、无壳蛋、无卵黄蛋、无蛋白蛋、变形蛋等畸形蛋或排出半液态的石灰质或蛋白质等。当病禽患病严重时，由于输卵管炎症的加剧，从而导致输卵管破裂或逆向蠕动，输卵管内的炎性分泌物、蛋白质、石灰质等进入腹腔引发腹膜炎导致病鸡死亡。家禽感染后可对前殖吸虫产生特异性的免疫反应，当其再次被寄生后，虫体不再侵害输卵管，但可随卵黄经输卵管的卵壳腺部分与蛋白质一起被包入蛋内，因此蛋中可存在前殖吸虫。

前殖科的吸虫主要引起蛋鸡发病，鸭感染后的症状较为轻微。蛋鸡感染前殖吸虫后的临床症状与前殖吸虫寄生的部位和数量有关，产蛋鸡的输卵管内寄生虫体的临床症状更为明显。在前殖吸虫感染早期，病鸡食欲和产蛋均正常，在感染1个月左右后，病鸡产蛋率明显下降，逐渐出现畸形蛋或无壳蛋等，该现象可持续1个月左右，随后病鸡食欲下降、消瘦、羽毛杂乱并脱毛，产蛋停止，部分鸡可通过泄殖腔排出卵壳碎片或石灰水样液体，腹部膨大，肛门潮红，周围羽毛脱落，严重时可导致病鸡因腹膜炎死亡。

## 参考文献

[1] 李春宵. 防治鸡传染性支气管炎策略 [J]. 中国畜禽种业，2018，14（7）：143.

[2] 韦平. 影响鸡产蛋的主要疫病及其防控 [J]. 中国家禽，2009，31（21）：57.

[3] 赵连超. 长春地区蛋鸡养殖及主要疫病流行情况研究 [D]. 长春：吉林农业大学，2013：37.

# 第五章 日常管理与环境对蛋品质的影响

禽蛋品质受遗传因素、营养因素、蛋禽的生存环境和贮存条件等因素的影响。环境因素是影响蛋壳质量的众多因素之一，其中温度、光照和储存条件等均会对禽蛋品质造成不同程度的影响。

## 第一节 光照

光照环境是影响家禽生产的最重要的环境因素之一，是控制家禽许多生理和行为过程的一种强有力的外在因素，光照可以帮助家禽建立节律性，使得许多基础功能如身体温度、促进消化的新陈代谢等更加同步，更重要的是光照可以刺激并控制家禽生长、成熟、繁殖等激素的分泌。环境光照可以通过下丘脑-垂体-性腺轴影响产蛋鸡的生殖活动，促使产蛋鸡的卵巢和输卵管等器官的发育和成熟，能够促使产蛋鸡适时进入繁殖状态并促进产蛋率的提高。光信息对蛋鸡生产性能及蛋品质的影响是很明显的，曾有研究发现，良好的光照方案可以使禽类保持较高的生长率和饲料利用率，还可以增加采食量等。基于禽类对光照环境的敏感性，只有适宜的光照时间、光照强度等才能给予禽类舒适的光环境，从而提高禽类生产性能及禽蛋的品质。

在蛋种鸡的生产中，一般以昼夜 24h 为一个光照周期，有光照的时间为明期（用 L 表示），没有光照的时间为暗期（用 D 表示）。光照方式又包括连续光照和间歇光照，不同种类、不同日龄的鸡对光照的要求有所不同。生产上我们将蛋鸡的整个生命周期划分为育雏期、育成期、产蛋期（高峰期、后期），光照对蛋鸡不同生长发育阶段的影响也不能一概而论。育雏开始的前三天应当保持全天光照，自此以后到 2 周龄，光照时间缩短至 18h，之后每周递减两小时到可以使用自然光。育成期是培育一只合格的后备鸡的关键阶段，育成期光照时间的长短与蛋鸡性成熟的日龄密切相关。我们应当使性成熟和体成熟保持一致，尽量避免母鸡性早熟，影响产蛋期的生产性能。当母鸡开始产蛋时，光照刺激的时间一般应该达到 11h 以上，这样才能激活鸡的脑垂体分泌激素。光照刺激起始时间对蛋种鸡产蛋初期的蛋壳质量存在影响。加光刺激偏早，蛋种鸡的输卵管机能并未发育成熟，壳腺部形成蛋壳的能力较弱，而影响蛋壳质量，因此过早进行光照刺激可能会降低蛋种鸡产蛋高峰期的蛋重。有研究发现，14 周龄开始增加光照的蛋禽的性成熟时间比 18 周龄开始增加光照的提了 1 周，但是蛋的重量会少 1g。适当推延光照刺激的起始时间能提高产蛋初期的蛋壳质量，但推迟光照刺激起始时间不宜过久，否则会使蛋种鸡开产日龄早于加光刺激时间，无法达到适宜的刺激作用。蛋种母鸡性成熟早对生产实践并非极为重要，因为母鸡在光照长度和营养需要达到一定水平时才能开产。过早光照刺激一方面影响产蛋初期的蛋壳质量，另一方面会降低产蛋初期的蛋重。虽然过早光照刺激增加了产蛋周期时间，但产蛋初期的蛋重轻和蛋壳质量差，难以满足孵化的需求，降低了经济效益。有研究表明，18 周龄时进行光照刺激，蛋种鸡对光照的敏感性最好，促进其性发育，充分发挥繁殖潜力。

过强或过低的光照度都会对鸡的生长造成一定的影响，有人研究了与鸡笼摆放位置相关的光强度对禽蛋产量和品质的影响，结果发现人工照明条件下和鸡笼最上层的鸡产的蛋比较大；兼有人工照明和自然光照的蛋壳较厚，但是从鸡笼顶层到底层蛋壳厚度依次增加；自然光照条件下禽蛋的蛋白含量和哈氏单位是最大的，所以多层鸡笼对蛋鸡的生产性能和蛋品质有一定的影响。从生物学角度分析，饲养和产蛋阶段的最适光照度分别为 15lx 和 7lx。从动物福利角度来讲，对于平养鸡，饲养和产蛋两时期的最佳光照度分别为 10~20lx 和 30~60lx，而 7lx 更适合于笼养鸡。Renemaetal 研究了光强度对蛋鸡性成熟时卵巢形态特征及屠宰时胴体的影响，发现光强度对鸡的性成熟无显著影响，但会改变鸡的卵巢形态和胴体上的脂肪储存量。1lx 的光强度会限制卵泡的增加，所以光照度会影响蛋鸡的生产性能，并可能潜在的影响到蛋的质量。

## 第二节　温度与湿度

温度是对家禽影响最大的环境因素，能够影响鸡的生长速度、饲料利用率、产蛋量等指标。高温是限制蛋鸡生产的主要环境因子，夏季高温、尤其是异常高温以及持续高温会引起蛋鸡出现急性或慢性热应激反应。当暴露在高温环境下时，蛋鸡会产生各种行为上的变化以及与生理和免疫相关的不良反应，进而造成蛋鸡的生产性能严重下降，并且禽蛋品质也严重受损。尽管现代规模化蛋鸡养殖场基本应用了"风机+水帘"降温系统，但环境的湿度会影响其降温效果；且现代蛋鸡场多为叠层或阶梯式笼养模式，其舍内垂直空间的温差较大，有些鸡舍在高温期的温度常维持在 30℃左右、在异常高温期可能会超过 32℃。

因为蛋鸡是一种恒温动物，其自身温度不会改变，蛋鸡代谢旺盛，体温较高，皮肤上没有汗腺，羽毛较浓密，而生产禽蛋之时一旦处于高温环境，蛋鸡自身机体的新陈代谢就会随之发生许多变化，造成生理机能紊乱。蛋鸡正常呼吸频率是平均每分钟约 20 次，但是高温时能够达到每分钟 120~160 次，呼吸频率的增加加快了水分蒸发和散热，因此，在高温环境下许多蛋鸡都会张口呼吸，过量的喘气行为升高了二氧化碳水平以及血液 pH，造成血液碱中毒，从而阻碍了血液中碳酸氢盐在蛋壳矿化中的利用，还降低了血液中的游离钙水平，并导致有机酸利用度的增加，使较少的 Ca 可沉积于蛋壳中。

高温环境下，动物采食量会明显下降，其下降存在多种机制。一是中枢神经系统的调节。温度升高，可直接通过温度感受器作用于下丘脑，然后反馈抑制采食；二是中枢神经系统以外的调节，包括胃肠道的张力、渗透压反馈调节机制以及肝调节系统。热应激时，畜禽体内甲状腺激素分泌大幅度下降，畜禽胃肠道的蠕动减缓，食糜通过胃肠道的时间延长，胃内充盈，通过胃壁上的胃伸张感受器传到下丘脑采食中枢，反馈后抑制采食量；三是热应激时，畜禽皮肤表面血管膨胀、充血，消化道内血流量不足，营养物质的吸收速率降低，进而抑制采食；四是热应激时，饮水量增加导致采食量降低，畜禽本能地为了减少热增耗而减少采食量；此外，热应激时，家禽呼吸频率加快，甚至出现热喘息，减少了采食时间，从而减少了采食量。顾宪红等报道，温度在 30℃ 以下时，采食量随温度升高呈下降趋势，而超过 30℃ 时，随温度升高，采食量急剧下降。试验表明，温度由 22℃ 升至 28℃ 持续 2 天，采食量有所下降，但差异不显著；升温至 30℃ 持续 2 天，蛋鸡采食量显著下降，较 22℃ 时减少 25.71%，而当温度升高到 35℃ 持续 6 天时，采食量极显著下降，且比 22℃ 时减少 47.62%。由于母鸡采食量下降，其所摄入的钙、磷的量也显著下降，这就分别影响了蛋壳的脆性以及韧性。且母鸡食欲下降后，其所摄入的能量、矿物质及维生素等营养物质的量均降低，机体消耗自身脂肪和蛋白质来维持自身的需求，如果本身蛋黄含有的脂肪较少，则在热应激之后蛋黄变小，且蛋白质降解，蛋鸡血液中蛋白质浓度降低，卵泡在发育的过程中缺少蛋白质，蛋白稀薄，蛋重减轻。

当蛋鸡处于高温环境下时，其采食量将会下降，理论上消化率应下降，但实际上消化率却会提高。如果热应激比较严重还可能导致消化功能失调，也就是进步加快消化率，因此很多因热应激致死的蛋鸡的嗉囊都是瘪的。在高温环境中，虽然降低了采食量，但是消化率的提高和采食量的降低相比较，采食量下降产生的损失远超过消化率的提高。而且热应激还会影响甲状腺功能的发挥，改变十二指肠的结构和功能。同时降低了一些酶的活性，比如淀粉酶、麦芽糖酶、消化酶的活性，也对消化营养物质产生了影响。一些研究结果表明，热应激减缓了前段消化道血流速度，自然会影响蛋鸡消化吸收营养。当蛋鸡发生热应激时，其体内小肠中脂肪酶、总蛋白水解酶及淀粉酶的活性随之降低，而平均日增重和消化酶的活性之间呈现正相关，说明降低了消化酶的活性是降低生产性能的主要原因之一。

研究表明，持续热应激（32℃）引起禽蛋蛋壳厚度和蛋壳重量的降幅分别达到5.5%和7.2%；而35℃高温环境下，蛋壳厚度降幅可达7.8%，蛋壳重降幅超过13.5%。Kim等研究报道，蛋禽热应激时的（32℃，50%RH，42天）蛋壳厚度和蛋壳强度显著降低，并且观察到血液中钙、磷离子浓度的下降；不过，哈氏单位却无显著变化。Barrett等研究认为，慢性热应激（35℃，6.5h/天，28天）引起哈氏单位、蛋壳重、蛋壳厚度显著下降，但对蛋黄相对重无显著影响。也有研究报道，夏季环境高温会增加禽蛋的破损率。总之，环境高温会影响禽蛋品质，其危害程度因应激温度高低和持续时间以及鸡的品种和周龄等情况而异；与禽蛋内容物品质相比，热应激对蛋壳质量的影响更为明显，蛋壳质量下降增加了禽蛋破损率，而禽蛋破损率直接导致蛋鸡生产的经济效益下降。

过低的温度也会对家禽的生产产生不利的影响，造成饲料的浪费，甚至出现呼吸系统疾病。有研究表明，产蛋鸡在舍温为7℃条件下时，每100只鸡的产蛋量比13℃下减少4枚。因此，一般认为鸡舍温度低于7℃对产蛋率和饲料利用率均有不良影响。当鸡舍温度降至−9~−2℃时，鸡难以维持正常的体温和产蛋高峰，如果温度降到−9℃以下，则鸡的活动迟钝，产蛋量也会迅速下降。当环境温度过低时，鸡的采食量会明显上升。当鸡舍温度低于5℃时，机体为了增加产热抵御寒冷，其饲料消耗会显著增加。有试验表明，体重为1.8kg的母鸡，在舍温为10~12.8℃时与18~20℃相比，每100只母鸡每天要多吃饲料1.5kg。Davis等报道，环境温度自35℃下降到7.2℃，鸡的采食量呈直线上升，而产蛋能量利用的总效能却从30.4%下降到5%；低温可使鸡维持的体温需要增多，料蛋比增高，产蛋量下降，但蛋较大，蛋壳质量一般不会受影响。

家禽适宜的湿度范围为40%~72%，最佳相对湿度为60%~65%。湿度主要通过与温度协同作用对家禽产生影响。低温时，湿度过大会加剧阴冷的影响，使鸡更感寒冷，造成冷应激；而高温时湿度能够明显影响家禽调节体温，会抑制家禽的蒸发散热。研究发现，高湿度可快速降低家禽在高温环境下的生产性能。环境湿度高易引起家禽羽毛粘连、粪便含水量大、垫料潮湿、病原微生物过度繁殖，诱发球虫病、大肠杆菌病等。而湿度过低时，禽舍内由于空气干燥造成粉尘飞扬，会损伤家禽呼吸道，进而感染呼吸系统疾病。目前，湿度影响畜禽生长和生理的研究，通常与高温结合，即在高温、高湿应激条件下，而长期单一因素的湿度影响畜禽生理生化的研究报道较少，而且结果不一致。

## 第三节　储存条件

储存期间，禽蛋新鲜度的下降、水分和营养物质的流失、有害物质的积累和微生物的滋生等直接影响禽蛋的质量和安全性，降低了禽蛋的营养价值和感官特性。

失重率是禽蛋在贮藏前后的质量损失比，是衡量禽蛋品质和经济价值的重要指标。呼吸作用是禽蛋采集后的重要生理活动，是生命存在的标志，也是影响禽蛋贮运效果的重要因素。禽蛋壳表面的气孔是禽蛋内外物质交换和呼吸的通道，禽蛋内的水分和 $CO_2$ 主要通过气孔向外逸出，禽蛋外的 $O_2$、微生物等向禽蛋内渗透，导致禽蛋在贮藏过程中出现质量变轻的现象。随贮藏时间延长，禽蛋质量损失率逐渐升高。贮藏温度对禽蛋呼吸强度影响很大，贮藏温度升高，禽蛋呼吸作用增强，蛋内水分蒸发速度加快，质量损失率涨幅大；而低温可抑制禽蛋呼吸，降低蛋内水分蒸发速度，质量损失率涨幅小。

气室直径是一种简洁、有效的反映禽蛋新鲜度的指标。随着贮藏时间的延长，禽蛋内的水分和 $CO_2$ 通过气孔由内向外渗透，导致禽蛋内部气室的增大，新鲜度降低。贮藏温度升高，水分和 $CO_2$ 的外渗速度加快，故气室直径增加幅度变大。低温可降低蛋内水分蒸发速度，减缓气室直径的增长速度。

蛋壳是蛋的重要组成部分，对于蛋的运输、保存及其内部品质存在一定的影响。蛋壳厚度的细微变化对禽蛋壳破损率有较大的影响。蛋壳厚度随着时间的增加而减小。低温条件能有效地缓解蛋壳厚度变薄。

蛋比重作为禽蛋品质的重要指标，可以反映禽蛋的新鲜度。禽蛋贮存时间越长，气孔越大，则禽蛋中的水分蒸发越多，蛋比重就越小。低温条件可以有效降低禽蛋的呼吸强度，抑制蛋内酶的活性，减少物质消耗，从而延缓蛋比重的减小过程。

哈氏单位是禽蛋新鲜度和蛋白质量的评估指标之一，贮藏期间由于蛋内蛋白质水解，使浓厚蛋白变稀，蛋白高度逐渐下降，另外因蛋内水分蒸发、$CO_2$ 逸出，蛋质量逐渐减小，故哈氏单位逐渐减小。贮藏温度升高，加快了蛋白质水解、水分蒸发和 $CO_2$ 逸出的速度，从而加速哈氏单位的下降。低温冷藏能抑制蛋内酶的活性，减缓蛋白质水解进程，并降低水分和 $CO_2$ 逸出速度，哈夫单位变化得慢，所以能很好地保持鸡蛋的品质。

## 参考文献

[1] 张桂凤. 影响鸡蛋蛋壳质量的因素分析与应对措施 [J]. 中国家禽，2015, 37 (15)：

44-49.

[2] 李俊营，等. 不同储藏方式对鸡蛋品质的影响 [J]. 家畜生态学报，2012，33（1）：47-49，102.

[3] 石雷. 光照刺激起始时间对种母鸡繁殖性能的影响 [D]. 兰州：甘肃农业大学，2018：68.

[4] 张景城. 环境因素对产蛋鸡生产性能以及蛋壳腺 CaBP-d28k、PMCA 表达的影响 [D]. 泰安：山东农业大学，2014.

[5] 巩思佳，等. 品种和储存时间对鸡蛋蛋黄氧化指标和常规蛋品质的影响 [J]. 中国家禽，2022，44（2）：77-86.

[6] 申丽，马贺，施正香. 浅谈不同光照制度对蛋鸡生产性能及蛋品质的影响 [J]. 家畜环境与生态学术研讨会，2010：4.

[7] 王天元. 维生素 C 和黄芪多糖对热应激蛋鸡蛋品质及免疫力的影响 [D]. 晋中：山西农业大学，2016：38.

[8] 闫孟鹤. 竹醋液对夏季湿热环境下蛋鸡生产性能、蛋品质及抗氧化功能的影响 [D]. 南京：南京农业大学，2020.

[9] 马逸霄. 贮藏方法对鸡蛋呼吸 & 品质的影响规律及气调控制系统开发 [D]. 武汉：华中农业大学，2022.

[10] 叶玲，等. 贮藏方式及时间对不同颜色鸡蛋品质的影响研究 [J]. 中国饲料，2020（9）：52-58.

[11] 梁建云. 蛋鸡热应激及其原因调查分析研究 [D]. 晋中：山西农业大学，2017：35.

# 第二篇  禽蛋品质评价方法与标准

# 第六章 禽蛋品质评价概论

禽蛋的品质评价是禽蛋生产、经营、加工过程中的重要环节之一，实现禽蛋品质评价的快速化、智能化具有实际价值和现实意义，对禽蛋的收购、包装、运输、保管和蛋品加工的质量起着决定性的作用，直接影响到禽蛋在市场上的竞争力，从而影响着企业的经济效益。为此，本章介绍了禽蛋品质评价的方法和标准。

## 一、禽蛋品质评价方法

根据禽蛋所处的生产、经营和加工过程，禽蛋品质评价分为不同日龄品质评价、不同养殖方式品质评价、不同功能性产品品质评价、不同生产工艺品质评价、不同贮存条件品质评价和不同产品需求评价。

不同日龄品质评价主要包括产蛋前期、产蛋中期和产蛋后期蛋品质的评价。蛋品质的评价指标为蛋重、蛋黄比例和蛋形指数。还包括禽蛋营养品质的评价，评价指标为水分、脂肪、蛋白质和粗灰分的含量。

不同养殖方式（笼养、平养和放养）的蛋品质评价主要包括养殖方式对蛋禽生产性能的影响和禽蛋品质的影响。禽蛋生产性能包括蛋均重、产蛋率和料蛋比；禽蛋品质包括蛋黄颜色、蛋白高度、哈氏单位和蛋壳质量。

不同功能性产品品质主要评价营养强化禽蛋的营养成分变化。脂肪酸营养强化鸡蛋包括富 $\omega-3$ 鸡蛋、富 DHA 鸡蛋、富 CLA 鸡蛋和富 EPA 鸡蛋；维生素营养强化鸡蛋包括富维生素 A 鸡蛋、富维生素 B 鸡蛋、富维生素 E 鸡蛋和富维生素 D 鸡蛋；矿物元素强化鸡蛋包括富 Fe 鸡蛋、富 Se 鸡蛋和富 Zn 鸡蛋。

不同生产工艺对禽蛋品质的评价包括饲粮的添加工艺、禽蛋的储存工艺评价。饲粮添加工艺分为蛋白质、维生素和植物多酚的添加对蛋品质的影响；禽蛋的储存工艺对蛋品质的评价方法包括冷藏法、气调法、土法贮藏法、热处理法、涂膜法等。

不同贮存条件主要评价禽蛋的保鲜程度，评价方法包括冷藏法、气调保鲜法、浸泡法、涂膜法等。

不同产品需求主要从食用方式的角度评价，包括蛋白片的质量标准及要求、蛋粉的质量标准及影响因素、冰蛋制品的质量标准及卫生标准、腌制蛋的质量标准及卫生标准、蛋品饮料的质量标准及卫生标准、蛋黄酱的质量标准及卫生标准和蛋类罐头的质量标准及卫生标准。

## 二、禽蛋品质评价标准

禽蛋品质评价相关的标准包括：国家标准、行业标准、地方标准、商业标准和团体标准。

国家标准：GB 2749—2015《食品安全国家标准　蛋与蛋制品》、GB 5009.5—2016《食品安全国家标准　食品中蛋白质的测定》、GB 11674—2010《食品安全国家标准　乳清粉和乳清蛋白粉》、GB 31659.2—2022《食品安全国家标准　禽蛋、奶和奶粉中多西环素残留量的测定液相色谱-串联质谱法》、GB/T 5009.47—2003《蛋与蛋制品卫生标准的分析方法》、GB/T 9694—2014《皮蛋》、GB 23200.115—2018《食品安全国家标准　鸡蛋中氟虫腈及其代谢物残留量的测定液相色谱-质谱联用法》、GB/T 20362—2006《鸡蛋中氯羟吡啶残留量的检测方法　高效液相色谱法》、GB/T 39438—2020《包装鸡蛋》、GB/T 25879--2010《鸡蛋蛋清中溶菌酶的测定　分光光度法》。

行业标准（农业标准）：NY/T 4069—2021《ω-3 多不饱和脂肪酸强化鸡蛋》、NY/T 4070—2021《ω-3 多不饱和脂肪酸强化鸡蛋生产技术规范》、NY/T 4122—2022《饲料原料　鸡蛋清粉》。

地方标准：DBS44/018—2022《食品安全地方标准　鸡蛋花》、DB37/T 4130—2020《重要产品追溯操作规程　鸡蛋》、DB41/T 1624—2018《长垣烹饪技艺鸡蛋灌饼》、DB36/T 1322—2020《富硒鸡蛋生产技术规程》、DB34/T 3615—2020《鸡蛋富集 ω-3 脂肪酸生产技术规程》、DB52/T 1160—2016《地理标志产品　长顺绿壳鸡蛋》。

商业标准：SB/T 10638—2011《鲜鸡蛋、鲜鸭蛋分级》。

团体标准：T/CAB 2004—2017《无抗生素蛋禽生产及禽蛋品质要求》、T/SDAS 198—2020《DHA 营养强化鸡蛋》、T/GDFCA 048—2020《粤港澳放心蛋鲜鸡蛋》、DB13/T 1214—2010《有机食品　鸡蛋生产技术规程》、T/LYFIA 002—2019《无抗鲜鸡蛋》、T/LYFIA 001—2019《富硒高锌无抗鲜鸡蛋》、T/HBPA 001—2019《土鸡蛋》、T/SDAA 003—2019《优质鸡蛋分级与流通》、T/SDAA 004—2019《优质鸡蛋生产技术规范》、T/HNFS 001—2020《鲜鸡蛋通用技术要求》、T/LYDP 001—2021《可生食鲜鸡蛋》、T/ZNZ 042—2020《鲜鸡蛋收集与贮运技术规范》、T/FYCY 027—2020《汾阳三八八宴席汾阳鸡蛋汤烹饪工艺规范》、T/KYFX 5—2019《开阳生态富硒鸡蛋生产技术规程》、T/KYFX 2—2019《开阳生态富硒鸡蛋》、T/CZSPTXH 159—2021《潮州菜　生日粉丝鸡蛋汤烹饪工艺规范》。

# 第七章  不同日龄蛋品质评价

## 第一节  禽产蛋前期（27周龄）蛋品质评价

### 一、产蛋前期对蛋品质的影响

禽蛋的蛋品质主要包括蛋壳颜色、蛋重、蛋密度、蛋形指数、蛋壳厚度、蛋黄重、蛋清重、蛋黄颜色、蛋白高度、哈氏单位等。蛋壳颜色在一定程度上起到直观吸引消费者的作用；蛋重是衡量蛋品质和消费者选购禽蛋的一个重要指标，大小适中的禽蛋更受消费者喜爱；而在蛋黄、蛋清比例方面，消费者更愿意选择蛋黄比例较大的禽蛋。蛋白高度、哈氏单位都是用来评估禽蛋新鲜度的指标，蛋白高度越高、哈氏单位越大，禽蛋的蛋白质越黏稠、蛋清品质越好，蛋越新鲜；蛋形指数指禽蛋的短轴与长轴之比，反映的是禽蛋的形状，与蛋的大小无关，蛋形指数的最佳范围为 0.72~0.76，小于或大于此范围会影响消费者的感官体验。

### 二、产蛋前期对蛋黄物理品质的影响

禽蛋的营养物质包括水分、粗蛋白、粗脂肪、维生素、矿物质以及氨基酸等，其中备受关注的主要是粗蛋白、粗脂肪、氨基酸以及矿物元素中的钙和磷等。禽蛋不仅蛋白质含量高，而且蛋白质组成与人体接近，蛋白质中含有人体必需的八种氨基酸，即赖氨酸、色氨酸、苯丙氨酸、甲硫氨酸、苏氨酸、异亮氨酸、亮氨酸、缬氨酸，非常容易被人体吸收，吸收率高达 99.7%。禽蛋蛋清中水分高达 85%，而蛋黄中含水量只有 50%，蛋清中水分越少则蛋白质含量越高；蛋黄中还含有珍贵的卵磷脂，可以促进脂类代谢，有助于降低血脂；蛋黄中的脂肪以单不饱和脂肪酸为主，对预防心脏病有益；禽蛋中含有丰富的脂溶性维生素，包括维生素 A、维生素 D、维生素 K 等，对于人体健康至关重要。但由于禽蛋中含有胆固醇，蛋黄中胆固醇含量达 200~300mg，也不宜过多食用。一枚优质的禽蛋应该高蛋白、低脂肪、富含维生素、富含各类矿物质以及人体必需氨基酸。

## 第二节　禽产蛋后期（62 周龄）蛋品质评价

### 一、产蛋后期对蛋品质的影响

蛋形指数与种用价值、破蛋率和孵化率有关，陈炳旭等的试验指出蛋形指数随着周龄增长而提高。王永侠等和徐晶云的研究结果与该试验一致，70～80 周龄和90～97 周龄，鸡蛋蛋形指数提高。哈氏单位是衡量蛋白品质的重要指标。蛋壳厚度与钙、磷吸收及破蛋率有关，能够影响蛋贮藏和运输。在禽蛋生产的后期阶段，收集和运输过程中禽蛋破裂的可能性更大，蛋壳质量差的表现为蛋壳指数和厚度降低以及变形增加，禽蛋的蛋壳强度不仅取决于禽蛋的形状和蛋壳厚度，还取决于其微观结构的质量。蛋黄颜色是蛋品质的主要感官指标，取决于吸收的类胡萝卜素含量，蛋黄颜色可影响蛋的商品价值和价格，与消费者偏好直接相关，在墨西哥、中国和孟加拉国等国家，颜色深的蛋黄被认为是更健康的产品，产蛋后期的禽蛋蛋壳强度、蛋黄颜色、蛋白高度和哈氏单位低于产蛋前期和产蛋高峰期，蛋壳厚度随周龄增长先升高后降低。这与刘兵的研究结果一致，从 36～84 周龄，鸡蛋的蛋白高度、哈氏单位和蛋壳强度显著下降。老年蛋鸡的蛋清品质下降，可能是分泌黏蛋白的输卵管膨大部自由基的积累过多，使输卵管上皮细胞损伤，导致蛋白高度和哈氏单位降低。

### 二、产蛋后期对蛋黄物理品质的影响

蛋黄的物理指标可以直接反映鸡蛋的品质。因此，不同时期的蛋黄品质之间的差异可以更直观的体现出不同时期蛋品质的差异。在鲜蛋蛋黄物理品质方面，虽然产蛋前期与后期的差异不显著，但产蛋后期较产蛋前期在蛋黄物理品质方面略有优势。在蛋黄颜色方面，蛋黄颜色主要受遗传因素和饲料中着色物质的影响，尤其取决于家禽从饲粮中摄取的类胡萝卜素的含量和种类，李园园等试验结果表明产蛋后期与产蛋前期的鸡蛋蛋黄色素之间无显著性差异，但产蛋后期相比于产蛋前期增加了 0.6 个罗氏比色级，虽然差异不明显，但着色物质只有在蛋中富积至一定量时才会在颜色上显现出差异，说明产蛋后期鸡摄取的类胡萝卜素的含量和种类较多。同时蛋黄颜色作为消费者判定蛋黄品质的直观因素，也使得产蛋后期的鸡蛋更容易得到消费者的青睐。

蛋黄比率也是衡量蛋黄品质的一个重要指标，蛋黄比率越大，禽蛋的营养水平越高，蛋的营养物浓度也越高。产蛋后期蛋黄比率有所增长，这可能是由产蛋后期的蛋禽机体本身体重已经达到极限，代谢减缓所造成，也可能是营养物质在蛋中沉积时间长所致。因此，对于消费者来说，产蛋后期的蛋要比前期好一些。

# 参考文献

［1］ Ahn D U, S M Kim, H Shu. Effect of egg size and strain and age of hens on the solids content of chicken eggs. Poultry Sci［J］. 1997, 76：914-919.

［2］ Anthony N B, Dunnington E A, Siegel P B. Egg production and egg composition of parental lines and F1 and F2 crosses of White Rock chickens selected for 56-day body weight［J］. Poultry Sci, 1989, 68：27-36.

［3］ 邓继贤, 孙甜甜, 王娟, 等. 东兰乌鸡产蛋期蛋品质变化规律研究［J］. 黑龙江畜牧兽医, 2020, 12（600）：144-146.

［4］ 曲湘勇, 中岛隆. 天然着色剂提高蛋黄色泽度的比较研究［J］. 中国畜牧杂志, 1999（2）：29-31.

［5］ Guesdon V, Ahmed A M H, Mallet S, et al. Effects of beak trimming and cage design on laying hen performance and egg quality［J］. British Poultry Science, 2006, 47（1）：1-12.

［6］ 赵春晓. 桑叶粉在蛋鸡饲料添加剂中的应用研究［D］. 泰安：山东农业大学, 2007.

［7］ 王永侠, 薛雅婕, 杨剑峰, 等. 不同硒源对产蛋后期蛋鸡硒沉积、抗氧化、免疫、生产性能和蛋品质的影响［J］. 饲料工业, 2022, 43（18）：31-35.

［8］ 徐晶云. VA 和 VK3 对产蛋后期蛋鸡生产性能和抗氧化性能的影响［D］. 武汉：武汉轻工大学, 2020.

［9］ Molnár A, Maertens L, Ampe B. Changes in egg quality traits during the last phase of production：is there potential for an extended laying cycle［J］. Br Poult Sci, 2016, 57（6）：842-847.

［10］ Molnár A, Maertens L, Ampe B, et al. Supplementation of fine and coarse limestone in different ratios in a split feeding system：Effects on performance, egg quality, and bone strength in old laying hens［J］. Poult Sci, 2017, 96（6）：1659-1671.

［11］ Heying E K, Tanumihardjo J P, Vasic V, et al. Biofortified orange maize enhances β-cryptoxanthin concentrations in egg yolks of laying hens better than tangerine peel fortificant［J］. J Agric Food Chem, 2014, 62（49）：11892-11900.

［12］ 刘兵. 日粮硒和 DHA 改善产蛋后期蛋鸡肉蛋品质的效果和机制研究［D］. 无锡：江南大学, 2021.

［13］ 张倚剑, 胡艳, 梁明振, 等. 改善产蛋后期鸡蛋蛋壳质量研究进展［J］. 动物营养学报, 2021, 33（2）：686-697.

［14］ 陈炳旭, 宋丹, 段涛, 等. 蛋鸡产蛋高峰至后期生产性能和抗氧化能力的变化特征研究［J/OL］. 动物营养学报, 2023, 35（5）：2981-2989.

［15］ 李园园, 周洁蕊, 王德秀, 等. 不同产蛋期的鸡蛋蛋黄品质比较研究［J］. 江西畜牧兽医杂志, 2021, 1（201）：27-29.

# 第八章 不同养殖方式蛋品质评价

## 第一节 粗放饲养

### 一、粗放饲养对生产性能的影响

邓见文等研究发现，福利散养相比于传统笼养有更低的产蛋率、死淘率和更高的料蛋比、蛋破损率。邱如勋的研究表明，蛋鸡的饲养密度为 $750cm^2$/只时的产蛋率显著地较 $375cm^2$/只时高，耿爱莲与姬真真等报道栖架配置散养和笼养方式对产蛋性能无显著影响，而杨海明、郭盈盈等试验得出富集型鸡笼产蛋率小于传统鸡笼的结论，推测蛋鸡品种、蛋鸡日龄、饲料营养水平等诸多因素均会影响产蛋率，具体原因有待于进一步探究。Wathes 等认为，饲养密度过大时，不但使得鸡舍内拥挤混乱，而且有限的空间会加剧鸡的环境竞争压力，造成鸡的不安和恐惧，引起互相挤压、采食不均，最终导致鸡死亡率增大，而福利散养避免了上述状况，这解释了该研究中 38~45 周龄时福利养殖下蛋鸡死淘率更低的现象，而 20~37 周龄的鸡只处于开产状态，在产蛋高峰前受环境应激小，因而笼养的弊端未完全体现。福利散养条件提供了较大的空间环境，蛋鸡的运动量和活动空间也随之变大，能量消耗得更多，导致饲料中营养物质更多地参与蛋鸡的生长发育，从而使得料蛋比更高。但福利散养蛋破损率较高，可能是因为蛋鸡集中在少数产蛋箱中产蛋，容易造成拥挤，而使破蛋的比例升高。此外李岩的研究表明立体散养福利鸡舍的边角处、棚架边容易吸引母鸡产蛋，这与笼养相比增加了鸡蛋遭受损伤的风险。另一种合理的解释是，福利散养系统属于大型鸡笼装备，蛋收集区域之间有更宽的距离，这不仅导致鸡蛋滚动速度增加，还使得蛋之间碰撞的风险变大，故而提高了蛋破损率。

### 二、粗放饲养对蛋品质的影响

在平均蛋重方面，有研究表明：平养>笼养>散养。但也有研究表明蛋重不受饲养方式的影响，如陈虹等对太行鸡笼养和散养的研究，及李林笑等对南丹瑶鸡饲养方式的研究。目前关于蛋壳厚度和强度的研究普遍认为笼养最佳或无影响。李燕通过对淮南麻黄鸡研究发现笼养蛋壳厚度最大，顾荣等则认为产蛋中期时笼养的蛋壳强度大于散养，而产蛋后期则无显著差异，而顾荣等在另一篇文章中通过对如皋黄鸡的研究发现，饲养方式对蛋壳厚度和强度影响不明显。李林笑等则发现散养南丹瑶鸡的鸡蛋蛋壳强度高于平养和笼养。蛋白高度和哈氏单位是衡量鸡蛋新鲜度的两个指标，金崇富等以笼养和林下散养条件下的苏禽青壳鸡为研究对象，发现两种饲养方式对鸡蛋蛋白高度和哈氏单位影响不显著，Varguez-montero 等也得出同样结论；而顾荣等和 Hidalgo 等表明，放养鸡蛋的蛋白高度和哈氏单位显著高于笼养鸡蛋，胡小方等通过研究旧院黑鸡发现，散养鸡蛋的蛋白高度和哈氏单位显著高于笼养和平养，杨恕玲等对海兰褐鸡的研究也得出了同样的结论。

顾荣等对不同饲养方式、不同产蛋期的蛋营养品质进行对比研究，发现产蛋初期平养鸡蛋的脂肪和胆固醇含量极显著高于笼养，铜和铁含量均显著低于笼养；产蛋中期平养条件下，蛋白质、维生素 E 和氨基酸含量均显著高于笼养，维生素 A 和胆固醇含量极显著高于笼养，锰含量极显著低于笼养；产蛋后期平养条件下，蛋白质、维生素 A、胆固醇和铜含量均显著高于笼养锰含量极显著低于笼养，硒含量显著低于笼养。张浩比较了不同饲养方式对仙居鸡蛋品质的影响，结果表明在散养模式下，鸡蛋含有的总氨基酸、水分、粗蛋白均高于笼养；而笼养鸡蛋胆固醇和卵磷脂含量高于散养。张乐研究表明笼养鸡鸡蛋蛋白的含水量在几种饲养方式中最低；而蛋黄的含水量则出现了相反的情况。在刘笑冰等的研究中发现散养鸡鸡蛋的必需氨基酸含量高于笼养以及平养。吉小凤等通过研究仙居地区不同养殖方式对鸡蛋营养的影响，发现笼养鸡蛋胆固醇和低密度脂蛋白胆固醇最高，山林地散养鸡蛋最低。胡小芳等研究了笼养、平养、茶园散养对旧院黑鸡的蛋品质及营养成分的影响，发现散养组鸡蛋的脂肪含量显著高于平养和笼养，同时也表明不同饲养方式下鸡蛋的各项氨基酸含量以及氨基酸总量间存在差异。

## 第二节　不同养殖方式对蛋品质的影响

### 一、不同养殖方式对蛋品质影响的 Meta 分析

1. 不同养殖方式对蛋白高度的影响

蛋白高度是影响哈氏单位的重要指标，也是反映蛋品质优劣和新鲜程度的指标之一。分析结果显示，散养模式下鸡蛋的蛋白高度略低于笼养模式（$P>0.05$），此结果与赵春颖等、胡兵等的结论一致。散养鸡不能像圈养鸡那样随时饮水，加之运动量大，因此散养鸡体内水分较少，使得所产鸡蛋蛋白含水量较低，影响蛋白高度值。

2. 不同养殖方式对蛋黄颜色的影响

蛋黄颜色通常被消费者作为衡量蛋品质的重要指标，其取决于蛋黄中类胡萝卜素特别是叶黄素的沉积量。分析结果显示，散养模式下鸡蛋的蛋黄颜色极显著高于笼养模式（$P<0.01$），此结果与苏世广等的结论一致。这可能与蛋鸡采食的物质构成有一定的差异有关，文献中的散养鸡可采食各种富含类胡萝卜素、叶黄素的青草、谷粒及昆虫等，这样食物所含的类胡萝卜素就会被吸收到蛋黄当中，叶黄素的含量及其吸收率相对比较高，更有利于形成蛋黄色泽的物质的吸收与利用，蛋黄颜色就相对较深。而笼养组鸡摄入含色素类物质的数量有限，在一定程度上降低蛋黄色素沉积。

3. 不同养殖方式对蛋壳厚度的影响

蛋壳厚度主要反映禽蛋的抗破损程度，对包装运输中减少蛋的破损率方面具有重要意义。分析结果显示，散养模式下鸡蛋的蛋壳厚度明显高于笼养模式，差异极显著（$P<0.01$），此结果与苏世广等的结论一致。蛋壳厚度受饲养管理影响较大，散养鸡在野外觅食时有机会采食到更多的沙粒，在促进肌胃消化的同时，增加了食物中钙的来源。同时散养下鸡运动充分，对钙质的吸收及利用较好。

4. 不同养殖方式对哈氏单位的影响

哈氏单位是衡量鸡蛋蛋白质量及新鲜程度的综合指标，是蛋清浓蛋白浓度和黏稠度的标志，与蛋的新鲜度及孵化率呈正相关，主要用于选种和评定蛋白品质。哈氏单位越高，表示蛋白黏稠度越好，蛋白含水率低，相应地蛋白品质越好，鸡蛋越新鲜。因此，多用哈氏单位来衡量鸡蛋新鲜程度。分析所用文献中的鸡蛋均为新鲜鸡蛋，故可排除受新鲜程度的影响。分析结果显示，散养模式下的哈氏单位高于笼养模式，差异极显著（$P<0.01$），此结果与顾荣等的结论一致。这是因为散养条件下，鸡的运动量大，身体容易缺水，且饮水不像笼养方便，可以随时饮水，使得蛋白含水量相对降低，降低蛋白在全蛋的占比，相对提高蛋白中蛋白质的含量，蛋白更黏稠，哈氏单位值更高。

5. 不同养殖方式对蛋壳强度的影响

蛋壳强度是衡量蛋壳质量的重要指标，与蛋壳内在的致密性结构、蛋体积及蛋壳厚度有关。蛋壳质量受营养和非营养因素的影响，蛋壳内的钙有 60%～75% 直接来源于食物。分析结果显示，散养模式下鸡蛋的蛋壳强度略低于笼养模式（$P>0.05$），此结果与王琼等的结论一致，这可能与当地的自然环境和人员操作有关。关于杨芷等的数据可能是因为高温使采食量减少，蛋鸡摄入钙减少，导致血钙浓度降低，合成蛋壳所需的原料不足。同时蛋鸡呼吸加快，导致二氧化碳（$CO_2$）呼出过多，血浆 $CO_2$ 分压下降，碳酸含量减少，碳酸根相应减少，影响碳酸钙的生成。

而笼养鸡相对不存在上述情况。

6. 不同养殖方式对蛋形指数的影响

蛋形指数是衡量蛋品质的指标之一，由遗传因子决定，主要取决于输卵管峡部的构造和输卵管壁的生理状态，同一品种的鸡只往往具有一定的蛋形指数。分析结果显示，散养模式下鸡蛋的蛋形指数略低于笼养模式，但数值均在正常范围内（$P>0.05$），此结果与李林笑等的结论一致。散养鸡蛋的蛋形偏圆，可减少破蛋和裂纹蛋，增加鸡蛋的效益。

7. 不同养殖方式对蛋重的影响

蛋重是评定母鸡产蛋性能和营养物质含量多少的重要指标，受蛋鸡品种、饲养环境和饲料营养等多种因素影响。大多数情况下，饲料中蛋白质的增加可以增大蛋的重量，饮水不足则可以减轻蛋重。分析结果显示，笼养模式下蛋重显著高于散养模式（$P<0.05$），此结果与石建州等的结论一致。这可能是笼养模式下蛋鸡活动量小，体能消耗少，而营养供给均衡，促进了鸡蛋中蛋白质的沉积；而散养模式下每只鸡的活动空间较大，消耗的能量较多，使得鸡蛋的重量偏轻。

## 二、不同养殖方式对北京油鸡蛋品质的影响

中国是养禽大国，目前我国商品鸡养殖模式以集约化养殖为主，其主要特点是饲养密度大、成本低、生产效率高、便于管理。然而，高密度笼养方式也显现出一些弊端：一方面，狭小的生活空间导致鸡的发病率增高；另一方面，越来越多的动物保护者对这种忽略动物福利的养殖方法表示反对。在欧洲一些国家，笼养模式已完全退出商品鸡的生产，而我国商品鸡的养殖方式也越来越受到养殖户以及消费者的关注。不同养殖方式对商品鸡生产性能的影响，一直是研究人员和养殖户探讨的问题，相关的试验研究也很多。北京油鸡是北京地区特有的地方优良品种，属于肉蛋兼用型鸡种，性情温顺，抗病力强，适宜多种饲养方式。本试验以北京油鸡为研究对象，比较了笼养和散养方式对该品种鸡产蛋性能和蛋品质的影响，进而对两种养殖方式的优缺点进行客观评价。

1. 材料与方法

随机选取 600 只 1 日龄的北京油鸡母鸡作为试验动物。0~15 周饲养于育雏育成鸡舍；16 周时进行分群饲养，随机分为 2 组，每组再随机分为 3 个重复组，每个重复组有 100 只鸡。试验 I 组为散养组，试验 II 组为笼养组。散养组的 300 只鸡共同放养于带窗的开放式鸡舍，舍内面积尺寸约为 8m×5m，舍外有尺寸约 8m×7m 的运动场，平均每只鸡占有 0.32m² 地面面积。鸡舍内铺厚垫料，并设有产蛋箱。笼养组采用传统的笼养模式，每笼 3 只鸡，每只鸡平均占有笼底面积约 0.05m²，三个

重复组的鸡分别饲养在笼架上、中、下三层。两鸡群在分群开产后，饲料由育成料转为产蛋鸡饲料。试验期间，自由采食和饮水。

2. 不同养殖方式下北京油鸡蛋品质的测定

分别于 30 周龄、35 周龄、40 周龄（分别为 10、11、12 月）时收集鸡蛋进行蛋品质测定。试验时，散养组和笼养组各选取 60 个鸡蛋，每个重复组随机选取 20 个。测定指标包括物理指标和化学指标，各重复组分别需要 10 个笼养鸡蛋和 10 个散养鸡蛋。物理指标包括蛋重、长径、短径、蛋壳颜色、蛋壳强度、蛋壳重、蛋黄重、蛋壳厚度、蛋白高度、蛋黄颜色、哈氏单位等；化学指标包括全蛋液干物质含量和总脂肪含量。试验中所用仪器为 FHK 蛋形指数测定仪和 EQR 蛋壳颜色测定仪（日本富士公司），蛋壳强度测定仪和 EMT-5200 多功能蛋品质测定仪（日本 Robotmation 公司）。

3. 结果与分析

北京油鸡笼养条件下破蛋率为 0.59%，散养仅为 0.05%，差异极显著（$P<0.01$）；脏蛋率为散养条件高于笼养，分别为 0.08% 和 0，差异不显著（$P>0.05$）。

对 30 周龄、35 周龄、40 周龄时两个鸡群的蛋品质进行分析，结果见表 8-1。蛋重表现出随周龄的增长而增加的趋势，笼养组蛋重在三个时间点均大于散养组，其中 35 周龄时差异显著（$P<0.05$）；在蛋黄颜色上，30 周龄、35 周龄为散养组大于笼养组，差异极显著（$P<0.01$）；在 35 周龄、40 周龄时，笼养组的蛋白高度和哈氏单位显著高于散养组。30 周龄、35 周龄、40 周龄时的蛋形指数、蛋壳强度、蛋壳颜色（$L^*$）、干物质含量和蛋黄比例在两组之间无显著差异。

表 8-1 不同养殖方式对北京油鸡蛋品质的影响

| 项目 | 30 周龄 | | 35 周龄 | | 40 周龄 | |
|---|---|---|---|---|---|---|
| | 散养 | 笼养 | 散养 | 笼养 | 散养 | 笼养 |
| 蛋重/g | 44.21±3.64 | 45.93±4.69 | 44.35±3.46 | 47.29±5.12 | 50.15±3.71 | 50.40±3.80 |
| 蛋形指数 | 1.31±0.06 | 1.32±0.06 | 1.32±0.05 | 1.34±0.059 | 1.35±0.05 | 1.33±0.06 |
| 蛋黄颜色 | 7.55±1.11 | 6.55±1.35 | 8.00±0.79 | 6.50±1.39 | 8.60±0.77 | 8.77±0.63 |
| 蛋白高度/mm | 4.99±0.84 | 5.32±0.92 | 5.76±0.92 | 6.50±0.96 | 5.13±1.34 | 6.49±0.85 |
| 哈氏单位 | 75.07±6.48 | 77.07±7.14 | 80.71±6.65 | 84.48±5.78 | 73.04±11.01 | 83.40±4.97 |
| 蛋黄比例/% | 29.31±2.53 | 28.69±2.95 | 29.02±1.86 | 28.97±1.82 | 31.12±2.16 | 31.27±1.78 |
| 蛋壳比例/% | 10.99±0.87 | 11.75±0.94 | 11.17±1.04 | 11.45±0.87 | 11.04±0.88 | 10.87±1.09 |
| 蛋壳强度/(kgf/cm²) | 3.83±0.94 | 4.19±0.63 | 4.14±0.65 | 4.11±0.74 | 3.81±0.89 | 3.53±0.89 |
| 蛋壳厚度/mm | 0.32±0.03 | 0.35±0.02 | 0.31±0.03 | 0.32±0.03 | 0.32±0.03 | 0.33±0.03 |

续表

| 项目 | 30 周龄 | | 35 周龄 | | 40 周龄 | |
|---|---|---|---|---|---|---|
| | 散养 | 笼养 | 散养 | 笼养 | 散养 | 笼养 |
| 蛋壳颜色/$L^*$ | 75.84±5.69 | 73.92±3.82 | 76.40±6.57 | 76.45±3.93 | 75.21±3.58 | 74.20±4.35 |
| 蛋壳颜色/$a^*$ | 9.45±2.75 | 11.29±2.53 | 9.62±3.33 | 9.32±2.46 | 10.80±6.05 | 10.42±2.42 |
| 蛋壳颜色/$b^*$ | 21.26±3.06 | 21.70±2.92 | 20.99±3.36 | 20.55±2.44 | 20.22±2.58 | 21.80±2.85 |
| 干物质含量/(g/100g) | 23.10±2.07 | 22.25±2.19 | 24.00±1.66 | 25.12±2.37 | 25.45±1.53 | 26.42±1.83 |
| 总脂肪含量/(g/100g) | 7.09±0.50 | 6.36±0.36 | 7.85±0.61 | 8.03±0.73 | 7.71±0.38 | 8.00±0.48 |

破蛋率和脏蛋率会影响鸡蛋的销售情况。一般认为，破损鸡蛋和不清洁的鸡蛋会有更高的细菌感染率。Hughes 等、Tauson 等和 Mertens 等均发现笼养鸡的破蛋率比散养鸡更大一些。Tauson 等比较了几个不同的生产系统，发现规模化鸡舍生产的鸡蛋最脏，而传统地面平养的脏蛋率最低，传统鸡笼系统介于两者之间。在本试验中，散养组有更低的破蛋率和更高的脏蛋率。破蛋率研究结果与之前的研究结果相符，而脏蛋率的结果与 Tauson 等相反。笼养组破蛋率较高可能是由鸡笼对鸡蛋的碰撞造成，而散养条件下，地面和产蛋箱的垫料对鸡蛋起到缓冲作用；另外，Abrahamsson 和 Tauson 认为，散养体系的产量和质量数据可能并不准确，因为有裂缝或破碎的鸡蛋可能被母鸡啄食，从而降低劣质蛋数量。本试验中散养组脏蛋率较高可能是因为母鸡将鸡蛋产在产蛋箱外，使鸡蛋被粪便污染。

魏忠华等研究发现散养条件下蛋壳厚度高于笼养；在此之前，Hughes 等也发现，散养的鸡蛋与传统笼养的相比有更高的蛋壳厚度和蛋壳强度；而 Mertens 等则认为笼养鸡的蛋壳强度大于自由散养鸡，与此相似，Hidalgo 等和苏世广等研究表明，传统笼养鸡蛋相对于其他的饲养系统（自由放养、畜棚和有机饲养）拥有更高的蛋壳比例、蛋壳厚度和蛋壳强度。在本试验中，不同饲养方式下鸡蛋的蛋壳强度没有显著差异，而 40 周龄时散养组的蛋壳比例要高于笼养组。之所以出现这种现象，可能是由于散养组较低的产蛋率以及较高的采食量使蛋壳形成过程中沉积了更多的碳酸钙和基质蛋白，这可能也是导致散养组破蛋率低的另一个因素。

赵超等对绿壳蛋鸡、本地柴鸡和农大 3 号蛋鸡研究发现，放养会使绿壳蛋鸡和农大 3 号蛋鸡的蛋重降低；王晓亮等对绿壳蛋鸡研究认为散养鸡和笼养鸡的蛋重差异不显著；魏忠华等对保定柴鸡、绿壳蛋鸡和农大 3 号蛋鸡的研究表明，养殖方式对保定柴鸡的蛋重影响不大，而绿壳蛋鸡和农大 3 号蛋鸡为笼养大于散养；顾荣等发现，散养如皋黄鸡的蛋重低于笼养鸡，但差异不显著；苏世广等对淮南麻黄鸡的研究表明，带运动场的平养鸡的蛋重高于笼养鸡。在本试验对北京油鸡的研究中，笼养组蛋重大于散养组，表明散养对北京油鸡的蛋重有不利影响。

养殖方式对蛋黄颜色的影响较为明显。王晓亮等发现蛋黄颜色随周龄先下降后上升，但在散养和笼养之间无显著差异；Brand、赵超和魏忠华等则认为散养使蛋黄颜色加深。本试验中，笼养鸡的蛋黄颜色随周龄增长先下降后上升，与王晓亮等的研究结果一致，而散养组的蛋黄颜色深于笼养组，且散养组蛋黄颜色随周龄增长一直呈现加深的趋势。

哈氏单位是蛋清浓蛋白浓度和黏稠度的标志，可以用来评价鸡蛋的新鲜度。王晓亮等认为蛋白高度和哈氏单位在饲养方式之间无显著差异；魏忠华和顾荣等认为散养鸡的哈氏单位高于笼养；苏世广等的研究结果则与之相反。本试验中，笼养组的蛋白高度和哈氏单位均大于散养组，说明笼养组鸡蛋的浓蛋白质量要优于散养组。

本试验还检测了全蛋干物质和总脂肪含量，总脂肪含量在30周龄时表现为散养组高于笼养组，另外两个时间点则无明显差异。干物质在三个时间点均无明显差异。有研究表明鸡蛋内总脂肪含量在秋季时最高。本研究所用鸡群在30周龄时正值10月，气温下降。散养鸡受温度影响，开始在体内储存脂肪，鸡蛋内的脂肪含量也相应升高，而笼养鸡因室内温度变化较小而受季节影响较小。

对于蛋形指数、蛋黄颜色和蛋黄比例等指标在三个时间点表现不一致或差异不显著，据此可初步推断不同养殖方式对这些指标影响不大。

## 三、不同养殖方式对北京地区绿壳蛋鸡蛋品质的影响

为比较笼养模式与散养模式对地方鸡种产蛋性能和蛋品质的影响，以北京地区的绿壳蛋鸡为研究对象，将该鸡种雏鸡笼养至16周龄后分为笼养组和散养组两个群体进行饲养，除饲养模式外其他条件均相同。分别记录两个鸡群的产蛋性能，并于30周龄、35周龄、40周龄时检测两鸡群的蛋品质，对收集的数据进行比较分析。对蛋壳品质和化学组成指标影响不大，蛋黄颜色有所加深，而蛋白高度和哈夫单位有所下降。因此，养殖场在选择养殖模式时，应综合考虑产品特点、消费市场等各方面因素，根据需求选择相应的养殖方式。

1. 材料与方法

随机选取600只绿壳蛋鸡母鸡（扬州天牧畜禽有限公司提供）作为试验动物，0~15周龄饲养于育雏育成鸡舍。育雏期散养组和笼养组的温度、通风和光照保持一致。16周龄时进行分群饲养，随机分为2组，每组再随机分为3个重复组，每个重复组有100只鸡。试验Ⅰ组为散养组，试验Ⅱ组为笼养组。散养组的300只鸡全部共同放养于带窗的开放式鸡舍，舍内面积尺寸约为8m×5m，舍外有尺寸约为8m×

7m 的运动场，平均每只鸡占有 0.32m² 地面面积。鸡舍内铺厚垫料，并设有产蛋箱。笼养组采用传统的笼养模式，每笼 3 只鸡，每只鸡平均占有笼底面积约 0.05m²，三个重复组的鸡分别饲养在笼架上、中、下三层。两鸡群在分群后开产，饲料由育成饲料转为产蛋饲料。

试验期间，鸡自由采食和饮水。散养组采取自然光照，笼养组采取人工光照和自然光照相结合的方法，每天光照 16h，环境温度的控制均按照原有的生产方式进行。

2. 不同养殖方式下北京地区绿壳蛋鸡的蛋品质

结果表明，散养方式降低了绿壳蛋鸡的产蛋性能，具体表现在：散养组平均产蛋率比笼养组低 21.54%；笼养组料蛋比为 2.69，散养组则高达 7.48。在蛋品质方面，散养使脏蛋率上升、破蛋率下降。不同养殖方式对北京地区绿壳蛋鸡蛋品质的影响见表 8-2。由表 8-2 可知，笼养组蛋重在三个时间点均大于散养组，其中 40 周龄时差异极显著（P<0.01）；在蛋黄颜色上，散养组的数值均高于笼养组，30 周龄和 35 周龄时差异极显著（P<0.01）。在蛋壳颜色上，散养组蛋壳亮度（L*）低于笼养组，红度（a*）在 30 和 35 周龄时高于笼养组，绿度（b*）在 30 周龄和 40 周龄高于笼养组。散养组的蛋壳厚度在三个时间点均极显著高于笼养组（P<0.01）。40 周龄散养组蛋壳比例高于笼养组（P<0.01）。蛋形指数、蛋白高度、哈夫单位和蛋壳强度受养殖方式影响较小。

表 8-2　不同养殖方式对北京地区绿壳蛋鸡蛋品质的影响

| 项目 | 30 周龄 | | 35 周龄 | | 40 周龄 | |
| --- | --- | --- | --- | --- | --- | --- |
| | 散养 | 笼养 | 散养 | 笼养 | 散养 | 笼养 |
| 蛋重/g | 28.43±2.10 | 29.11±2.47 | 28.46±2.57 | 28.96±2.63 | 28.94±1.21 | 30.08±1.52 |
| 蛋形指数 | 1.35±0.05 | 1.35±0.06 | 1.38±0.05 | 1.37±0.06 | 1.35±0.05 | 1.35±0.04 |
| 蛋黄颜色 | 7.82±0.69 | 7.02±1.50 | 7.80±1.27 | 4.98±1.90 | 8.07±0.74 | 7.83±0.75 |
| 蛋白高度/mm | 5.99±0.98 | 6.14±0.92 | 6.10±1.05 | 6.47±1.01 | 5.83±1.17 | 5.88±0.86 |
| 哈夫单位 | 79.97±4.96 | 82.35±6.11 | 81.08±6.92 | 83.09±5.59 | 76.28±10.13 | 78.58±5.85 |
| 蛋壳强度/（kgf/cm²） | 3.55±0.76 | 3.77±0.88 | 4.04±0.85 | 3.97±0.76 | 3.67±0.84 | 3.63±0.90 |
| 蛋壳厚度/mm | 0.34±0.02 | 0.31±0.04 | 0.35±0.03 | 0.33±0.03 | 0.35±0.03 | 0.32±0.03 |
| 蛋壳颜色/L* | 87.29±2.51 | 88.79±2.19 | 87.60±2.34 | 88.65±2.12 | 87.67±1.82 | 89.10±1.89 |
| 蛋壳颜色/a* | 5.29±0.91 | 4.69±1.09 | 5.89±1.13 | 4.66±0.93 | 5.45±0.96 | 5.76±0.81 |
| 蛋壳颜色/b* | 7.83±2.42 | 7.77±3.75 | 6.80±2.26 | 7.07±2.74 | 7.35±2.14 | 6.82±2.32 |
| 蛋黄比例/% | 28.43±2.10 | 29.11±2.47 | 28.46±2.57 | 28.96±2.63 | 28.94±1.21 | 30.08±1.52 |

续表

| 项目 | 30 周龄 | | 35 周龄 | | 40 周龄 | |
|---|---|---|---|---|---|---|
| | 散养 | 笼养 | 散养 | 笼养 | 散养 | 笼养 |
| 蛋壳比例/% | 11.49±0.71 | 11.30±1.06 | 11.63±0.91 | 11.49±0.62 | 11.33±0.66 | 10.59±0.75 |
| 干物质含量/(g/100g) | 22.13±1.48 | 23.95±1.17 | 25.17±2.77 | 25.08±2.36 | 26.23±0.76 | 26.12±1.09 |
| 总脂肪含量/(g/100g) | 6.11±0.39 | 6.96±0.51 | 7.82±0.21 | 6.70±0.63 | 8.70±0.73 | 6.83±0.29 |

散养模式在提升蛋品质方面具有一定的优越性，但也不能一味追捧散养模式，还应看到这种方式产生的一些不良影响。养殖户在选择养殖方式时，应综合考虑各种因素，根据自身实际需求进行选择。另外，散养方式对鸡的福利的影响有待进一步的研究和讨论。中国在借鉴外国养殖模式的同时，也要考虑本国国情，考虑消费者的需求，做出合理的调整。

# 参考文献

［1］ Guesdon V, Ahmed A M H, Mallet S, et al. Effects of beak trim ming and cage design on laying hen performance and egg qua lity ［J］. British Poultry Science, 2006, 47 (1): 1-12.

［2］ 赵春晓. 桑叶粉在蛋鸡饲料添加剂中的应用研究 ［D］. 泰安: 山东农业大学, 2007.

［3］ 邓见文, 宁中华. 笼养和福利散养模式下蛋鸡相关性能比较分析 ［J］. 中国家禽, 2022, 44 (9): 74-79.

［4］ 邱如勋, 伍喜林, 刘正柏, 等. 笼饲密度和层次对商品蛋鸡生产性能的影响 ［J］. 西南民族大学 (自然科学报), 1997 (4): 408-411.

［5］ 耿爱莲, 王琴, 李保明, 等. 不同笼养条件下蛋鸡健康与福利的比较研究 ［J］. 中国农业大学学报, 2007, 12 (5): 67-72.

［6］ 姬真真, 惠雪, 席磊. 栖架舍饲散养模式对海兰褐蛋鸡产蛋性能及蛋品质的影响 ［J］. 现代牧业, 2020, 4 (4): 4.

［7］ 杨海明, 曹玉娟, 朱晓春. 散养对产蛋鸡生产性能、蛋品质及繁殖系统发育的影响 ［J］. 动物营养学报, 2013, 25 (8): 1866-1871.

［8］ 郭盈盈, 林海. 不同笼养方式对蛋鸡生产性能及福利状态影响的研究 ［C］//2010 年全国家畜环境与生态学术研讨会, 2011.

［9］ Wathes C M, Charles D R, Clark J A. Group size and plumage damage in laying hens ［J］. British poultry science, 1985, 26 (4): 459-463.

［10］ 孙汉卿. 蛋箱配置对富集笼养蛋鸡蛋品相和福利的影响 ［D］. 哈尔滨: 东北农业大学, 2018.

［11］ 李岩, 詹凯, 庞方中, 等. 立体散养福利鸡舍蛋鸡产蛋后期日产蛋和窝外蛋分布规律

研究 [J]. 中国家禽, 2019, 41 (17): 40-44.

[12] Shimmura T, Hirahara S, Eguchi Y, et al. Behavior, physiology, performance and physical condition of layers in conventio nnal and large furnished cages in a hot enviro nment [J]. Animal science journal, 2007, 78: 314-322.

[13] 许颖珏, 岳巧娴, 周荣艳, 等. 不同养殖方式对蛋品质影响的 Meta 分析 [J]. 中国家禽, 2019, 41 (3): 49-52.

[14] 顾荣, 王克华, 施寿荣, 等. 不同饲养方式对蛋鸡生产性能和蛋品质的影响 [J]. 家禽科学, 2010, 8 (190): 10-12.

[15] 王琼, 张代喜, 傅德智, 等. 不同养殖方式对北京油鸡产蛋性能和蛋品质的影响 [J]. 中国家禽, 2014, 36 (1): 12-15, 21.

[16] 赵春颖, 初蔚琳, 吕学泽, 等. 不同养殖方式对北京地区绿壳蛋鸡产蛋性能和蛋品质的影响 [J]. 中国家禽, 2017, 39 (3): 36-40.

[17] 胡兵, 龚炎长, 俸艳萍, 等. 放养对不同品系景阳鸡生产性能、蛋品质及肠道微生物的影响 [J]. 中国家禽, 2018, 40 (1): 30-35.

[18] 邱祥聘. 笼养和放养鸡的生长发育和蛋品质比较 [J]. 国外畜牧学-猪与禽, 1993 (19): 39-40

[19] 李小利. 哈氏单位是检验鸡蛋品质的重要指标 [J]. 检验检疫学刊, 2013, 23 (2): 48-49, 72.

[20] 王强, 童海兵, 蔡娟, 等. 不同饲养方式对如草蛋鸡生产性能及鸡蛋品质的影响 [J]. 贵州农业科学, 2013, 41 (11): 132-135.

[21] 周大薇. 不同饲养方式和周龄对矮小型鸡蛋品质的影响 [J]. 当代畜牧, 2014, 20 (280): 93-94.

[22] 郭春燕, 杨海明, 王志跃, 等. 不同品种鸡蛋品质的比较研究 [J]. 家禽科学, 2007, 2 (148): 12-14.

[23] 杨芷, 张得才, 杨海明, 等. 林下散养对产蛋鸡生产性能、蛋品质、内脏器官指数、繁殖系统和血常规指标的影响 [J]. 动物营养学报, 2014, 26 (7): 1935-1941.

[24] 杨宁编. 现代养鸡生产 [M]. 北京: 中国农业大学出版社, 1994: 616-617.

[25] 郭春燕, 杨海明, 王志跃, 等. 不同品种鸡蛋品质的比较研究 [J]. 家禽科学, 2007, 2 (148): 12-14.

[26] 李林笑, 秦汉祥, 杜学振, 等. 不同饲养方式对南丹瑶鸡血清生化指标及蛋品质的影响 [J]. 中国家禽, 2017, 39 (22): 34-37.

[27] 石建州, 康相涛, 孙桂荣, 等. 不同饲养方式对固始鸡蛋品质的影响研究 [J]. 广东农业科学, 2006 (2): 69-71.

[28] Hughes B O, Dun P, McCorquodale C C. Shell strength of eggs from medium-bodied hybrid hens housed in cages or on range in outside pens [J]. British Poultry Science, 1985, 26 (1): 129-136.

［29］ Tauson R，Wahlstrom A，Abrahamsson P. Effect of two floor housing systems and cages on health，production，and fear response in layers ［J］. Journal of Applied Poultry Research，1999，8（2）：152-159.

［30］ Mertens K，Bamelis F，Kemps B，et al. Monitoring of eggshell breakage and eggshell strength in diferent production chains of consumption eggs ［J］. Poultry Science，2006，85（9）：1670-1677.

［31］ Abrahamsson P，Tauson R. Performance and egg quality of laying hens in an aviary system ［J］. Journal of Applied Poultry Research，1998，7（3）：225-232.

［32］ Tauson R. Furnished cages and aviaries：production and health ［J］. World's Poultry Science Journal，2002，58：49-63.

［33］ 魏忠华，郑长山，李英，等. 生态放养对鸡肉蛋品质的影响研究 ［C］//中国畜牧兽医学会，2009 学术年会论文集（下册），2009.

［34］ Hidalgo A，Rossi M，Clerici F，et al. A market study on the quality characteristics of eggs from different housing systems ［J］. Food Chemistry，2008，106（3）：1031-1038.

［35］ 苏世广，吴义景，李俊营，等. 不同饲养方式对淮南麻黄鸡蛋品质的影响 ［J］. 安徽农业科学，2011，39（21）：12866-12867.

［36］ 赵超，谷子林，仝军，等. 饲养方式对鸡蛋品质影响的研究 ［J］. 中国家禽，2005（S1）：108-110.

［37］ Brand H V D，Parmentier H K，Kemp B. Effects of housing system（outdoor vs cages）and age of laying hens on egg characteristics ［J］. British Poultry Science，2004，45（6）：745-752.

［38］ 谢绿绿. 鸡蛋黄中脂质成分及脂肪酸组成分析研究 ［D］. 武汉：华中农业大学，2011.

# 第九章　不同功能性产品蛋品质评价

## 第一节　ω-3 鸡蛋

### 一、ω-3 的作用

ω-3 多不饱和脂肪酸是指从脂肪酸的甲基端（ω 端）开始第一个不饱和双键出现在第 3 和第 4 个碳原子之间的多不饱和脂肪酸，这一类型的多不饱和脂肪酸主要包括 α-亚麻酸（α-linolenic acid）、二十碳五烯酸（eicosapentaenoic acid，EPA）和二十二碳六烯酸（docosahexaenoic acid，DHA）。ω-3 型多不饱和脂肪酸备受关注，不仅因为它们是生物细胞膜的重要组分，而且它们在生物体内有着十分重要的生理功能和保健作用。

### 二、ω-3 鸡蛋的研究进展

Naber 等报道，蛋黄中脂肪酸的组成和含量随饲料中脂肪酸的组成和含量的变化而变化。这一研究成果使许多研究者将注意力投向了鸡蛋。由于鸡蛋中的胆固醇含量过高，致使 20 世纪 80 年代以来鸡蛋的消费量一直呈下降趋势。但是许多研究表明禽蛋中的胆固醇含量不易改变。而将 ω-3 脂肪酸导入鸡蛋中之后，不仅可以解决人类 ω-3 摄入量不足的问题，同时还可以降低鸡蛋中高胆固醇的增脂效应，使其成为具有降血脂作用的保健食品。

Adams 等在蛋鸡饲料中加入了鱼油，得到了富含 ω-3 脂肪酸的鸡蛋。Hargis 等在蛋鸡饲料中加入 3% 的步鱼油，研究鱼油对产蛋性能及鸡蛋脂肪酸组成的影响，结果发现，鱼油对产蛋率、蛋重、蛋黄总脂肪含量及胆固醇含量均无影响，但可使蛋中的 ω-3 脂肪酸含量显著上升。Hargis 等在蛋鸡饲料中添加鱼油、植物种子及植物油等富含 ω-3 脂肪酸的组分之后，每个蛋黄中的 ω-3 脂肪酸含量高达 220mg，相当于一条海鱼所提供的量。每人每周食用 2~4 枚富含 ω-脂肪酸的鸡蛋，便可满足机体对 ω-3 脂肪酸的需要。

Marshall 等在美国得克萨斯州的 5 个主要城市对 500 多个消费者就富含 ω-3 脂肪酸的可接受性进行了调查。结果显示，65% 的被调查者表示愿意购买富含 ω-3 脂肪酸的鸡蛋。可见，从消费者的角度来讲，用鸡蛋替代海鱼为人类提供 $\omega-3$ 脂肪酸是可行的。

Admas 等报道，鱼油的添加量为 6% 时，可使鸡蛋产生不良气味。而 Van Elswyk 等的报道则认为，添加 3% 的步鱼油对鸡蛋的感官性状无影响。Van Elswyk 的研究还表明，烹调对富含 $\omega-3$ 脂肪酸的鸡蛋中的脂肪酸组成无影响。当鸡蛋煮得过久时，其风味与普通鸡蛋无异；炒制时蛋的风味虽有些差别，但一些品尝者却偏爱这种风味。

Marshall 等的研究结果表明，添加 1.5% 的步鱼油所得到的富含 $\omega-3$ 脂肪酸的鸡蛋，其稳定性及贮存性能与普通蛋无异。目前，富含 $\omega-3$ 脂肪酸的鸡蛋已在美国、加拿大、澳大利亚等国家出售。

# 第二节　DHA 鸡蛋

## 一、DHA 的作用

DHA 是人体大脑、视网膜神经系统中磷脂的主要组成成分。大量研究表明，DHA 能抑制人体血小板凝集，防止血栓形成与中风，预防心血管系统疾病和老年痴呆症；降低血脂、胆固醇和血压；增强视网膜的反射能力，预防视力退化；增强记忆力，提高学习效率；降低血糖、抗糖尿病；抗过敏。DHA 对人体生理功能的正常发挥，增强思维能力与记忆力、提高智力等作用显著，尤其是对胎儿、婴幼儿的大脑发育。人群流行病学研究发现体内 DHA 含量高的人，其心理承受能力较强，智力发育指数也较高。

## 二、富集 DHA 鸡蛋的稳定性

DHA 含有多个不饱和键，容易被氧化产生过氧化物，过氧化物一旦进入人体后，就会氧化细胞膜中的脂质，破坏细胞的正常结构，加速机体的衰老过程。而富集 DHA 鸡蛋在外观、烹饪、味道及贮存期方面与普通鸡蛋相似。有研究证明，不同的烹调加工方法（煮、炒、煎）和保存方法对富集在蛋黄中的 DHA 几乎不造成损伤。关于鸡蛋内 DHA 稳定的机理有多种解释：第一种解释认为，在蛋黄低密度脂蛋白分子的外部，蛋白质和磷脂构成交织结构，使氧分子不能进入低密度脂蛋白内部，从而保护了低密度脂蛋白内部的 DHA 免遭氧化；第二种解释认为，蛋黄中的卵黄高磷蛋白可螯合蛋黄中的铁离子，从而预防铁离子作为电子传递介质促进 DHA 的氧化；第三种解释认为，蛋黄中过氧化物的生成速度和分解速度相同，从而可以保持蛋黄中过氧化物含量的稳定。鸡蛋是使不稳定的 DHA 得到稳定保存的良好介质,而且富集 DHA 鸡蛋的食用对于人体健康很安全。

## 第三节 CLA 鸡蛋

共轭亚油酸(CLA)是近十几年才开始被研究的一种功能性脂肪酸。我国近几年的 CLA 研究较少,国外 CLA 的研究主要集中于奶牛,而对通过鸡蛋来生物转化使之成为人的保健食品的研究较少。通过动物体内脂肪酸转化机理以生产 CLA 保健蛋是一种新方法。

### 一、CLA 的作用

CLA 的特殊结构决定了它特殊的生理功能。大量研究表明,CLA 具有促进骨骼生长、抗癌、调节血糖、降低血脂以及提高机体免疫力等诸多重要生理功能。在动物类食品产品中,人们试图通过在饲料中添加 CLA,提高其在动物产品中的富集量,以此开发功能性食品,促进人类健康。

### 二、CLA 鸡蛋研究进展

在一些国家和地区,鸡蛋蛋黄颜色往往是消费者购买时要考虑的重要因素。Katleen 等(2002)研究发现,CLA 可使蛋黄颜色加深,这种颜色的改变仅仅需要 10 天。其原因可能与类胡萝卜素的沉积有关,类胡萝卜素是一种易被氧化的物质,而 CLA 恰是一种很好的抗氧化剂,可以防止类胡萝卜被氧化,进而增加其沉积量,加深蛋黄颜色。Kim 等(2007)研究 CLA 对鸡蛋品质的影响表明,日粮中添加 CLA 并没有对鸡蛋品质产生任何影响,但是试验进行 4 周后突然发现 CLA 处理组鸡蛋蛋壳颜色发生了变化,Aydin 等(2001)也观测到同样的现象。CLA 改变松花蛋壳颜色的作用机理尚不清楚,有待于进一步研究。DHA 在人大脑发育过程中起着非常重要的作用,然而 Ahn 等(1999)研究日粮中添加 CLA 对储藏过程鸡蛋品质的影响,发现 CLA 减少了鸡蛋中 DHA 的含量。其原因可能与 Δ6-去饱和酶活性有关,这种酶是亚油酸和亚麻酸去饱和的关键酶。由于 CLA 也可作为该酶底物,从而形成竞争性抑制作用。另一种原因可能是 CLA 在日粮中比例逐渐升高,使得饲料原料中亚油酸和亚麻酸的比例降低,导致生成 DHA 的前体物质减少。此外,过量添加 CLA 也会对鸡蛋品质产生不利影响。Shang 等(2004)研究表明,当添加 2%以上 CLA 时,蛋黄、蛋白和蛋壳的重量显著降低,CLA 处理组的鸡蛋蛋黄煮熟之后类似于橡皮球,非常坚固。同样,Schäfer 等(2001)研究发现,在室温下

CLA 处理组的鲜蛋黄高度高于 CLA 对照组，在低温（4℃）下 CLA 处理组蛋黄高度的增加更明显。造成这种现象的原因可能与 CLA 改变了蛋黄脂肪酸组成有关，CLA 可降低硬脂酰辅酶 A 去饱和酶（硬脂酰辅酶 A 去饱和酶是体内饱和脂肪酸向单一不饱和脂肪酸转化的关键酶类）活性，导致蛋黄中饱和脂肪酸（SFA）含量增加，单一不饱和脂肪酸（MUFA）含量降低，从而使蛋黄的一些物理性状尤其是蛋黄的高度和硬度发生变化。

CLA 具有促进骨骼生长、抗癌、调节血糖、降低血脂以及提高机体免疫力等诸多重要生理功能，已成为当今医学、动物营养学的研究热点之一。由于鸡蛋蛋黄是脂肪酸富集的良好载体，因此 CLA 在蛋鸡生产中的应用具有广阔的发展前景。

# 第四节　富硒鸡蛋

## 一、硒的作用

硒是一种微量营养素，是生物体正常运作所必需的。硒参与保护细胞免受过量自由基的攻击、消除重金属毒性，增强免疫和生殖系统功能，确保甲状腺的正常功能，诱导参与生物体抗氧化防御机制的硒蛋白合成过程。硒缺乏会引起许多疾病，主要有克山病、冠心病、高血压、心肌梗死症、大骨节病、糖尿病等。目前国内防治与低硒有关疾病的方法主要是使用亚硒酸钠和含硒酵母。鸡蛋中的硒是一种有机硒，吸收率高达 80%，比无机硒（亚硒酸钠等）高 1.6 倍，且有清除自由基、刺激免疫球蛋白、保护淋巴细胞、增强免疫功能、延缓衰老和促进儿童发育生长的作用。若将富硒鸡蛋用于医疗保健，会产生很大的经济和社会效益。

## 二、生产原理

选择优良的蛋鸡品种，在日粮和饮水中添加不同水平的微量元素硒或直接肌肉注射，使蛋鸡血液中的硒含量增加，超过机体对硒的需要量。硒通过主动运输向组织和器官转移，参与谷胱甘肽过氧化物转化酶等酶类的合成，促进代谢活动，使机体稳定于新的动态平衡；在细胞内谷胱甘肽含量正常时，硒易于通过卵巢屏障，使生殖系统中硒的质量浓度升高，更多的硒元素参与蛋的形成，使蛋中硒含量升高。

## 三、富硒鸡蛋研究进展

国内外有学者很早就开始了富硒饲料对鸡蛋中硒沉积效率和沉积量影响的研究。吴齐鸿等人对生产富硒蛋的不同方法作了初步研究。A 组每周给每只鸡胸部肌肉注射 0.1% 亚硒酸钠液 0.15mL，B 组于每 100mL 饮水中加入 0.1% 亚硒酸钠液 0.5mL。试验 2 周时，每组鸡蛋中硒含量的分布为：A 组蛋黄 0.48mg/kg，蛋清 0.07mg/kg；B 组蛋黄 1.56mg/kg，蛋清 0.34mg/kg；对照组蛋黄 0.33mg/kg，蛋清 0.07mg/kg。2 周后基本维持在同一水平，数值略有波动。康世良等人通过对比实验，筛选出生产富硒鸡蛋的最佳添加量和饲养期，其中以低剂组饲喂 15 天，每枚蛋硒含量达（53.47±6.37）μg/kg 最为理想。

# 参考文献

[1] 康世良，周建平，王伟，等 . 富硒蛋的研制 [J]. 微量元素与健康研究，1994（2）：40-41，53.

[2] 陈峰，姜悦 . 微藻生物技术 [M]. 北京：机械工业出版社，1999：302.

[3] 魏瑞兰 . ω-3 脂肪酸在改善禽蛋营养质量方面的研究进展 [J]. 动物营养学报，1996（2）：14-17.

[4] 郑健仙 . 功能性食品学 [M].2 版 . 北京：中国轻工业出版社，2008：48.

[5] 曹万新，孟橘，田玉霞.DHA 的生理功能及应用研究进展 [J]. 中国油脂，2011，36（3）：1-4.

[6] 李红燕，隋恒凤 . ω-3 多不饱和脂肪酸强化蛋研究现状 [J]. 草食家畜，2012（1）：66-68.

[7] 王文君，徐明生，欧阳克惠，等 . ω-3 多不饱和脂肪酸在改善鸡蛋营养质量方面的研究 [J]. 中国食品学报，2003，3（1）：82-85.

[8] 高占峰，汪鲲，齐广海，等 . 日粮 ω-3 多不饱和脂肪酸对蛋黄脂质稳定性的影响 [J]. 中国饲料，2000（11）：8-11.

[9] 张辉 . 富含多不饱和脂肪酸动物产品开发的研究进展 [J]. 青海畜牧兽医杂志，1997，27（5）：42-44.

[10] 付兴周，路志芳，申海燕，等 . 富集 DHA 鸡蛋的研究进展 [J]. 中国家禽，2016，38（9）：41-44.

[11] 周剑波，齐晓龙，齐广海 . 共轭亚油酸在蛋鸡生产中的研究概况 [J]. 饲料与畜牧，2012（5）：33-35.

[12] 蔡菊，李奎，张雷 . 富硒鸡蛋的最新研究进展 [J]. 饲料研究，2010（12）：29-30.

[13] 吴齐鸿 . 富硒鸡蛋生产方法研究 [J]. 上海畜牧兽医通讯，1992（3）：6-7.

# 第十章　不同贮存条件蛋品质评价

家禽产蛋有较强的季节性，要保持正常均衡地供应，鲜蛋的贮存是极为重要的环节，但是鲜蛋在保存中会发生一系列的理化变化和微生物的侵入及繁殖，使蛋的内容物分解变质。我们已知腐败主要是由微生物引起，如何减少微生物的污染，防止微生物从气孔进入蛋内以及抑制其大量繁殖是保存中首要研究的内容。

鲜蛋的保存方法很多，但其基本目的是一致的：尽可能减少微生物进入蛋内；杀死蛋壳上的微生物或抑制蛋内的微生物生长繁殖；保持蛋的营养成分及其新鲜度；减少蛋的失重和延长能贮存的时间；使用各种化学方法保管时，不能有毒性残留或给蛋带来异味，并要成本低廉，效果良好。

蛋品贮藏保鲜应遵循以下基本原则：尽量保持蛋壳和蛋壳膜的完整性；防止微生物的接触与入侵；抑制微生物的生长繁殖；最大限度地保持蛋的新鲜状态；抑制胚胎发育。

禽蛋保鲜的方法有很多，各有优缺点，目前常用的鲜蛋贮藏方法概括起来有以下几种：冷藏法、气调法（$CO_2$、臭氧及化学保鲜剂法）、浸泡法（包括石灰水贮藏法、水玻璃贮藏法）、涂膜法（包括石蜡、矿物油、树脂、合成树脂等涂膜）、杀菌法、辐射法以及民间简易的干藏法等，下面简要介绍几种在工业中常用的禽蛋保鲜方法。

## 第一节　冷藏法蛋品质评价

### 一、冷藏法原理

世界各国的冷藏业发展很快，鲜蛋的贮藏大多采用冷藏法。冷藏法是利用冷库的低温条件，抑制微生物的生长及繁殖，减缓蛋的生理变化、化学变化及酶的活动，延缓浓蛋白水样化的速度和减少干耗率，使蛋在较长的时间内保持新鲜度。

中国很多地区都有冷库。冷库的冷却装置分为压缩法及吸收法两种，或分为直接气化式、干式、湿式及混合式等。任何方式的冷却装置，均必须使冷库内的温度及湿度保持一定的限度，如冰蛋、猪肉等的冷藏温度应为-15℃以下。而鲜蛋的冷藏则应在0℃左右。因为冷藏温度过低，鲜蛋内容物冻结，其容积增大，蛋壳容易破裂，因此认为冷库温度不应低于-3.5℃。

## 二、冷藏法技术

### （一）入库前的准备

1. 冷库消毒

鲜蛋入库前，首先要对冷库进行清扫、消毒以及通风换气，以达到消灭库内残存的微生物和害虫的目的。可采用漂白粉溶液喷雾消毒、过氧乙酸喷雾消毒、乳酸熏蒸消毒和硫磺熏蒸消毒的方法进行消毒。垫木、码架用火碱水浸泡消毒后使用。放蛋的冷库内严禁放置带有异味的物品，以免影响禽蛋的品质。若有异味的物品，应移走这些物品后，至少要通风换气24h，然后消毒备用。

2. 选蛋

需要冷藏的鲜蛋必须经过严格的感官检验和光照检验，剔除变质蛋、受精蛋、污壳蛋和破损蛋，选择符合质量要求的鲜蛋入库。禽蛋越新鲜，蛋壳越清洁，耐贮性越高。用纸箱或塑料箱分级包装进行预冷。

3. 鲜蛋预冷

选好的鲜蛋在入库前须预冷。因鲜蛋入库前的温度比较高，若直接入库，不但会使冷库内的温度骤然升高，增加制冷系统的负荷，而且凝结在蛋壳上的水珠利于霉菌的生长，会影响正在贮藏的鲜蛋。因此，鲜蛋在放入冷库前，要有一个冷却过程（即预冷）。预冷的方法有以下两种。

（1）在冷库的穿堂、过道进行预冷，每隔1~2h降温1℃，待蛋温降到1~2℃时入冷库。

（2）在冷库附近设预冷库，预冷库温度为0~2℃，相对湿度为75%~85%，预冷20~40h，蛋温降至2~3℃时转入冷藏库。

### （二）入库后的管理

为了提高冷库利用率，蛋在贮藏库中采用堆垛方式贮藏，顺冷空气流向堆码，垛与垛、垛与墙、垛与风道之间应该留有一定的间隙，地面上要有垫板或垫木，以保证空气流通顺畅，同时便于工作人员定期出入检查。在冷风入口处的蛋上应覆盖一层干净的纸，防止禽蛋冻裂。堆垛时，将准备保存较长时间的蛋品放在里面，短期保存的放在外面，便于出库。每批蛋进库后应挂上货牌、入库日期、数量、类别、产地和温度变化情况等。

冷库内的温度、湿度和空气流通是影响冷藏效果的关键因素。冷库内的温度、湿度要保持相对恒定，不要忽高忽低。冷库内贮藏鲜蛋的温度为-1.5~-1℃（一般要求在24h内，温度变化不得超过0.5℃），不应低于-2.5℃，否则会使蛋内水分冻结，从而导致蛋壳的破裂。库内相对湿度以85%~88%为宜，湿度过高，霉菌易于繁殖；湿度过低，则会加速蛋内水分的蒸发，增加自然损耗。

为防止蛋内不良气味影响蛋的品质，冷库内必须定时更换新鲜空气，换气量一般是每昼夜更换2~4个库室的容积，换气量过大会增加蛋的干耗量。在冷藏期间要定期翻箱及检查鲜蛋质量，以便了解禽蛋在贮藏期间的质量变化，更好地确定以后贮藏的时间。一般库温较高时（0℃左右），每月翻箱1次；库温较低时，每2~3个月翻箱1次。每隔20天左右，用照蛋器检查一遍禽蛋，及时剔除不合格蛋和劣质蛋。

### （三）出库时升温

经过冷藏的蛋，由于外界环境温度与库温反差较大，出库时必须提前将蛋升温。冷藏蛋的升温可在专设的升温间进行，也可在冷库的穿堂、过道进行，每隔2~3h室温升高1℃，当蛋温升到比外界温度低3~4℃时，便可出库。如果未经升温而出库，由于蛋温较低，外界温度较高，鲜蛋突然遇热，蛋壳表面就会凝结水珠（俗称"出汗"），破坏蛋壳膜，容易造成微生物的繁殖而导致蛋腐败变质。一般做法是将禽蛋放在比库温高而比外界温度低的房间内，使蛋的温度自然升高。

### （四）鲜蛋冷藏时注意事项

（1）冷库里的鲜蛋存放容器应整齐排列，码垛时应留有间隔，使之空气流通，温湿度均匀。

（2）控制库内温湿度，使其最低温度在-1~-2℃，并且要稳定，防止温度上下变动。

（3）定期检查鲜蛋质量，冷藏期间每隔15~30天抽查一次，出库前抽查的数量约为1%，但在抽查过程中发现质量较差的，可适当增加抽查数量，抽查时进行灯光透视检查。

（4）摆放鲜蛋时应大头向上，以防蛋黄黏结在蛋壳上。

## 三、冷藏法保存效果

各国冷藏实践表明，冷藏法保鲜效果显著。据日本井忠平对鲜蛋的冷藏试验，在2.5℃下，冷藏6个月，其鲜蛋的物理指标及化学成分的变化并不显著，见表10-1。从全蛋看，除失重较多外，气室高度和蛋黄指数变化并不显著，腐败率达4%，蛋白和蛋黄中的挥发性盐基态氮有所增加，表明蛋内容物中的蛋白质成分有所分解。如果降低保藏温度，蛋的失重也将随着降低，如在1℃条件下保存6个月，干耗率为2.5%。冷藏期间的其他物理化学变化也随着温度的降低而速度减慢，见表10-2。

表 10-1  鲜蛋冷藏中蛋的质量及化学组成的变化

| 部位 | 指标 | 保存前 | 保存期间/月 | | |
|---|---|---|---|---|---|
| | | | 1 | 3 | 6 |
| 全蛋 | 失重/% | — | 1.16 | 2.72 | 5.28 |
| | 气室高度/mm | — | 3.86 | 4.85 | 6.35 |
| | 蛋黄指数 | 2.58 | 0.425 | 0.431 | 0.0404 |
| | 打蛋时蛋黄膜破裂/% | 0.445 | 4.0 | 8.0 | 8.5 |
| | 腐败蛋发生率（250个中）/% | 0.0 | 0.0 | 1.6 | 4.0 |
| 蛋黄 | 黏度[①] | 47.6 | 45.2 | 22.5 | 13.0 |
| | 水分/% | 49.93 | 50.95 | 53.07 | 54.42 |
| | 脂肪/% | 32.96 | 31.53 | 30.61 | 29.31 |
| | 蛋白质/% | 16.26 | 16.12 | 15.72 | 15.22 |
| | 挥发性盐基态氮/(mg/100g) | 17 | 2.1 | 2.5 | 5.8 |
| 蛋白 | 黏度[②] | 41.4 | 41.5 | 35.4 | 34.4 |
| | 水分/% | 87.67 | 87.54 | 86.82 | 86.42 |
| | 蛋白质/% | 10.59 | 10.54 | 11.54 | 11.69 |
| | 挥发性盐基态氮/(mg/100g) | 0.0 | 0.0 | 0.2 | 2.6 |

①B 型黏度计。

②奥斯特瓦尔得黏度计。

表 10-2  鲜蛋冷藏 6 个月的物理化学变化

| 蛋的保藏温度 | 蛋白总量/% | | 蛋黄指数 |
|---|---|---|---|
| | 浓厚蛋白 | 稀薄蛋白 | |
| 保藏前 | 64.05 | 35.95 | 0.488 |
| −1℃贮藏 | 39.41 | 60.59 | 0.464 |
| −2.5~−2℃贮藏 | 41.24 | 58.76 | 0.427 |
| −3.5~−3℃贮藏 | 43.38 | 56.62 | 0.435 |

　　鲜蛋冷藏法有如下优点：长期贮藏，蛋的品质下降很小；低温可以抑制微生物侵入繁殖，避免鲜蛋的腐败；适用于大规模经营。

　　但该方法也有缺点，主要是如下两条：冷库设计要求高，能量消耗大，不是所有地区都能具备的；尽管冷库的低温不利于微生物生长，冷藏鲜蛋仍然经常发生霉腐现象，造成很大的损失。

## 第二节　气调保鲜法蛋品质评价

气体贮藏法是一种贮藏期长、贮藏效果好，既可少量也可大批量贮藏的方法。利用气体来抑制微生物的活动，减缓蛋内容物的各种变化，从而保持蛋的新鲜。常用气体有 $CO_2$、$N_2$、$O_3$ 等，$CO_2$、$N_2$ 等可以减缓、抑制蛋液 pH 的变化，抑制蛋内的化学反应和蛋壳表面、贮藏容器中微生物的生长繁殖，从而达到保鲜的目的。

### 一、气调保鲜法原理

#### （一）$CO_2$ 贮蛋法

本法由美国康乃尔大学的 Sharp（1929 年）提出。Sharp 认为鲜蛋不能久藏，蛋黄和蛋白的黏稠性降低是鲜蛋内 $CO_2$ 的消失所致，如果鲜蛋在含有适量 $CO_2$ 的空气中贮藏，可防止鲜蛋内 $CO_2$ 渗出，从而保持蛋的理化品质。另外，$CO_2$ 对微生物还有抑制作用。$CO_2$ 贮蛋法一般需要配合较低温度才能发挥效果。

#### （二）$N_2$ 贮藏鲜蛋方法

充氮贮蛋法是由 A. Михиленко（1975 年）提出的一种贮蛋法，主要用于种蛋的贮藏。鲜蛋的外壳上有大量的好气性微生物，它们的发育繁殖除需要温度、湿度和营养成分外，还必须有充分的氧气供给。$N_2$ 贮藏法就是用 $N_2$ 取代氧气，抑制微生物生长而达到保鲜蛋的目的。

### 二、气调保鲜法范例

$CO_2$ 气调法：把鲜蛋置于一定浓度的 $CO_2$ 气体中，使蛋内自身所含的 $CO_2$ 不易散发并能够得以补充，从而使鲜蛋内酶的活性降低，减缓代谢速度，保持蛋的新鲜。适合贮存蛋的 $CO_2$ 浓度为 20%~30%。该方法的具体操作是：用聚乙烯薄膜做成一定体积的塑料帐，底板也用薄膜，将经过挑选并消毒后的鲜蛋放在底板上冷却 2 天，使禽蛋温度和库温基本一致，再将吸潮剂、硅胶屑、漂白粉分装到布袋或化纤布袋内，均匀地放在垛顶箱上，用来防潮和消毒，然后套上塑料帐，用烫塑器将帐子与底板结合紧密（不漏气），再真空抽气，使帐子与蛋箱紧紧贴在一起，最后充入 $CO_2$ 至要求浓度。$CO_2$ 气调法具有贮藏的蛋品鲜度好、蛋白清晰、气室小、无异味等优点，但因其投资大、成本高、操作技术复杂等缺点，使得其应用及推广存在一定的困难。

化学保鲜剂气调法：利用化学保鲜剂的化学脱氧作用而获得气调效果，达到贮存保鲜的目的。化学保鲜剂一般是由无机盐、金属粉末、有机物质组成，主要作用是在24h内将贮存蛋的食品袋中的氧气含量降到1%，同时也具有杀菌、防霉、调整$CO_2$含量和湿度等作用。

常用的保鲜剂有三种，第一种是以保鲜粉作为主要成分；第二种是以还原铁粉为主要成分；第三种是以铸铁粉为主要成分。

臭氧贮蛋：根据臭氧的物理化学性质，把臭氧用于禽蛋保鲜是有效的。目前，国内外主要是在贮藏禽蛋的冷库中安装臭氧发生器，采用连续应用和间断应用方法对蛋库进行消毒灭菌。由于我国大多数的冷库还需人工操作，进行温度和湿度的控制，所以我国大部分仍采用间断供臭氧方式。此外，臭氧灭菌能力强而且无毒无害，用臭氧对鸡蛋进行消毒可以避免二次污染又能起到杀菌的效果。防霉除霉的同时，还可以使库内相对湿度增大到90%左右，减少库内吸潮剂的使用，降低了贮存蛋的干耗，消毒效果和效益增加明显。因此，在禽蛋贮藏方面有着更为广阔的开发前景。

此外，采用气调法需有密闭的库房或容器，使气体浓度可以保持恒定。一般分为两步：第一步，将蛋装入箱内，通入$CO_2$置换箱内空气；第二步，将禽蛋放入库房中，库房中含有3%的$CO_2$，但在实际应用中，$CO_2$的浓度一般超过3%，有的甚至可达到50%~60%。同时，用气调法贮藏鲜蛋时霉菌一般不会侵入蛋内，浓蛋白水化概率较小，蛋黄膜弹性较好则不易破裂，即使贮藏10个月，品质也无明显下降。因此，气调法是禽蛋贮藏保鲜技术中具有发展前景的方法之一，其缺点是要求条件较高（密封），需要专门的设备，成本也相对较高，这些缺点可能限制了其应用。如果气调法和冷藏法配合使用，将取得更好的效果。

### 三、气调保鲜法保存效果

假如始终将蛋贮藏在高于大气压且富含$CO_2$的气体环境中，可实现较长期地保鲜。如法国曾试验将30万只鸡蛋存放在充有88%的$CO_2$和12%的$N_2$、压力为0.2MPa的密闭容器内，经历6个月鸡蛋仍然保持新鲜。

上海食品公司曾连续几年用$CO_2$大批量贮藏鲜蛋，把气体贮藏同蛋壳杀菌、低温条件结合起来进行，取得了良好效果。结果显示贮藏半年后，一类和二类鸡蛋平均降低变质率3%，自然干耗降低2%，蛋白高度、蛋黄指数均明显高于对照组。

气体贮藏法效果较为显著，且无副作用，但维持气体浓度较为困难，故一直没有推广。

## 第三节　浸泡法蛋品质评价

浸泡法是指将蛋浸泡在适宜的溶液中，使蛋与空气隔绝，阻止蛋内的水分向外蒸发，避免细菌污染，抑制蛋内 $CO_2$ 逸出，达到保鲜保质的一种方法。浸泡法常用的溶液有以下几种，分别是石灰水、水玻璃、萘酚盐、苯甲酸合剂等，最常用的是石灰水和水玻璃。有时还采用混合浸液，通常选用泡花碱及石灰、石膏、白矾三者的混合液，这是比较经济可行的保鲜方法之一。

## 一、石灰水贮存法

此法费用低廉，方法简单，材料来源方便。石灰水配制方法：将生石灰 1500g 与水 9kg 混合，充分搅拌，使石灰充分溶解于水中，静置后取上面的澄清液，另放一容器中作鲜蛋贮存用。

### （一）石灰水贮藏法的保藏原理

石灰水贮藏法是将生石灰溶于水中，用冷却石灰水溶液贮藏鲜蛋。石灰水溶液一般使用澄清的饱和溶液，亦可用经除去沉淀残渣的石灰溶液。石灰水贮藏法的原理是利用蛋内呼出的二氧化碳同石灰水中的氢氧化钙作用生成不溶性的碳酸钙微粒，沉积在蛋壳表面，闭塞气孔，阻止微生物侵入和蛋内水分蒸发。同时，由于封闭了气孔，可减少蛋内呼吸作用，减缓蛋的物理化学性质变化速度。

另外，石灰水表面的 $CaCOH_2$ 与空气中的 $CO_2$ 接触形成碳酸钙薄层，有阻止微生物侵入蛋内和防止石灰水被污染的作用，同时石灰水本身还具有杀菌作用，从而保证蛋的质量。

石灰水作用的原理可用下列化学反应式表示：

$$CaO+H_2O \longrightarrow Ca(OH)_2+热$$
$$Ca(OH)_2+CO_2 \longrightarrow CaCO_3 \downarrow +H_2O$$

### （二）石灰水溶液配制

选优质洁净的生石灰块 1.5~3kg 放于缸中，加水 100kg，自然溶解后搅拌，静置后捞去残渣，此溶液为石灰水饱和溶液。

### （三）贮藏中技术管理

经照检后无裂纹、非破壳的正常优质蛋才能作为贮藏蛋，否则个别劣质蛋将会影响全缸的禽蛋。贮蛋车间气温夏季不能高于 23℃，石灰水温不能高于 20℃，冬季室温不应低于 3~5℃，水温不能低于 1~2℃，石灰水液面必须高出蛋面 15~20cm，以便将蛋全部淹没，并在石灰水表面形成碳酸钙薄膜。

贮藏期间要定期检查，如发现石灰水溶液浑浊、发绿、有臭味应及时处理。发现有漂浮的蛋、破壳蛋、臭蛋等应及时捞出，液面上的碳酸钙薄膜应保持完整。

**（四）石灰水贮存法的注意事项**

石灰水贮存中必须注意严格选蛋，不允许有破损蛋、变质蛋混入，否则随着蛋白腐败变质，会使整个石灰水溶液发浑、变臭而危害其余的正常蛋。另外要控制石灰水的温度，水温在15℃以下时，鸡蛋可保存5~6个月。

**（五）贮藏效果**

该贮蛋方法源于前苏联和丹麦，目前俄罗斯仍在大规模采用，贮藏效果明显。黑龙江省其食品公司于1954年推广这一方法贮藏鲜蛋，从5月开始贮藏到11月为止共贮藏7个月，蛋的破损率与劣质蛋仅占1.6%，其他理化指标变化也很小。

因此，用石灰水溶液贮藏鲜蛋，材料来源丰富，成本低，既可大批贮藏，也适于小批量贮藏，保存效果良好，但石灰水贮藏鲜蛋蛋壳色泽差，有时会有较强的碱味。由于闭塞气孔，煮蛋时，可在大头处扎一小孔，以防"放炮"。

## 二、水玻璃贮存法

水玻璃又名泡花碱，其化学名称为硅酸钠，是一种无挥发性的硅酸盐溶液，我国目前使用3.5~4°Bé的水玻璃溶液贮存鲜蛋。

**（一）水玻璃贮藏蛋的原理**

水玻璃为$Na_2SiO_3$与$K_2SiO_3$的混合溶液，通常为白色、黏稠、透明、易溶于水、呈碱性。

此黏稠透明似玻璃般的物质，附于蛋壳表面，封闭气孔，从而减弱蛋内的呼吸作用，减缓蛋内物理化学性质变化，又可防止微生物侵入蛋内，达到保鲜目的。溶液呈碱性，又有杀菌作用。

**（二）水玻璃溶液配制**

市售水玻璃溶液的含量为40°Bé、45°Bé、50°Bé、56°Bé，禽蛋保鲜一般用3~4°Bé，所以使用前必须稀释，简易稀释计算法是原浓度除以需要浓度再减去1，即得应加水的倍数。所用水应是清洁的软水，否则影响溶液保鲜效果。例如有100kg、40°Bé的水玻璃溶液，配成4°Bé水玻璃溶液，需加软化的水（40/4-1）×100kg=900（kg）。

**（三）贮藏中的管理技术**

经照检后的优质蛋装入缸（池）内，装缸（池）程度为蛋表面距缸（池）面5~10cm处。然后倒入配好的水玻璃溶液，进行蛋的保藏。

蛋在贮藏过程中，贮藏室温度不应高于20℃，水玻璃溶液温度不高于18℃。如发现有上浮蛋、裂壳蛋、臭蛋应及时挑出，以免影响其他蛋的质量。

水玻璃溶波贮藏法效果较好、原料易得、成本低、方法简便。但是，经水玻璃溶液浸泡后的蛋有咸味，适口性差。贮藏结束，禽蛋出缸时必须洗净壳面黏液。因此，该方法存在花费劳动力大、破壳率增加等缺点。

### 三、萘酚盐贮存法

萘酚盐是萘酚、氢氧化钠、氢氧化钙的混合物，有强杀菌作用，对人体无害。

萘酚盐液配制法：取工业用萘酚 5kg、工业用火碱 9kg 于容器内，加水 30kg 使二者溶解形成萘酚碱溶液。另取优质生石灰 200kg，加水 600~800kg，待自然溶解后搅拌，静置。取石灰水上清液注入萘酚碱液中，充分搅匀即可作保鲜液用，蛋在此溶液中置于室温下可保存 8~10 个月不变质。

## 第四节　涂膜法蛋品质评价

涂膜法是将一种或几种无色、无味、无毒的涂膜剂（液体石蜡、动植物油脂、聚乙烯醇、蔗糖脂肪酸酯等）配成溶液，均匀地涂抹覆盖（浸渍或喷雾均可）在蛋壳表面，晾干后形成一层均匀致密的"人工保护膜"。该层膜可以闭塞气孔，防止微生物侵入，减少蛋内水分蒸发，使保鲜膜内 $CO_2$ 的浓度提高，从而抑制了蛋内酶的活性，减慢了鲜蛋内生化反应速度，由此达到保持蛋的新鲜、品质及营养价值等目的。

涂膜法分为浸渍法、喷雾法和手搓法 3 种，在采用任意一种方法前均须对鲜蛋进行消毒、除去鲜蛋表面存在的微生物。禽蛋越新鲜，涂膜效果将越好。

### 一、涂膜法原理

所谓涂膜贮蛋法，就是将无毒害作用的物质涂布于蛋壳上使气孔处于密封的状态，既可以阻止微生物的侵入，又可以减少蛋内水分蒸发。目前所采用的涂膜剂具有半渗透性作用，细菌、霉菌等不能通过，但是对水分和气体仍有一定的渗透性。

鸡蛋是单细胞生命体，虽然它的结构不复杂，但是在贮藏期的变化是复杂的，有物理、化学、微生物及生理变化。从蛋的结构看，蛋壳部分虽然能起到屏障作用，但是由于蛋壳上有气孔，且蛋壳外膜极不稳定，很容易水解消失，微生物可能从气孔侵入蛋内，同时蛋内的水分及 $CO_2$ 蒸发加快，蛋内容物变化，导致失重甚至腐败。蛋的涂膜保鲜方法就是制造一种人工外膜，阻止或减缓这些变化从而达到保鲜目的。

## 二、涂膜法技术

涂膜技术优劣主要取决于涂膜剂。优良的涂膜剂应具有以下特点：安全卫生、无毒无害、成膜性好、附着力强、吸湿性小、价格便宜、涂膜方法简便易行、无异味、不影响蛋的外观色泽、适用于工业生产等。一般涂膜剂有水溶性涂料、乳化剂涂料、油脂性涂料等几种，现多采用油脂性涂膜剂，如液体石蜡、植物油、矿物油、凡士林等。

### （一）涂膜剂的选择

涂膜剂在蛋壳上形成的薄膜应质地致密、附着力强、不易脱落、吸湿性小，适当地增加蛋壳的机械强度。涂膜材料应价格低廉、资源充足、用量小、以尽量降低涂膜成本。从安全卫生角度要求涂膜材料不致癌、不致畸、不突变、对辅助杀菌剂尽量无抵抗作用。由于各国安全卫生法规的标准不同，对涂膜材料使用范围的要求也不同。例如液体石蜡涂膜后，贮藏 60 天，渗入可食部分的数量为涂量的 1.5% ~ 3.4%，鸡蛋可能产生异味。因此日本禁止使用液体石蜡涂抹鸡蛋，但是美国则允许使用。又如用动植物油涂膜，油脂中的不饱和脂质会产生低分子的过氧化物，也向鸡蛋内部渗透。过氧化物对人体有不良影响，日本规定食品中的过氧化价（PV）不得超过 30mg/kg，而德国则定为 10mg/kg。因此，国外涂膜剂用的油脂都使用精炼加工的或氢化的油脂，并应适当添加抗氧化剂（如 BHA、BHT、NDGA 和 VE等）。另外，从消费者的习惯考虑，一般的油脂（包括动植物油、液体石蜡等）涂膜后，蛋壳表面有油污感，消费者不易接受。

由于涂膜材料的不同，其保鲜性能各有不同，按照材料的性质分为如下 3 类。

1. 化工产品

以石油化工或其他有机化工产品为涂膜材料，如石蜡、凡士林、复合化工材料等。

液体石蜡涂膜保鲜：液体石蜡又称石蜡油，是一种无色、无味、无毒害作用的油状液体物质，该物质与水和酒精不相溶，性质稳定，所成膜致密性较强，防水性能好，且不需要特别处理就可作为保鲜剂直接使用。

液体石蜡涂膜保鲜的贮存温度应保持低于 20℃，这样可保鲜 8 个月。虽然此法保存时间较长，但是存在的问题是涂抹的石蜡厚度与均匀性不好控制，特别是石蜡热融涂抹在蛋表面，在室温下固化后，其力学性能大大下降，膜很容易产生裂纹或孔洞，给微生物入侵提供通道，同时保鲜膜的阻水能力也大打折扣，使得石蜡在涂膜保鲜的性能方面不稳定。

凡士林涂膜保鲜：凡士林又叫石油脂、黄石脂，是石油蒸馏后得到的一种烃的半固体混合物，无臭、无味、无毒，同时不酸败、不溶于水。其熔点为 38~60℃，融化后变透明薄层，与蛋壳贴在一起，不易吸收，并带有润滑感。经凡士林涂膜后的蛋品大头向上放置，贮存温度低于 20℃，这样可保鲜 5 个月。

聚乙烯醇涂膜保鲜：聚乙烯醇是一种用途较广的水溶性高分子聚合物，具有半渗透作用，细菌和霉菌不能通过，但水分和气体可有少量渗透，其水溶液具有很好的成膜性、气体阻绝性、乳化稳定性、透明度高、黏着力强等优点。

环氧乙烷高级脂肪醇涂膜保鲜：环氧乙烷高级脂肪醇（OHAA）又称脂肪醇聚乙烯醚，是以脂肪醇（亲油基）和环氧乙烷（亲水基）为原料，经逐步加合反应获得的。OHAA 无味、无臭，具有良好的扩散、润湿、匀染、发泡等作用，适合作为农产品贮藏保鲜的涂膜剂，涂膜后，能够在明显阻止水分的蒸发、减少贮藏期间重量的损失的同时让 $CO_2$、$O_2$ 通过，不影响蛋的呼吸，从而起到保鲜作用。此外，OHAA 还可以与天然抗菌性物质进行复合，进一步提高鸡蛋涂膜的抗菌性能。

2. 油脂类

在蛋壳表面涂抹油脂可形成一层油膜，进而来保鲜蛋，如动物油中的猪脂、羊脂等；植物油中的橄榄油、菜籽油、棕榈油等都可作涂膜材料。

油脂作为涂膜材料时常在油脂中加入一定剂量的药物，如将猪油熬炼成熟油，加灰黄霉素 1.2g/kg。油脂类涂膜后，贮存温度低于 20℃，可保鲜 5 个月。

3. 其他可食性物质及其复合材料

近年来，食品安全问题越来越受到重视，所以一直在寻求用可食性物质或其复合材料来涂膜。

蜂胶涂膜保鲜：蜂胶是蜜蜂通过采集植物树脂，并混入自身分泌物而成的，本身含有多种化学成分，具有很强的抗菌作用、抗氧化活性；将蜂胶与酒精或乙醚混成溶液后，成膜性能良好。有研究表明，蜂胶溶液具有广谱的抗菌效果，较低浓度时对蛋壳上常见菌就有很好的杀菌作用。

壳聚糖涂膜保鲜：壳聚糖是 D-氨基葡萄糖经 $\beta$-1，4 糖苷键连接而成的一种天然的线性阳离子生物聚合物，是仅次于纤维素的天然多糖，具有无毒、无害、可食用、安全可靠、易于生物降解等特点。其不足之处在于涂膜效率较低，因此对于如何改善壳聚糖的涂膜效果成为目前亟待解决的问题。

（二）涂膜法工艺流程

选蛋→清洗→涂膜→晾干→装盘→贮藏。

采用涂膜法贮藏鸡蛋，鸡蛋必须质量优良，蛋壳无破损，最好是新产的蛋。涂膜前应清洗消毒，晾干。涂膜方法可采用浸泡法或喷涂法。目前国外已有涂刷法相应的设备，以适应连续化生产，涂膜后晾干，然后装入蛋盘中，放入仓库内贮藏，在室温下就可达到保鲜目的。

### 三、涂膜法保存效果

由于涂膜材料不同，各有其不同的保鲜性能，按照材料的性质大致分类如下。

#### （一）化工产品

据报道美国的鸡蛋主要采用液体石蜡涂膜保鲜，使用液体石蜡涂膜后，置于冰箱中（5℃）贮藏7个月，其哈氏单位可保持在58.4，属于A级标准，而对照（未做涂膜处理的）在4个月内即降到55，7个月时降到10左右。液体石蜡处理后置于室温下贮藏，随室内气温升高，其哈氏单位下降得也较快。7个月降到39，而对照（未做涂膜处理的）1个月后降到C级标准以下。用液体石蜡处理的鸡蛋贮藏效果见表10-3和表10-4。

表10-3　液体石蜡处理的鸡蛋在贮藏中蛋黄的崩溃频度　　　　　单位：%

| 保存场所 | 处理 | 保存月数 | | | | | | | |
|---|---|---|---|---|---|---|---|---|---|
| | | 0 | 1 | 2 | 3 | 4 | 5 | 6 | 7 |
| 室内 | 对照液体 | 0 | 6.7 | 30.0 | 90.0 | 100.0 | 100.0 | 100.0 | 100.0 |
| | 液体石蜡涂膜 | 0 | 0 | 3.3 | 6.7 | 10.0 | 0 | 26.7 | 16.7 |
| 冰箱内 | 对照液体 | 0 | 0 | 0 | 6.7 | 20.0 | 56.7 | 63.3 | 90.0 |
| | 液体石蜡涂膜 | 0 | 0 | 0 | 3.3 | 0 | 3.3 | 3.3 | 30.0 |

表10-4　液体石蜡处理的鸡蛋在贮藏中腐败蛋的频度　　　　　单位：%

| 保存场所 | 处理 | 保存月数 | | | | | | | |
|---|---|---|---|---|---|---|---|---|---|
| | | 0 | 1 | 2 | 3 | 4 | 5 | 6 | 7 |
| 室内 | 对照液体 | 0 | 0 | 0 | 0 | 0 | 100.0 | 100.0 | 100.0 |
| | 液体石蜡涂膜 | 0 | 0 | 0 | 0 | 0 | 0 | 0 | 0 |
| 冰箱内 | 对照液体 | 0 | 0 | 0 | 0 | 0 | 0 | 40.0 | 76.0 |
| | 液体石蜡涂膜 | 0 | 0 | 0 | 0 | 0 | 0 | 0 | 0 |

偏氯乙烯在国外广泛用作纸张印刷、玻璃纸、塑料薄膜的涂层剂。近年来发现它在鸡蛋涂膜保鲜上有较好的效果。用偏氯乙烯树脂的乳化液涂膜，在室内贮藏90天，其干耗率仅为0.23%~1.01%（对照则高达16.7%），冷藏300天，涂膜的干耗率仅为0.2%~1.05%（对照则达15.39%）。

#### （二）油脂类

国外使用的是精炼加工的油脂产品，可以单用一种，也可以数种配合作用，各有一定的保鲜效果，见表 10-5。

表 10-5　米糠油与棉籽油混合物涂膜（9∶1）鸡蛋的哈夫单位变化（HU）

| 项目 | 添加时间/天 | | | |
|---|---|---|---|---|
| | 0 | 10 | 20 | 30 |
| 无处理区 | 93 | 55 | 22 | 0 |
| 处理区 | 93 | 83 | 78 | 71 |

### （三）其他可食性物质及其复合材料

为了保证食品安全，近年来一直寻求用可食性的物质或其复合材料来涂膜保鲜。

1. 出芽短梗孢糖及其诱导体

出芽短梗孢糖是以蔗糖、葡萄糖或淀粉的水分解物为原料，通过微生物发酵而产生的高分子黏稠状物质。其诱导体一般使用的是它的醋酸盐，用它作为涂膜材料，鸡蛋的干耗率、蛋黄高度、蛋白的 pH 值等指标都较好。在 25℃ 的气温中贮藏 160 天，其哈氏单位仍能保持在 46.1 左右，见表 10-6。尤其是此种材料涂膜后，能增强蛋壳的机械强度，即使再受局部挤压产生轻度的龟裂，也可以靠涂膜薄层的保护来防止微生物的传染。

表 10-6　醋酸出芽短梗孢糖涂膜后鸡蛋品质的变化

| 保存温度/℃ | 有无处理 | 保存时间/天 | | | | | | |
|---|---|---|---|---|---|---|---|---|
| | | 0 | 5 | 10 | 20 | 40 | 80 | 160 |
| 5 | 无 | 76.5 | 76.8 | 65.0 | 64.4 | 65.5 | 43.0 | 14.1 |
| | 有 | | 76.9 | 76.7 | 76.3 | 75.9 | 75.0 | 75.2 |
| 15 | 无 | 70.2 | 57.1 | 40.0 | 17.4 | 10.2 | 1.1 | 1.3 |
| | 有 | | 69.7 | 71.8 | 69.1 | 50.0 | 49.2 | 41.1 |
| 25 | 无 | 68.3 | 40.5 | 24.2 | 19.1 | 1.8 | 2.5 | 0.1 |
| | 有 | | 59.5 | 58.8 | 54.5 | 53.6 | 46.5 | 46.1 |

2. 复合涂膜材料

近年来国外不断出现保鲜剂的开发研究报道。这些保鲜剂一般都采用可食性的复合材料被广泛用于鸡蛋、水果、蔬菜的贮藏保鲜上。其主要成分可以概括为三类物质，即疏水性物质、表面活性剂和水溶性高分子物质。其中，疏水性物质有液体石蜡、高级脂肪酸、高级醇、动物油、植物油或其氧化物；表面活性剂有蔗糖脂肪酸酯、磷脂、酪朊钠、软骨素、硫酸钠、吐温、硬脂酸单甘油酯等；水溶性高分子物质有阿拉伯胶、出芽短梗孢糖、糊精、藻酸钠等多糖类，白明胶、清蛋白、果胶、谷蛋白及其他植物蛋白等。

从上述三类物质中，可以选一种，也可选数种混合调制。国外厂商已经制成商品以"涂膜液""乳浊液""保鲜剂"等名称出售。

日本最近公布的涂膜剂配方：亚乙烯氯树脂85%、氯乙烯单聚物10%、辅助乳化物5%。该涂膜剂在蛋壳上生成的保护膜很致密，几乎能完全防止 $CO_2$ 和水分的散失，阻止细菌接触蛋壳。因此在 $20\sim25℃$ 常温下，贮藏90天，好蛋率为90%，失重仅0.28%。

# 第五节　其他贮蛋法蛋品质评价

在鲜蛋的贮藏方面，我国民间积累了不少很好的经验、方法，如用谷糠、小米、豆类、草木灰、松木屑等与蛋分层共贮等方法。该方法的优点是简便易行，适于家庭少量鲜蛋的短期贮藏；共同的要求是容器和填充物要干燥、清洁具体操作是在容器中放一层填充物，排一层鲜蛋，直到装满容器，最后加盖，置于干燥、通风、阴凉的地方存放。贮藏的蛋要新鲜、清洁、无破损、不受潮，每隔半个月或1个月翻动检查1次。该方法一般可保存5~6个月。

## 一、麦类、小米保鲜法

大麦、小麦、小米中任选一种，入贮前充分干燥备用。先将麦类或小米在容器底部铺10cm厚，然后放上一层蛋，再放一层麦或小米，如此层层放满，最上面的麦或小米铺厚一点，存放于通风阴凉干燥处，每个月检查一次，2个月翻晒一次（夏季每个月晒一次）。该法可以保证禽蛋6~8个月内不变质（小米、麦类贮后仍可食用）。

## 二、草木灰保鲜法

干燥、新鲜、没有受过潮、未淋雨变质的草木灰的贮蛋效果很好。该方法的具体操作：在备好的容器（缸、坛均可）底层铺上一层约13cm厚的草木灰，然后一层蛋一层灰的铺放，最上面一层灰要盖厚一点，放在通风干燥处，每月检查1次，可以保存禽蛋1年不变质。

## 三、豆类保鲜法

用大豆、赤豆、绿豆、豇豆等，先在贮蛋的容器（缸、坛、罐）底层放10cm

厚的豆,然后放一层蛋,再放一层豆,如此逐层铺放,最上面一层豆盖厚一点,最后盖上通气的盖,放在干燥阴凉处,每15天或1个月检查一次。该法可保存禽蛋8~10个月不变质。

## 四、明矾保鲜法

明矾(又叫白矾)0.5kg,加温开水(60~70℃)7.5kg溶化。待溶液完全冷却后倒入贮蛋的缸或坛内,再将蛋逐个放入溶液中,浸没蛋面,放在通气干燥处。夏季可保存2~3个月,冬季可保存4~5个月。明矾与水的比例一般为1∶15,冬季为1∶13。

## 五、米糠保鲜法

将充分干燥的米糠在缸、坛、铁桶、木箱等容器底部平铺一层,厚约10cm,再将蛋一层层放入容器内,装满后在上面再盖一层糠,放在通风干燥处,每15天或1个月检查一次。温度应保持在10~15℃,不得低于0℃。检查中如有变质的蛋,要挑出来处理。该法可保存禽蛋2~3个月不变质。

## 六、巴氏杀菌贮藏法

巴氏杀菌贮藏法是一种经济、简便、适用于偏僻山区和多雨潮湿地区的少量、短期贮藏法。其处理方法是,先将鲜蛋放入特制的铁丝或竹筐内,每筐以放置100~200枚鸡蛋为宜,然后将蛋筐沉浸在95~100℃的热水中5~7s后取出。待蛋壳表面的水分沥干,蛋温降低后,即可放入阴凉、干燥的库房中存放1.5~2个月。

鲜蛋经巴氏杀菌后,蛋壳表面的大部分细菌都被杀死,同时,靠近蛋壳的一层蛋白质的凝固,能防止蛋内水分、二氧化碳的逸失及外界微生物的侵入,达到贮藏的目的。

## 七、射线辐射法

利用射线贮藏食品是20世纪60年代开始兴起的食品贮藏方法,目前世界各国已有广泛使用。其原理是$^{60}$Co或$^{137}$Cs等同位素释放的γ射线照射食品能产生一些离子,如OH$^-$等,可以抑制食品内酶活性,并杀灭微生物。用$^{60}$Co释放的γ射线处理鲜蛋,并按150万伦琴剂量照射,壳内、外的微生物都可杀灭,在室温下保存1年也不变质。但是由于用γ射线照射的食品存在卫生安全性的争议,故该方法在蛋的贮藏方面没有得到推广。

# 参考文献

［1］周永昌．蛋与蛋制品工艺学［M］．北京：中国农业出版社，1995.

［2］马美湖．禽蛋制品生产技术［M］．北京：中国轻工业出版社，2003.

［3］迟玉杰．蛋制品加工技术［M］．北京：中国轻工出版社，2009.

［4］高真．蛋制品工艺学［M］．北京：中国商业出版社，1992.

［5］高真．蛋及蛋制品生产技术［M］．哈尔滨：黑龙江科学技术出版社，1984.

［6］李晓东．蛋品科学与技术［M］．北京：化学工业出版社，2005.

［7］艾文森．蛋鸡生产［M］．北京：中国农业出版社，1995.

［8］何国庆．食品微生物学［M］．北京：中国农业大学出版社，2010.

［9］蒋爱民，南庆贤．畜产食品工艺学［M］．北京：中国农业出版社，2008.

［10］孔保华，于海龙．畜产品加工［M］．北京：中国农业科学技术出版社，2008.

［11］牛天贵，贺稚非．食品免疫学［M］．北京：中国农业大学出版社，2010.

［12］中村良．卵の科学［M］．日本东京：朝仓书店，1998.（日文）.

［13］胡国华．食品添加剂在畜禽及水产品中的应用［M］．北京：化学工业出版社．2005.

［14］赵文．食品安全性评价［M］．北京：化学工业出版社，2006.

［15］周光宏．畜产品加工学［M］．北京：中国农业出版社，2008.

［16］张伯福．中华传统风味蛋制品［M］．北京：中国商业出版社，1988.

［17］张志建．新型蛋制品加工工艺与配方［M］．北京：科学技术文献出版社，2000.

［18］李晓东．蛋品科学与技术［M］．北京：化学工业出版社，2005.

［19］马美湖，葛长荣，罗欣．动物性食品加工学［M］．北京：中国轻工业出版社，2003.

［20］孔保华，马俪珍．肉品科学与技术［M］．北京：中国轻工业出版社，2003.

［21］孔保华，于海龙．畜产品加工［M］．北京：中国农业科学技术出版社，2008.

［22］胡家鑫．蛋的加工和保鲜［M］．杭州：浙江科学技术出版社，1988.

［23］靳烨．畜禽食品工艺学［M］．北京：中国轻工业出版社，2004.

［24］杨寿清．食品杀菌和保鲜技术［M］．北京：化学工业出版社，2005.

［25］张柏林，裴家伟，于宏伟，等．畜产品加工学［M］．北京：化学工业出版社，2007.

［26］朱曜．禽蛋研究［M］．北京：科学出版社，1985.

［27］Rainer Huopalahti, Rosina López-Fandino, M Anton, et al. Bioactive Egg Compounds［M］. Berlin：The Springer Press，2007.

［28］William J Stadelman, Owen J. Cotterill. Egg Science and Technology［M］.New York：The Haworth Press，1994.

［29］Rainer H, Rosina López-Fandiño, Marc A, et al. Bioactive Egg Compounds. Berlin Heidelberg：Springer-Verlag，2010.

［30］胡燕．儿童食物过敏的流行病学及发病机制开发［D］．重庆：重庆医科大学，2002.

[31] 乔立文. 机械剪切与热处理对于鸡蛋全蛋液功能性质的影响 [D]. 无锡：江南大学，2011.

[32] 郑长山，魏忠华，李英，等. 有机食品-鸡蛋生产配套技术研究 [J]. 中国家禽，2010，32：54-55.

[33] 简姗，佟平，高金燕，等. 加工对鸡蛋过敏原的影响 [J]. 食品科学，2010，31：433-436.

[34] 贡玉清，邵德佳，耿士伟. 蛋品中氯羟吡啶残留量测定方法的研究 [J]. 中国家禽，2002，25：9-11.

[35] 杨建功，王秀君，娄淑红，等. 兽药的应用与畜禽产品安全 [J]. 中国动物检疫，2005，22：18-19.

[36] 王锋，哈益明，周洪杰，等. 辐照对食品营养成分的影响 [J]. 食品与机械，2005，21：45-48.

[37] 刘瑜，殷涌光，等. 卵黄高磷蛋白的功能性质及其制备方法研究 [J]. 食品科学，2006，27：863-866.

[38] 蓝蔚青，任奕林. 我国禽蛋业的现状及发展对策 [J]. 中国家禽，2005，27：5-6.

[39] 李宁，李俊，李军国. 鸡蛋涂膜保鲜技术研究 [J]. 食品工业科技，2010，10，435-440.

[40] Courthaudon J L，Colas B，Lorient D. Covalent bonding of glucosyl residues to bovine casein：effect on solubility and viscosity [J]. J. Agric. Food Chem.，1989，37：32-36.

[41] Handa A，Kuroda N. Functional improvements in dried egg white through the Maillardreaction [J]. J. Agric. Food Chem.，1999，47：1845-1850.

[42] Li C P，Salvador A S，Ibrahim H R，et al. Phosphorylation of egg white proteins by dry-heating in the presence of phosphate [J]. J. Agric. Food Chem，2003，51：6808-6815.

[43] Li C P，Hayashi Y，Shinohara H，et al. Phosphorylation of ovalbu min by dry-heating in the presence of pyrophosphate：effect on protein structure and some properties [J]. J. Agric. Food Chem，2005，53：4962-4967.

[44] Hatta H，Tsuda K. Psaaive immunization against dental plaque formation in humans：effect of a mouth rinse containing egg yolk antibodies（IgY）specific to Streptococcus mutans [J]. Caries. Res.，1997，31：268-274.

[45] Li C P，Ibrahim H R，Sugimoto Y，et al. Improvement of functional properties of egg white protein through phosphorylation by dry-heating in the presence of pyrophosphate [J]. J. Agric. Food Chem.，2004，52：5752-5758.

[46] Hoshizaki Electric Co Ltd. Apparatus for egg washing and metal for washing the apparatus. [P]. JP. JP2003023907，2003.01.28.

[47] Kuhl，Jeffrey B. Method for cleaning eggs by conveying thereof upon multiple conveyors through washer which are vertically tiered [P]. USA：US6821353Nov. 232004.

[48] Nambu Electric Co Ltd. Egg washing apparatus [P]. US. US603231IA, 2000. 03. 07.

[49] USDA-FSIS Salmonella enteritidis risk assessment: Shell eggs and egg Products. 1998 [DB/OL].

[50] 河北省质量技术监督局. DB13/T 1214—2010 有机食品鸡蛋生产技术规程 [S].

[51] 国家市场监督管理总局, 国家标准化管理委员会. GB/T 19630—2019 有机产品 生产、加工、标识与管理体系 [S]. 北京: 中国标准出版社, 2019.

[52] 中华人民共和国农业农村部. NY/T 754—2021 绿色食品 蛋与蛋制品 [S]. 北京: 中国农业出版社, 2021.

[53] 张兰威. 蛋与蛋制品工艺学 [M]. 哈尔滨: 黑龙江科学技术出版社, 1996.

[54] 郑友军, 郑向军. 蛋黄酱和沙拉酱的加工 [J]. 中国调味品, 1997, 4: 2-3.

[55] 中国预防医学科学院. 食物成分表 [M]. 北京: 人民卫生出版社, 1991.

[56] 迟玉杰, 林淑英. 卵黄卵磷脂提取与应用的研究进展 [J]. 食品与发酵工业, 2002, 28 (5): 50-53.

[57] 沈志强. 保健蛋——21世纪人类健康的选择 [J]. 农牧产品开发, 2000, 5: 9-11.

[58] 陈忠法, 韩泽建. 日粮中添加富硒酵母生产富硒鸡蛋的研究 [J]. 饲料研究, 2003, 7: 1-3.

[59] 康世良, 周建平. 富硒蛋的研制 [J]. 微量元素与健康研究, 1994, 11 (2): 40-42.

[60] 邓家福, 石玉城. 利用富锌酵母添加剂生产高锌蛋的研究 [J]. 贵州畜牧兽医, 1995, 19 (2): 8-9.

[61] 张佳程, 骆承庠. β-环糊精脱除蛋黄液中胆固醇的三种工艺流程比较 [J]. 食品科技, 1999, 4: 27-28.

[62] 王勤, 陈翠华, 许时婴, 等. β-环状糊精脱除蛋黄中胆固醇的扩大试验 [J]. 无锡轻工大学学报, 2000, 19 (2): 150-153.

[63] 肖志剑, 崔建云, 鲁红军. 胆固醇-β-环糊精包合物释放胆固醇工艺流程的确定 [J]. 广州食品工业科技, 2004, 20 (1): 59-61.

[64] 吕陈峰, 王龙刚, 杨胜利, 等. 胆固醇氧化酶转化蛋黄胆固醇工艺的优化 [J]. 无锡轻工大学学报, 2001, 20 (6): 555-559.

[65] 李亚琴, 吴守一, 马海乐. 蛋黄中胆固醇的去除方法 [J]. 江苏理工大学学报, 1998, 19 (6): 11-16.

[66] 张佳程, 骆承庠. 生物方法降低食品中胆固醇的研究趋势 [J]. 食品科学, 1997, 18 (11): 50-53.

[67] 鲁红军. 食品中胆固醇的微胶囊脱除技术 [J]. 肉类研究, 2001, 4: 10-12.

[68] 马美湖. 我国蛋品工业科技的发展 [J]. 中国家禽, 2000, 22 (4).

[69] 彭连举. 韩国开发鸡蛋酸奶 [J]. 食品工业科技, 2002, 23 (5): 43.

[70] 宋照军. 醋蛋中老年功能饮料的工艺研究 [J]. 食品工业, 1999, 2: 21-22.

[71] 孙慧先, 许高升, 凌玲. 复合蛋菜肠的制作研究 [J]. 河北职业技术师范学院学报,

2001, 3 (15)：33-36.

[72] 吴菊清，王霞，陶国艳. 鹌鹑铁蛋的研制 [J]. 郑州粮食学院学报，1998, 4 (19)：72-75.

[73] 谢宪章. 蛋黄中卵磷脂的提取方法的研究 [J]. 食品工业科技，1997 (6)：35-37.

[74] 曾庆坤，章纯熙，杨炳壮，等. 水牛奶鸡蛋酸奶的研制 [J]. 农牧产品开发，2000 (10)：12-14.

[75] 张根生，费英敏，谢丽娟. 鸡蛋素食肠生产工艺的研究 [J]. 食品与机械，2002, 6：20.

[76] 包惠燕，陈丹华，李炎，等. 凝固型发酵蛋奶发酵和保藏过程中参数变化 [J]. 广州食品工业科技，2000, 1 (16)：3-5.

[77] 包惠燕，陈彤华，程伟燕，等. 工艺条件对凝固型发酵蛋奶生产的影响 [J]. 中国乳品工业，1999, 27 (4)：26-28.

[78] 陈福玉. 蛋清肠的加工技术 [J]. 吉林畜牧兽医，1999, 5：33.

[79] 陈杰，丘明栋，闫杰，等. 沙拉酱生产工艺的研究 [J]. 食品工业，2000, 5：29-31.

[80] 邓舜扬. 新型饮料生产工艺与配方 [M]. 北京：中国轻工业出版社，1999.

[81] 干信，曾凡波. 全蛋乳酸菌发酵饮料的保健作用实验研究 [J]. 湖北工学院学报，1997, 12 (1)：69-72.

[82] 韩刚，刘小琳. 鸡蛋乳发酵饮料的研究 [J]. 食品科学，1995, 16 (10)：17-18.

[83] 李勇. 鸡蛋蛋黄的功能及其制品 [J]. 中国食品添加剂，2002, 2：89-95.

[84] 赖建平，林金莺，陈乐恒，等. 新鲜鸡蛋饮料的研究和制作 [J]. 食品科学，2001, 9 (22)：58-60.

[85] 李纯，吕玉璋，吴兴壮，等. 几种风味蛋肠的加工方法及工艺要点 [J]. 肉类研究，2001, 2：27-28.

[86] 连喜军，林开梅，曾爱琼. 蛋黄酱新工艺的研究 [J]. 肉类研究，2000, 4：30-32.

[87] 林金莺，吴家琪. 五香鹌鹑蛋软罐头的加工技术 [J]. 肉类工业，2000, 8：7-8.

[88] 林秀煜，徐笔峰. 沙拉酱的稳定性及其保质期 [J]. 核农学通报，1997, 18 (1)：24-25.

[89] 国家卫生和计划生育委员会. GB 2749—2015 食品安全国家标准 蛋与蛋制品 [S]. 北京：中国标准出版社，2015.

[90] Ahmed E A, Jacques P R. The effects of stabilised extracts of sage and oregano on the oxidation of salad dressings [J]. Eur Food Res Technol, 2001, 212：551-560.

[91] Fuglsang C C. Antimicrobial enzymes：applications and future potential in the foodindustry [J]. Trends in Food Sci. &Technol, 1995, 16 (12)：390-395.

[92] Carini S, Mucchetti G, Neviani E. Lysozyme：activity against clostridia and use in cheese production-a review [J]. Microbiol. Alimen. Nutr., 1985, 3：299-320.

[93] Jordan Lin C T, Roberta A M. Raw and undercooked eggs：A danger of salmonellosis Kather-

ine Ralston ［J］. Food Review, 1997, 20 （1）: 27.

［94］ Galluzzo S J, Cotterill O J, Marshall R T. Fermentation of Whole Egg by Heterofermenta-tiveStreptococci ［J］. Poultry Science, 1974, 53: 1575-1584.

［95］ Katsuya Koga, Takao Fukunaga. Manufacturing of egg yolk oil from egg yolk with acid protease preparations ［J］. Nippon Eiyo Shokmyo Grakkaishi, 1994 （47）: 49-54.

［96］ MacKenzie. Cultured Egg-milk Product ［J］. United States Patent, 1984.

［97］ Mary Lassen Fiss. Creative salad dressings. ProQuest Agriculture Journals, 2003, 16 （4）: 56.

［98］ Riichiro Ohba, Shuzi Ide, Akiko Yoshida, et al. Effects of mixed enzyme preparations on the solubilization of proteins for separating egg yolk oil from a fresh yolk suspension ［J］. Biosci Biotech Biochem, 1995 （59）: 949-951.

［99］ Riichiro Ohba, Yoichi Nakashima, Seinosuke Ueda. Separation and formation of egg yolk oil by solubilizing the lipoproteins of spray-dried egg yolk into polypeptides ［J］. Biosci Biotech Biochem, 1994 （58）: 2159-2163.

［100］ 李灿鹏, 吴子健. 蛋品科学与技术 ［M］. 北京: 中国质检出版社, 2013.

［101］ 李晓东. 蛋品科学与技术 ［M］. 北京: 化学工业出版社, 2005.

［102］ 刘慧燕, 方海田. 蛋制品加工实用技术 ［M］. 银川: 宁夏人民出版社, 2010.

# 第十一章　不同产品需求品质评价

## 第一节　蛋白片

### 一、蛋白片的质量标准

决定干蛋白的质量指标有状态、色泽、气味、杂质、水分、酸度及细菌指标。

#### （一）状态和色泽

质量合格的干蛋白应该有其应有的外观特征和色泽。外观呈结晶片状或碎屑状，并呈均匀的浅黄色。

加工过程中蛋白片颜色加深的原因大致有两个：一是打蛋时蛋白和蛋黄没有分开，蛋白中混有蛋黄，二是干蛋白发酵过度。

#### （二）气味

干蛋白应具有正常的气味，且无任何异味。

#### （三）杂质

干蛋白必须无杂质。干蛋白若有杂质存在，不仅会使成品的纯度降低，而且会影响食用和使用。干蛋白中混有杂质，大多是由于加工处理过程中，蛋液滤除杂质不充分或加工时所使用的设备不完善。

#### （四）水分

干蛋白中水分含量不得高于16%。若水分含量过多，易导致干蛋白的营养成分发生变化；若水分含量过低，则会降低出品率，影响经济效益。

#### （五）酸度

干蛋白片的酸度不得高于1.2%（以乳酸度计）。干蛋白片的酸度是衡量品质优劣的重要指标之一。酸度越大，质量越低劣；酸度越小，成品品质越佳。

#### （六）细菌指标

干蛋白片不得检出致病菌，不得有由微生物引起的腐败变质现象。

### 二、蛋白片的质量要求

鸡蛋白片是以鲜鸡蛋的蛋白为原料，经加工处理、发酵、干燥制成的蛋制品。

GB/T 42237—2022《蛋粉质量原则》中关于鸡蛋白片的卫生要求规定如下。

## （一）感官指标

感官指标应符合表 11-1 的规定。

表 11-1　蛋白片感官指标

| 项目 | 要求 | | | |
|---|---|---|---|---|
| | 全蛋粉 | 蛋黄粉 | 蛋白粉/片 | |
| | | | 脱糖蛋白粉/片 | 非脱糖白粉/片 |
| 色泽 | 均匀、淡黄色 | 均匀、黄色 | 均匀、白色或浅黄色 | |
| 组织形态 | 粉末状及松散块状 | | 粉末状或片状 | |
| 气味 | 具有全蛋粉的正常气味，无异味 | 具有蛋黄粉的正常气味，无异味 | 具有蛋白粉的正常气味，无异味 | |
| 杂质 | 无正常视力可见外来杂质 | | | |

## （二）理化指标

理化指标应符合表 11-2 的规定。

表 11-2　蛋白片理化指标

| 项目 | 指标 |
|---|---|
| 水分/（g/100g）≤ | 16 |
| 脂肪/（g/100g）≥ | — |
| 蛋白质/（g/100g）≥ | 7.8 |
| pH | 6.0~11.0 |

# 第二节　蛋粉

全蛋粉（whole egg dried）是以鸡蛋为原料，经清洗、磕蛋、过滤、冷却、均质、杀菌、干燥、过筛、包装等工序制成的产品。蛋黄粉（egg yolk dried）是以鸡蛋为原料，经清洗、磕蛋、分离蛋白液、过滤、冷却、均质、杀菌、干燥、过筛、包装等工序制成的产品。GB/T 42237—2022《蛋粉质量通则》中关于全蛋粉和蛋黄粉的卫生要求规定如下。

## 一、蛋粉的质量标准

### （一）感官指标

感官指标应符合表 11-3 的规定。

表 11-3　感官指标

| 项目 | 要求 | | | |
|---|---|---|---|---|
| | 全蛋粉 | 蛋黄粉 | 蛋白粉/片 | |
| | | | 脱糖蛋白粉/片 | 非脱糖白粉/片 |
| 色泽 | 均匀、淡黄色 | 均匀、黄色 | 均匀、白色或浅黄色 | |
| 组织形态 | 粉末状及松散块状 | | 粉末状或片状 | |
| 气味 | 具有全蛋粉的正常气味，无异味 | 具有蛋黄粉的正常气味，无异味 | 具有蛋白粉的正常气味，无异味 | |
| 杂质 | 无正常视力可见外来杂质 | | | |

### （二）理化指标

理化指标应符合表 11-4 的规定。

表 11-4　理化指标

| 项目 | 指标 | |
|---|---|---|
| | 全蛋粉 | 蛋黄粉 |
| 水分/（g/100g）≤ | 4.5 | 4.0 |
| 脂肪/（g/100g）≥ | 39 | 56 |
| 蛋白质/（g/100g）≥ | 4.3 | 2.8 |
| pH | 7.0~9.5 | 5.5~7.0 |
| 汞（以 Hg 计）/（mg/kg）≤ | 0.03 | 0.03 |

# 第三节　冰蛋制品

## 一、冰蛋制品的卫生指标

冰蛋品的质量指标是对冰蛋品进行鉴定、分级的重要依据。决定冰蛋品质量的指标如下：状态、色泽、气味、杂质、水分、含油量、游离脂肪酸含量以及微生物指标等。由于冰蛋品的用途及销售对象不同，对其质量要求也有所侧重。

（一）状态和色泽

各种冰蛋品均要冻结坚实、均匀，其色泽取决于蛋液固有成分，正常的冰鸡全蛋应为淡黄色，冰鸡蛋黄应为黄色，冰鸡蛋清应为微黄色。另外，冰蛋品的色泽与加工过程有关。如果磕蛋时蛋黄液混有蛋白液，则冰蛋黄的色泽浅，因此观察色泽可以评定冰蛋品的质量是否正常。

（二）气味

正常冰蛋品不应有异味。冰蛋品的异味是由原料异常或加工贮藏过程的不良环境造成的，如使用霉蛋加工的冰蛋品带有霉味，脂肪酸败引起冰蛋黄带酸味。

（三）杂质

质量正常的冰蛋品不应含有杂质。冰蛋品中的杂质主要是由加工时过滤不充分，卫生条件差造成的。

（四）冰蛋的含水量

冰蛋品含水量取决于原料蛋，由于原料蛋的含水量受许多因素影响，因此生产出的冰蛋制品含水量往往不同。在中国冰蛋品含水量有最高规定值，如冰鸡全蛋不超过76%，冰鸡蛋白不超过88.5%，冰鸡蛋黄不超过55%。

（五）冰蛋的含油量

冰蛋的含油量又称脂肪含量，取决于原料蛋，它受很多因素影响，因此在标准中只规定最低含量，具体规定见国家标准。

（六）游离脂肪酸含量

冰蛋品中游离脂肪酸含量的高低，可以反映冰鸡全蛋和冰鸡蛋黄的新鲜程度。贮藏条件差、时间长的含蛋黄的冰蛋品的脂肪会发生分解产生游离脂肪酸，进一步导致酸败。

（七）细菌指标

细菌指标又称微生物指标。由于冰蛋品富含营养成分，在加工过程中如果卫生条件不合格或没有达到标准，细菌就会在冰蛋解冻后大量繁殖，引起产品腐败，甚至污染病原菌，给消费者带来危害。因此国标中对微生物种类及数量有具体规定。

在评定冰蛋品质量时，必须综合各种指标状况才能做出正确结论。

## 二、冰蛋制品的质量指标

GB 2749—2015《食品安全国家标准 蛋与蛋制品》关于冰蛋品的卫生要求介绍如下。

## （一）感官指标

感官指标应符合表 11-5 的规定。

表 11-5 感官指标

| 项目 | 要求 | 检验方法 |
|---|---|---|
| 色泽 | 具有产品正常的色泽 | |
| 滋味、气味 | 具有产品正常的滋味、气味，无异味 | 取适量试样置于白色磁盘中，在自然光下观察色泽和状态。闻其气味 |
| 状态 | 具有产品正常的形态、形状，无酸败、霉变、生虫及其他危害食品安全的异物 | |

## （二）微生物指标

微生物指标应符合表 11-6 的规定。

表 11-6 微生物指标

| 项目 | 采样方案及限量 | | | |
|---|---|---|---|---|
| | $n$ | $c$ | $m$ | $M$ |
| 菌落总数/（CFU/g） | — | — | — | — |
| 蛋液制品、干蛋制品、冰蛋制品 | 5 | 2 | $5 \times 10^4$ | $10^6$ |
| 再制蛋（不含糖单） | 5 | 2 | $10^4$ | $10^5$ |
| 大肠菌群/（CFU/g） | 5 | 2 | 10 | $10^2$ |

# 第四节 腌制蛋

## 一、松花蛋

松花蛋主要用于拼盘作凉菜食用，因此这对它的外观特征、色泽及滋味的要求甚为重要。评定松花蛋的质量指标有蛋壳（完整状况、清洁程度、色泽）、气室高度、蛋白状况（色泽、松花多少、是否粘壳）、蛋黄状况（色泽、是否溏心）及滋味（或气味）等。它具有色泽光亮、形状完整、蛋清透明、花纹清晰、层次分明、油润发光、蛋黄凝聚、溏心适中、清凉爽口、味美醇香、食而不腻、回味余长等特点，是宴会宾客的高级食品。

### （一）松花蛋的营养价值

松花蛋与鲜蛋比较，蛋壳、蛋白及蛋黄三大组成之比有显著的不同，见表 11-7。

由化学成分看，松花蛋的水分和脂肪含量相对地减少，而可食部分和矿物质的含量相对增多，见表11-8；最大的不同点在于氨基酸的组成和含量，松花蛋中的氨基酸除甲硫氨酸、脯氨酸、赖氨酸不存在外，其他氨基酸均比鲜蛋高。氨基酸的总含量比鲜蛋高几倍，这是很可贵的。但是，由于碱的影响，松花蛋中的维生素几乎全部被破坏。

表 11-7　松花蛋与鲜蛋的组成比较　　　　　单位：%

| 蛋类型 | 蛋壳 | 蛋白 | 蛋黄 |
|---|---|---|---|
| 鲜鸭蛋 | 12 | 49 | 39 |
| 鲜鸡蛋 | 12 | 56 | 32 |
| 松花蛋 | 10 | 27 | 63 |

表 11-8　松花蛋与鲜蛋化学成分比较　　　　　单位：%

| 蛋类型 | 可食部分 | 可食部分化学组成 | | | | |
|---|---|---|---|---|---|---|
| | | 水分 | 蛋白质 | 脂肪 | 碳水化合物 | 灰分 |
| 鲜鸭蛋 | 87 | 70 | 12.8 | 14.7 | 1.0 | 1.5 |
| 鲜鸡蛋 | 85 | 72 | 11.8 | 11.6 | 0.5 | 1.1 |
| 松花蛋 | 90 | 69 | 13.8 | 12.4 | 4.0 | 3 |

### （二）松花蛋质量标准

松花蛋检验规则与标准：松花蛋检验必须按照国家标准规定进行。

（1）松花蛋应由生产厂家的质量检验部门进行检验，每批产品都附有质量证明书，其内容包括生产厂名、产品名称、等级、出厂日期、批号、保质期等。

（2）按批次分别在同批货的不同部位随机抽样，抽样件数用下式计算。将抽样总数的3%合并一起进行检验。剖检时，如果样品量过大，可按四分法缩分至20枚再进行剖检。

（3）在检验松花蛋质量时，必须将样品的实际质量同加工贮存过程结合在一起来评判优劣，因为松花蛋在加工贮存期间的颜色深浅、松花多少及溏心大小等方面都在逐渐发生变化。

（4）如果检验结果与国家标准不符，可加倍抽样1次进行复检，以复检结果为准。

（5）当供需双方对产品质量发生异议时，应由仲裁单位仲裁。

$$S = \sqrt{m/4}$$

式中：$S$——抽样总数；

　　　$m$——同批货的总件数。

松花蛋质量分级标准：GB/T 9694—2014《皮蛋》规定，松花蛋按品质和重量进行分级。

**（三）影响松花蛋质量的因素**

1. 温度、湿度

加工松花蛋的温度范围为 14~30℃，最适温度为 20~22℃，不应低于 14℃、高于 30℃。温度低，蛋白中蛋白质结构紧密，成品蛋白呈黄色透明状，无松花蛋应有的风味，在 14~30℃ 范围内，随着温度下降，此特性越明显。低温时，蛋黄中的粗脂肪及磷脂易凝固形成姜黄色的凝固层，称为"胚盖"。胚盖内的蛋黄由于不能与碱很好地作用而有蛋腥味，胚盖外又有碱性过大、适口性差的缺点，所以加工松花蛋温度不能过低。

温度过高，形成的胚盖薄，溏心大而稀，呈黑绿色，俗称"流黑水蛋"。此类蛋能挥发出大量的 $NH_3$、$H_2S$ 以及异常气味。这些气体在蛋白表面凝结成一层雾气，影响 NaOH 等成分正常透入蛋内。如果这些气体排出壳外被料泥（硬心松花蛋）吸收，则会降低料泥浓度，料泥会由原来的橙黄色变为灰黄色，硬度变软，适于霉菌繁殖，进而加速蛋的变质，甚至使蛋颜色变黑，产生臭味。溏心皮蛋加温过高时，破伤蛋、烂头蛋出现率也升高。

温度与松花蛋的呈色也有密切关系。温度在适用范围内且相对地高时，成品呈全色；温度低于 16℃，松花蛋呈色不全；低于 8℃ 则不呈色。如果将这种不呈色的蛋迅速放在温度 20℃、湿度 95% 的条件下，20 天后大部分还可呈色。相反，优质松花蛋不包泥或不涂膜于自然条件下久存时，易挥发出 $NH_3$、$H_2S$ 等而褪色。

松花花纹的产生也与温度有关，生成松花的温度范围是 14~25℃，高于 25℃ 或低于 14℃ 不能形成松花。

加工松花蛋的湿度以 75%~95% 为宜。湿度过低，蛋面泥料易干，影响碱在加工中的作用，进而延长成熟期，使蛋容易变质。溏心皮蛋加工时，湿度过低会导致料液水分蒸发，浓度发生变化，影响蛋的正常成熟。成品保藏室内湿度过低会导致蛋面泥变干，甚至脱落，同样容易使蛋变质。

2. 碱浓度大小的影响

松花蛋加工时，料中 NaOH 含量范围为 3.6%~6%，最适含量为 4%~5%，硬心松花蛋可稍高。NaOH 浓度高，则碱度大，碱透入得快，可加速成熟期中蛋白的凝固；碱度过大，凝固后的蛋白会迅速转入液化而成次品。碱度略大于 3.6% 时，可适当延长成熟时间而制出成品，低于 3.6% 很难加工出优质成品。

3. 原料蛋质量的影响

松花蛋成熟的过程即是碱向蛋均匀、缓慢渗透作用的过程，因此，除了蛋必须新鲜外，蛋的大小也应均匀，还要注意蛋壳应完整，否则不能生产出优质成品。

目前由于产蛋季节性较强，以及加工松花蛋主要利用自然温度，所以松花蛋的加工主要集中于 3～6 月。虽然这段时间产蛋多，气温适宜，但在生产中仍应加强管理，可以通过开关窗和门来调节气温和风速，使成熟正常进行。

**（四）松花蛋质量检验**

松花蛋的质量检验主要包括感官检验和重量检验。

1. 感官检验

先仔细观察松花蛋外观（包泥、形态）有无发霉，敲摇检验时注意颤动感及响水声。松花蛋刮泥后，观察蛋壳的完整性（注意裂纹），然后剥去蛋壳，要注意蛋体的完整性，检查有无铅斑、霉斑、异物、松花花纹。剖开后，检查蛋黄的形态、色泽、气味、滋味。其具体操作方法如下。

（1）外观检验。

将按抽样方法取好的同级样品蛋依次摆开，观察并记录包泥或涂料的均匀性，有无霉变现象及包泥脱落、蛋壳外露现象。然后洗净壳外泥或涂料，擦干，观察记录蛋壳的清洁程度及破损情况。

（2）振检。

分手抛法和手弹法两种。手抛法即是将剥去料泥的松花蛋，向上抛 15cm 左右高，回落手中时感受其有无振颤感，有振颤感的为优级，略有振颤感的为一、二级，无振颤感和轻飘的为次劣蛋。手弹法是将剥去料泥的松花蛋，放在左手中，将右手食指弯曲成"T"字形，轻轻敲打蛋的两端，感受其有无振颤感。同时根据敲打声音也可鉴别蛋的优劣。若有轻微的"特、特"声，即为好松花蛋；若发出生硬的"得、得"声，即为次劣蛋（包括响水蛋、烂头蛋等）。

（3）摇检。

用拇指和中指捏住蛋的两端，在耳边摇晃，听蛋内有无响声。无响声的为优级蛋；有干硬的撞击声为脱壳蛋；有水响声者为水响蛋；一端有水荡声者为烂头蛋。

（4）光透视检验。

其操作方法与鲜蛋透视法相似。优级蛋气室小，透光面小，蛋白大部分呈黑色，小部分呈粉红色；一、二级大部分呈深红色；次劣蛋气室大，透光面大，蛋白呈绿色、瓦灰色、米白色、淡黄色。同时要观察蛋壳上有无裂纹，以及蛋壳内有无小黑点或黑斑。

（5）剖检。

分两步进行。首先将蛋壳剥去，放在干净的盘中，先观察蛋体是否完整，有无粘壳现象，弹性好坏，有无光泽、松花等，同时还要注意蛋壳内表面及蛋壳膜上有无霉点。然后用刀或细线将蛋沿纵向从中间剖开。由于松花蛋蛋黄一般位于蛋体一边，所以剖蛋时要注意同时将蛋黄从中央剖开。剖开后及时观察蛋白及蛋黄的色泽，蛋黄色层是否明显，溏心的有无及大小。同时闻其气味是否优良，有无异味。最后尝其滋味是否优良，有无苦涩、辛辣味及辛辣味的轻重。

2. 重量检验

任取 10 枚经过感官检验的同级样品蛋，在精度为 0.5g 的台秤上称取 10 枚蛋的总重，再逐个称取每枚蛋的重量，记录称重结果，确定其等级。

（五）松花蛋的选购方法

选购松花蛋的简单易行的办法是一掂、二摇、三看壳、四品尝。一掂：将松花蛋放在手掌中轻轻地掂一掂，品质好的松花蛋颤动大，品质较差的松花蛋无颤动；二摇：用手取松花蛋，放在耳边摇动，品质好的松花蛋无响声，品质差的有响声，声音越大品质越差；三看壳：剥除松花蛋外附的泥料，看其外壳，以蛋壳完整、颜色呈灰白色、无黑斑者为上品。裂纹蛋在加工过程中可能渗入过多的碱，影响蛋白的风味，裂缝处也可能有细菌侵入，使松花蛋变质；四品尝：松花蛋若是腌制合格，则蛋清明显弹性较大，呈茶褐色并有松枝花纹，蛋黄外围呈黑绿色或蓝黑色，中心则呈桔红色，这样的松花蛋切开后，蛋的断面色泽多样化，具有色、香、味、形俱佳的特点。

## 二、咸蛋

咸蛋加工一般以鸭蛋为主，其次是鸡蛋。由于咸蛋形成过程与松花蛋相似，均是腌制料液先通过蛋壳渗入蛋内，然后在蛋内发挥作用的结果。因此，咸蛋加工对原料蛋的要求与松花蛋相同，即必须进行检验与分级，严格剔除破损蛋、钢壳蛋、大空头蛋、大黄蛋、雨淋蛋、热伤蛋、血丝蛋、贴壳蛋、散黄蛋、臭蛋、畸形蛋、异物蛋等破次劣蛋，保证加工用蛋的蛋壳完整清洁、蛋白浓厚、蛋黄位于蛋的中央等。对准备加工的鲜鸭蛋，夏天气温高时应选择阴凉通风的地方摊放，并尽量做到在凌晨气温凉爽时开始照蛋、敲蛋，当天照蛋、当天敲蛋、当天加工，不存留蛋过夜，以保证原料蛋的新鲜度。并要对检验合格的原料蛋进行分级，以保证同批咸蛋的成熟期和口味相同，满足销售的要求。

（一）咸蛋质量标准

咸蛋质量的一般要求：由于咸蛋的食用方法与松花蛋基本相似，即多用于拼盘作凉菜食用。因此，对咸蛋的外观特征、色泽及滋味等提出了具体的要求。

外观：裹灰松紧适宜，厚薄均匀，无凹凸不平和露壳。

蛋壳：蛋壳完整，无裂纹、无破损，表面清洁。

气室：较小，应小于7mm。

蛋白：纯白色无斑点、煮熟后蛋白细嫩。

蛋黄：色泽朱红（或橙黄），呈圆形，黏度大，煮熟后起油或有油流出。

滋味：咸味适中，无异味。

**（二）咸蛋质量检验**

咸蛋的质量检验包括外观检验和内在品质检验。后者的检验方法有光照透视检验、摇检、剥壳检验和煮熟检验。

外观检验：外观检验主要是看咸蛋的完整情况。进行外观检验时，注意观察包灰、泥层厚薄是否均匀，是否过于干燥，有无脱落现象，有无破损，有无臭蛋等。

光照透视检验：此法是检验咸蛋内在品质的主要方法之一。由于正常咸蛋及各种次劣咸蛋在光照透视时各有不同的形态特征。因此，采用此法可将正常咸蛋与贴壳蛋、散黄蛋、臭蛋、泡花蛋、混黄蛋、黑黄蛋等区分开。在检验前，先将咸蛋表面的灰、泥层洗掉，然后按常规的操作方法进行。透视品质正常的咸蛋时，蛋内澄清透光，蛋白清澈如水，蛋白内可以有水泡，这是食盐渗入蛋内的结果，对蛋的品质并无影响，蛋黄为红黄色，靠近蛋壳，稍用力转动，可观察到蛋黄在蛋内缓慢转动，新鲜蛋的蛋黄转动慢。

摇检：即用拇指和中指将咸蛋捏住，在耳边轻轻摇动，根据蛋内的声音判断咸蛋质量优劣的方法。摇检品质正常的咸蛋时，蛋内有拍水声，这是由于在咸蛋成熟过程中，蛋白水样化，蛋黄硬结，摇检时蛋白在蛋内流动。

剥壳检验：将咸蛋打开，将内容物倒入盘内，若蛋白、蛋黄分明，蛋白为水样无色透明状，而蛋黄为圆球状、坚实、呈红色或橙红色，则为品质正常咸蛋；若蛋白、蛋黄不清，蛋黄发黑，有臭气味，则为变质蛋；若蛋黄色泽浅、且不坚实则为未成熟蛋。

煮熟检验：检验前，先将咸蛋表面的灰、泥层洗净，放入冷水锅内煮制，煮沸5~10min，取出放入冷水中浸泡冷却，然后进行检验。品质正常的咸蛋煮熟后，蛋壳完整，煮水清洁透明；剖开后，蛋白鲜嫩洁白，蛋黄呈红色或橙黄色，圆硬坚实，周围有油珠，味道鲜美可口，蛋黄发沙；若煮蛋时蛋白外溢、凝固，煮水浑浊则为裂纹蛋；若蛋在煮制时炸裂，内容物呈黑色或黑黄色，煮水浑浊且有臭味则为变质蛋；若蛋白软嫩，蛋黄不沙，咸味不足，有腥味则为未成熟蛋；若咸味较重，气室较大，蛋白老化，蛋黄不够鲜艳则为腌制过头蛋。

**（三）验收标准及办法**

抽样办法：与出口松花蛋采取的抽样办法相同。

质量验收：按上述质量要求进行抽查验收，凡达不到标准者，一律拒收。抽验时，不得存在红贴松花蛋、黑贴松花蛋、散黄蛋、臭蛋及其他次、劣蛋，也包括下列次、劣蛋。

（1）泡花蛋。

透视时可见蛋内容物有水泡花，将蛋转动时，水泡花随蛋转动，煮熟后内容物呈"蜂窝状"，这种蛋称泡花蛋，不影响食用。

（2）混黄蛋。

透视时内容物模糊不清，颜色发暗；打开后，蛋白呈白色与淡黄色相混的粥状物。蛋黄外部边缘呈淡白色，并发出腥臭味。这种蛋称混黄蛋，初期可食用，后期不能食用。此种蛋是由原料蛋不鲜，腌制后又贮存时间过久造成。

（3）黑黄蛋。

透视时蛋黄发黑，蛋白呈混浊白色，这种蛋称为"清水黑黄蛋"。该蛋进一步发展变质，便成为具有臭味的"浑水黑黄蛋"。前者可以食用，有的人喜爱吃这种蛋，后者不能食用。这两种统称为黑黄蛋。此种蛋多是由腌制时温度过高，成熟过久造成的。

重量验收、包装、唛头及运输验收与松花蛋的验收标准相同。

## 三、糟蛋

由于糟蛋是卫生的冷食佳品，所以，对其内容物的外观特征、色泽、气味和滋味要求较为严格。

评定糟蛋质量的指标主要有：

### （一）感官指标

蛋壳脱落状况：糟蛋蛋壳与壳下膜完全分离，全部或大部分脱落。

蛋白状况：蛋白为乳白色，并呈胶冻状。

蛋黄状况：蛋黄软，呈桔红或黄色的半凝固状，且与蛋白界线分明。

气味和滋味：具有糯米酒糟所特有的浓郁的酯香气，并略有甜味，无酸味和其他异味。

### （二）理化指标

按每100g可食用计：水分不得低于60%；蛋白质不得低于9.5g；脂肪不得低于12.0g。

### （三）分级标准

在质量达到要求后，还需按重量进行分级，其标准如表11-9所示。

表 11-9　糟蛋重量分级标准

| 级别 | 特级 | 一级 | 二级 |
|---|---|---|---|
| 千枚重量/kg | 77.5~85 | 70~77 | 65~69.5 |

### （四）不同质量糟蛋的感官特征与处理

**1. 良质糟蛋**

形态完整，蛋壳全脱落或基本脱落，壳内膜完整，蛋大而丰满，蛋清呈乳白色胶冻状，蛋黄呈桔红色半凝固状态，香味浓厚，稍带甜味。

**2. 次质糟蛋**

形态完整，蛋壳脱落不全，壳内膜完整，蛋内容物凝固不良，蛋清为液体状态，香味不浓或有轻微异味。

**3. 劣质糟蛋**

矾蛋：就是糟与蛋及蛋壳黏连在一起，如烧过的矾一样，这种糟蛋是由酒糟含醇量低或蛋坛有漏缝所致。

水晶蛋：蛋内全部或者大部分都是水，颜色由白转红，蛋黄硬实，有异味。

空头蛋：蛋内只有萎缩了的蛋黄，没有蛋白。

次质糟蛋应尽快食用，劣质糟蛋均不能食用。

## 第五节　蛋品饮料

### 一、鸡蛋醋饮料

感官指标：应具有所加入原辅料的相应色泽和香味，质地均匀。

理化指标：可溶性固形物含量≥9.0%，蛋白质含量≥1.0%，总糖含量（以蔗糖计）≥8.0%，总酸含量（以醋酸计）≥0.1%，钙含量≥100mg/kg，砷含量≤0.5mg/kg，铅含量≤1.0mg/kg。

微生物指标：细菌总数≤50CFU/mL，大肠菌群≤3CFU/mL，致病菌不得检出。

### 二、蛋清肽饮料

感官指标：黄色，质地均匀，酸甜适口，无异味。

理化指标：蛋白质含量≥1.0%，总酸含量（以柠檬酸计）≥0.1%，总糖含量（以蔗糖计）≥8.0%，砷含量≤0.5mg/kg，铅含量≤1.0mg/kg。

微生物指标：细菌总数：≤50CFU/mL，大肠菌群：≤3CFU/mL，致病菌不得检出。

### 三、蜂蜜鸡蛋饮料

感官指标：应具有所加入原辅料的相应色泽和香味，质地均匀，无任何不良气味和滋味。

理化指标：可溶性固形物含量（20℃折光法）≥9%，蛋白质含量≥1.0%，总酸含量（以乳酸计）≥0.1%，总糖含量（以蔗糖计）≥7%，脂肪含量≥1.0%，铅含量（以 Pb 计）≤1mg/kg，砷含量（以 As 计）≤0.5mg/kg。

微生物指标：细菌总数≤1×10⁴CFU/g，大肠菌群≤250CFU/100mL，致病菌不得检出。

## 第六节 蛋黄酱

### 一、卫生标准（表11-10）

表 11-10 蛋黄酱的卫生标准

| 项目 | 指标 |
| --- | --- |
| 砷（以 As 计）/（mg/kg） | ≤0.5 |
| 铅（以 Pb 计）/（mg/kg） | ≤1.0 |
| | ≤0.5（其他工艺生产） |
| 菌落总数/（CFU/g） | ≤1000 |
| 大肠菌群/（MPN/100g） | ≤30 |
| 致病菌（沙门氏菌、志贺氏菌、金黄色葡萄球菌） | 不得检出 |

### 二、质量标准

感官指标：颜色乳黄，组织细腻，不分层、无断裂、不稀薄且无油液分离的现象，无腐败味及其他异味，口感油滑，呈黏稠均匀的软膏状。

理化指标：水分为8%~25%，脂质≥65%，灰分为2.4%，蛋白质为2.8%，碳水化合物为3%，pH≤4.2。

## 第七节 蛋类罐头

罐头食品的检验是罐头质量保证的最后一道工序。罐头在杀菌冷却后，必须经过检查，衡量其各种指标是否符合标准，是否符合商品要求，并确定成品质量和等级，主要的检验项目有以下 5 个方面。

## 一、外观

外观检查的重点是检查双重卷边缝的状态，观察双重卷边缝是否紧密结合、是否有漏气的微孔。用肉眼是观察不到的，可用温水进行检查。一般是将罐头放在温水中浸 1~2min，观察水中有无气泡上升、检查罐底盖的状态，主要观察罐底盖是否正常向内凹入。软包装罐头的检查重点为是否具有较好的真空度，封口是否炸裂。

## 二、保温程度

罐头食品中的微生物如因杀菌不充分或其他原因而有残存时，遇到适宜的温度，就会生长繁殖而使罐头食品变质，其中大多数腐败菌繁殖都会产生气体，使罐头膨胀。根据这个原理，给微生物创造生长繁殖的最适温度，并将罐头在这一温度下放置一定时间，观察罐头底盖是否膨胀以鉴别罐头质量是否可靠、杀菌是否充分，这种方法称为罐头的保温检查。这是一种比较简便可靠的罐头成品的检查方法。蛋类罐头全部采用恒温培养箱（36±1）℃保温 10 天。如果罐头冷却至 40℃左右即进入保温室则保温时间可缩短为 5 天。如果蛋类罐头食品预计在热带地区（高于 40℃）销售，则放入恒温培养箱（55±1）℃保温 5~7 天。保温后进行后续检查。

## 三、敲音

将保温后的罐头或贮藏后的罐头排列成行，用敲音棒敲打罐头底盖，从其发出的声音来鉴别罐头好坏。发音清脆的是正常罐头，发音浑浊的是膨胀罐头。浑浊音罐头产生的原因主要有：

（1）排气不充分，罐头真空度低。

（2）密封不完全，卷边缝、罐身缝或切角处有微孔，罐外空气进入罐内，造成真空度下降。

（3）由于加热杀菌不充分，残存在罐内的细菌生长繁殖产生气体，造成有浑浊声音。

（4）气温与气压变化导致罐内真空度下降、声音浑浊。

## 四、罐头真空度

罐头真空度是衡量罐头质量的物理指标之一。正常罐头的真空度一般为 2.71×

$10^{-2} \sim 5.08 \times 10^{-2}$MPa，大型罐可适当低些。测定罐头真空度的方法因容器的种类而不同。马口铁罐及马口铁盖的玻璃罐的真空度一般可采用真空表直接测定。

### 五、开罐检查

在进行保温检验过程中如发现有胖听或泄漏等现象，应立即将其剔出并进行开罐检查。

（1）取样。

开罐检查用的罐头必须根据卫生部颁布的标准抽样，取样应具有代表性。

（2）感官检查。

感官检查主要有以下 3 方面。

①组织与形态检查：有汤汁的罐头必须先置于 $80 \sim 85$℃温水中加热至汤汁融化后，再倒入白瓷盘中，观察其形态、结构，然后用玻璃棒轻轻拨动，检查其组织、块形大小和块数多少。

②色泽检查：蛋类罐头主要检查蛋内外色泽，有汤汁的也要观察其色泽和澄清程度。

③味和香检查：检查罐头是否有烹调（如五香、红烧、油炸等）和辅助材料应有的滋味，有无油味及异臭味，蛋质软硬是否适中。

（3）净重、固形物量、液汁量。

擦净罐外壁称取实罐重，将空罐用温水洗净，擦干后称重，然后将固形物称重，分别求出净重、固形物量和液汁量。

（4）罐内壁检查。

开罐后将内壁洗净，观察罐身及底盖表面镀锡层是否有因酸或其他原因浸蚀而出现的脱落和露铁现象，观察涂料层有无腐蚀、变色、脱落、铁锈斑点和超过规定的硫化铁现象等。

（5）化学检验和细菌检验。

均按标准检验。

### 六、3 种蛋类罐头的检查范例

#### （一）虎皮松花蛋罐头

感官指标：蛋体为油炸后鲜亮的棕红色，色泽均匀，汤汁较透明，在不会引起浑浊的前提下允许少许碎屑存在；应具有该产品应有的风味；蛋形完整，无破裂，虎皮皱纹匀称，个体大小均匀一致。

理化指标：净重 500g，公差±3%，每批平均不低于净重；每罐有虎皮松花蛋 7

枚，且不低于净重的 55%；开罐时糖水浓度按折光计为 18% ~ 22%；pH 为 3.7 ~ 4.2；重金属含量：锡≤200mg/kg，铜≤10mg/kg，铅≤3mg/kg。

微生物指标：应符合罐头食品商业无菌要求。

### (二) 五香蛋罐头

感官指标：带皮鹌鹑蛋呈自然色泽，剥壳鹌鹑蛋呈黄褐色，汤汁呈浅酱红色；具有该产品应有的风味，无异味；蛋体完整，大小搭配均匀，允许有个别蛋破裂；不允许有杂质存在。

理化指标：净重有 256g、397g 和 500g 3 种，每罐允许公差±3%；固形物含量不低于净重的 55%（带壳蛋包括蛋壳）；氯化钠含量为 1.2% ~ 2.5%；重金属含量：锡≤200mg/kg，铜≤10mg/kg，铅≤2mg/kg。

微生物指标：应符合罐头食品商业无菌要求。

### (三) 五香鹌鹑蛋软罐头

感官指标：蛋体呈浅棕色；蛋体基本完整，允许有小破损；具有卤制品的香味及蛋品的滋味，无异味。

理化指标：每袋产品≥75g，食盐含量为 1.8% ~ 2.0%。

微生物指标：应符合罐头食品商业无菌要求。

# 参考文献

[1] 中华人民共和国商品检验局. 松花蛋的加工与检验 [M]. 北京：中国财政经济出版社，1979.

[2] 周永昌. 实用蛋品加工技术 [M]. 北京：农业出版社，1990.

[3] 高真主. 蛋制品工艺学 [M]. 北京：中国商业出版社，1992.

[4] 张志健. 新型蛋制品加工工艺与配方 [M]. 北京：科学技术文献出版社，2000.

[5] 马美湖等主编. 动物性食品加工学 [M]. 北京：中国轻工业出版社，2003.

[6] 马美湖. 禽蛋制品生产技术 [M]. 北京：中国轻工业出版社，2003.

[7] 刘勉之，邓学法. 鲜蛋贮藏加工技术 [M]. 郑州：河南科学技术出版社，1997.

[8] 周永昌. 蛋与蛋制品工艺学 [M]. 北京：中国农业出版社，1995.

[9] 蒋爱民. 畜产食品工艺学 [M]. 北京：中国农业出版社，2000.

[10] 周光宏. 畜产品加工学 [M]. 北京：中国农业出版社，2002.

[11] 袁惠新. 食品加工与保藏技术 [M]. 北京：化学工业出版社，2000.

[12] 赵晋府. 食品工艺学（第二版）[M]. 北京：中国轻工业出版社，1999.

[13] 吴祖兴. 现代食品生产 [M]. 北京：中国农业大学出版社，2000.

[14] 李里特. 食品原料学 [M]. 北京：中国农业大学出版社，2001.

[15] 艾文森. 蛋鸡生产 [M]. 北京：中国农业大学出版社，1995.

[16] 李树青. 松花蛋加工研究进展综述. 南京：首届海峡两岸畜产品加工学术研讨会论文集，1993（10）.

[17] 马美湖. 低钠保健松花蛋加工技术研究 [J]. 肉类研究，1999（4）.

[18] 中国标准出版社第一编辑室. 肉、禽、蛋及其制品卷：中国食品工业标准汇编 [M]. 北京：中国标准出版社，1999.

[19] 胡家鑫. 蛋的加工和保鲜 [M]. 杭州：浙江科学技术出版社，1998.

[20] 司俊玲. 蛋制品加工技术 [M]. 北京：化学工业出版社，2008.

[21] 马美湖. 蛋与蛋制品加工学 [M]. 北京：中国农业出版社，2007.

[22] 蒋爱民. 畜产食品工艺学 [M]. 北京：中国农业出版社，2007.

[23] 蒋爱民. 食品原料学 [M]. 南京：东南大学出版社，2007.

[24] 韩刚. 蛋品工艺学 [M]. 广州：华南农业大学，1992.

[25] 周光宏. 畜产食品加工学 [M]. 北京：中国农业出版社，2001.

[26] Mine Yoshinori. Egg Science and Technology [M]. AVI publishing company，1986.

[27] 任发政. 实用肉品与蛋品加工 [M]. 北京：中国农业出版社，2002.

[28] 韩刚. 传统畜禽产品保鲜与加工 [M]. 广州：广州科技出版社，2002.

[29] 李灿鹏，吴子健. 蛋品科学与技术 [M]. 北京：中国质检出版社，2013.

[30] 李晓东. 蛋品科学与技术 [M]. 北京：化学工业出版社，2005.

[31] 刘慧燕，方海田. 蛋制品加工实用技术 [M]. 银川：宁夏人民出版社，2010.

[32] 全国三绿工程工作办公室组. 安全优质蛋品的选购与消费 [M]. 北京：中国农业出版社，2004.

[33] 陈黎洪. 溏心皮蛋与红心咸蛋加工技术 [M]. 北京：金盾出版社，2004.

# 第十二章　PCR 技术

聚合酶链式反应（polymerase chain reaction，PCR）是体外扩增 DNA 序列的技术。它与分子克隆和 DNA 序列分析方法几乎构成了现代分子生物学实验的工作基础。在这三种实验技术中，PCR 方法在理论上出现得最早，也是目前在实践中应用得最广泛的。PCR 技术使微量的核酸（DNA 或 RNA）操作变得简单易行，同时还可使核酸研究脱离活体生物。PCR 技术的发明是分子生物学的一项革命，极大地推动了分子生物学以及生物技术产业的发展。

## 第一节　PCR 技术概述

核酸研究已有 100 多年的历史，20 世纪 60 年代末至 70 年代初，人们致力于研究基因的体外分离技术，但由于核酸的含量较少，在一定程度上限制了 DNA 的体外操作。Khorana 于 1971 年最早提出核酸体外扩增的设想："DNA 经过变性，与合适的引物杂交，用 DNA 聚合酶延伸引物，并不断重复该过程便可合成 tRNA 基因"。但由于基因序列分析方法尚未成熟，热稳定的 DNA 聚合酶尚未报道，以及寡核苷酸引物合成还处在手工和半自动合成阶段，这种方法似乎没有实际意义。

1983 年美国科学家 Kary Mullis 驱车在蜿蜒的州际高速公路上行驶时，头脑中孕育出了 PCR 的雏形。经过两年的努力，在实验上证实了 PCR 的构想，并于 1985 年申请了有关 PCR 的第一个专利，在 *science* 杂志上发表了第一篇 PCR 的学术论文。从此 PCR 技术得到了生命科学界的普遍认同。Kary Mullis 也因此获得了 1993 年的诺贝尔化学奖。但 Mullis 最初使用的 DNA 聚合酶是大肠杆菌 DNA 聚合酶 I 的 Klenow 片段，虽然这较传统的基因扩增具备许多突出的优点，但由于 Klenow 酶不耐热，在 DNA 模板进行热变性时，会导致此酶钝化，每加入一次酶只能完成一个扩增反应周期。这给 PCR 技术操作程序增添了不少困难，这使得 PCR 技术成了一种笨拙的、不实用的实验室方法。

1988 年初，Keohanog 改用 T4 DNA 聚合酶进行 PCR，其扩增的 DNA 片段很均一，真实性也较高，只有所期望的一种 DNA 片段。但每循环一次，仍需加入新酶。

1988 年 Saiki 等从温泉中分离的一株水生嗜热杆菌（*thermus aquaticus*）中提取到一种耐热 DNA 聚合酶。此酶耐高温，在热变性时不会被钝化，不必在每次扩增反应后再加新酶，从而极大地提高了 PCR 扩增的效率。为与大肠杆菌聚合酶 I Klenow 片段区别，将此酶命名为 Taq DNA 聚合酶（taq DNA polymerase）。此酶的发现使 PCR 方法得到了广泛的应用，也使 PCR 成为遗传与分子分析的根本性基石。

在以后的十多年里，PCR 方法不断地被改进。例如，应用具 3′-5′修复活性的热稳定聚合酶代替不具 3′-5′修复活性的 Taq DNA 聚合酶，减少了扩增过程中产生的错误配对，大大提高了复制过程中的真实性。后来人们又发现了几种具有高保真性的 Taq DNA 聚合酶，在常规 PCR 技术成熟之后，又衍生出很多适用于其他目的的 PCR 方法。原来的 PCR 只能扩增两端已知序列之间的 DNA，现在可以扩增已知序列两侧的未知序列（染色体步移法），甚至可以扩增序列未知的新基因。PCR 的模板也从 DNA 发展到 RNA，即反转录 PCR，这就使得从真核生物中扩增目的基因变得很容易。PCR 原本是一种定性的方法，只能检测样品中有无目的基因存在，现在已经可以用来定量，即回答样品中原始模板的确切数目，这就是所谓的实时定量 PCR。基于完整的基因组 DNA，PCR 扩增的片段也从原先只能扩增几个 kb 的基因到目前已能扩增长达几十个 kb 的 DNA 片段。PCR 也从单纯用来扩增目的基因到能将两个以上的基因连接起来，省去了限制性内切酶消化和用连接酶连接，这就是所谓的克隆 PCR。PCR 方法与其他方法的联合应用，到目前为止已报道的衍生 PCR 方法有几十种之多。目前实时荧光定量 PCR 被广泛应用，因为它不仅可以定性而且可确定原始样品的量。为了满足大样本的检测，最近又建立了芯片 PCR，还可以将 PCR 的结果用数字来表示，这就是所谓的数字 PCR（digital PCR）。

总之，自 PCR 方法被建立以来，在 20 多年的时间里，发展得很快，已有一系列 PCR 方法被设计出来，并广泛应用于遗传学、微生物学乃至整个生命科学中。PCR 的建立大大地推动了生命科学的发展。由于 PCR 的实用性和极强的生命力，PCR 方法还将会被不断完善，进一步在生命科学研究中发挥更大的作用。

## 第二节　PCR 技术的基本原理和操作

### 一、PCR 的基本原理

PCR 的基本原理是以拟扩增的 DNA 分子为模板，以一对分别与模板互补的寡核苷酸片段为引物，DNA 聚合酶按照半保留复制的机制沿着模板链延伸直至合成新的 DNA。不断重复这一过程，可使目的 DNA 片段得到扩增。因为新合成的 DNA 也可以作为模板，因而 PCR 可使 DNA 的合成量呈指数增长。

## 二、PCR 的基本成分

PCR 包括 7 种基本成分：模板、特异性引物、热稳定 DNA 聚合酶、脱氧核苷三磷酸、二价阳离子、缓冲液及一价阳离子。

### （一）模板

模板是待扩增序列的核酸。基因组 DNA、质粒 DNA、噬菌体 DNA、预先扩增的 DNA、cDNA 和 mRNA 等几乎所有形式的 DNA 和 RNA 都能作为 PCR 反应的模板。虽然 PCR 反应对模板的纯度要求不是很高，经过标准分子生物学方法制备的样品并不需要另外的纯化步骤，但样品中的有些成分（如菌种保护剂等）会影响 PCR 反应。尽管模板的长度不是影响扩增的关键因素，但小片段模板的扩增效率要高于大片段分子。除了纯化的 DNA 外，PCR 反应还可以直接以细胞为模板。

### （二）特异性引物

引物是与模板 DNA 的 3′端或 5′端特异性结合的寡核苷酸片段。这是决定 PCR 特异性的关键，只有当每条引物都能特异性的与模板 DNA 中的靶序列复性成稳定的结构，才能保证其特异性。一般来说，引物越长，对于靶序列的特异性要求也越高。以下公式可以计算一段寡核苷酸与一条线性的、随机排列的 DNA 序列中的某一段完全配对的概率。

$$K = [g/2]^{G+C} \times [(1-g)/2]^{A+T}$$

式中：$K$——该寡核苷酸出现在 DNA 序列的频率；

$g$——该 DNA 序列分子的（G+C）含量；G、C、A、T 是特定的寡核苷酸中相应的核苷酸的数目。

对于一个大小为 $N$（$N$ 为核苷酸数）的双链基因组，它与特定的寡核苷酸互补的位点数目 $n$ 可用公式 $n = 2NK$ 计算。

由于密码子的偏爱性以及基因组中存在大量的重复序列和基因家族，上述计算并不完全反应实际情况。为了尽量减少非特异性复性问题，建议使用比计算得来的最短序列较长的寡核苷酸引物。在引物合成前最好在 DNA 数据库中进行扫描，以确保引物序列的特异性。

为了节省时间和减少 PCR 过程中的问题，可以使用计算机程序对引物进行设计、选择和优化。

### （三）热稳定 DNA 聚合酶

热稳定 DNA 聚合酶是 PCR 技术实现自动化的关键。热稳定 DNA 聚合酶是从两类微生物中分离得到的：一类是嗜热和高度嗜热的真细菌，该类微生物中的 DNA 聚合酶大多类似于中温菌的 DNA 聚合酶 I；另一类是嗜热古细菌，其主要的 DNA

聚合酶属于聚合酶 α 家族。Taq DNA 聚合酶是从嗜热古细菌 T. aquaticus 中分离得到的，也是最先被分离、了解最透彻和最常用的 DNA 聚合酶。但对于要求更高保真度、扩增的片段超过几千个碱基对、或者进行反转录 PCR（reverse transcription-PCR）时，最好选用其他的一些热稳定 DNA 聚合酶。许多种热稳定 DNA 聚合酶已经商品化。现在，也有几家制造商将几种热稳定 DNA 聚合酶混合而成"鸡尾酒"，这种产品能把几种不同 DNA 聚合酶的特点组合起来。

### （四）脱氧核苷三磷酸（dNTP）

标准 PCR 反应体系中包含 4 种等物质的量浓度的脱氧核苷三磷酸，即 dATP、dTTP、dCTP 和 dGTP。脱氧核苷三磷酸要有一定的浓度，在常规 PCR 反应液中，每种 dNTP 的浓度一般在 200~250μmol/L。在 50μL 反应体系中，这种 dNTP 浓度能够合成 6~6.5μg 的靶基因 DNA。但高浓度的 dNTP（>4mmol/L）对扩增反应有抑制作用。dNTP 已经商品化，公司销售的 dNTP 原液中除去了可能抑制 PCR 反应的磷酸盐，并将 pH 调整到了 8.1，以防止原液在冷冻与融化时损坏 dNTP 的分子结构。尽管如此，对于买来的 dNTP 原液（100~200mmol/L），最好分装成小份并于 -20℃ 保存，以免反复冻融。

### （五）二价阳离子

所有的热稳定 DNA 聚合酶都要求有游离的二价阳离子。常用的是 $Mg^{2+}$ 和 $Mn^{2+}$，一般来说前者优于后者。由于 dNTP 和寡核苷酸都能结合 $Mg^{2+}$，因而反应体系中阳离子的浓度必须超过 dNTP 和引物来源的磷酸盐基团的浓度。由于二价离子浓度的重要性，其最佳浓度必须结合不同 PCR 体系中的具体引物与模板、并采用实验方法来确定。

### （六）缓冲液

要维持 PCR 反应体系的 pH，必须用 Tris-Cl 缓冲液。标准 PCR 缓冲液浓度为 10mmol/L，在室温下将 PCR 缓冲液的 pH 值调至 8.3~8.8。

### （七）一价阳离子

标准的 PCR 缓冲液中包含有 50mmol/L 的 KCl，它对于扩增大于 500bp 长度的 DNA 片段是有益的，提高 KCl 浓度到 70~100mmol/L，对改善扩增较短的 DNA 片段也是有益的。

### 三、PCR 的基本操作

PCR 是一种级联反复循环的 DNA 合成反应过程。PCR 的基本反应由三个步骤组成：第一步：变性，通过加热使模板 DNA 变性成为单链，同时引物和引物之间的局部双链也得以消除；第二步：退火，将温度降低至适宜温度，使引物与模板

DNA 结合；第三步：延伸，将温度升高，热稳定 DNA 聚合酶以 dNTP 为底物催化合成新生 DNA 链延伸。以上三步为一个循环，新合成的 DNA 分子又可以作为下一轮合成的模板，经多次循环之后即可达到扩增 DNA 片段的目的。

# 第三节　荧光定量 PCR

所谓荧光定量技术，是指在 PCR 反应体系中加入荧光基团，利用荧光信号累积实时监测整个 PCR 进程，最后，通过标准曲线对未知模板进行定量分析的方法。实时荧光定量 PCR 具有以下优点。

## 一、敏感性

实时荧光定量 PCR 技术的敏感度通常达 $10^2$ 个/mL，且线性范围很宽，为 $0\sim10^{11}$ 个/mL。一般来讲临床标本中病原体的数目为 $0\sim10^{10}$ 个/mL，在此范围内荧光定量 PCR 定量较为准确，标本不需稀释。同时实时荧光定量 PCR 应用了光谱技术，与计算机技术相结合有较多的优点，有效地减少了劳动量。如 TaqMan PCR 使用氩激光来激发荧光的产生，利用荧光探测仪检测荧光信号的大小，通过计算机的分析软件进行分析，灵敏度达到了极限，可以检测到单拷贝的基因，这是传统的 PCR 难以做到的，敏感性大大提高。

## 二、特异性

实时荧光定量 PCR 技术具有引物和探针的双重特异性，故与传统的 PCR 相比，特异性大为提高。荧光探针的使用相当于在 PCR 的过程中自动完成了 Southern 印迹杂交，进一步提高目的基因检测的特异性。传统的 PCR 在扩增结束后需要在电泳和紫外光下观测结果，除了有污染外，还对人体产生一定的伤害，而荧光实时定量 PCR 在全封闭状态下实现扩增及产物分析，降低了产物污染的风险性，有效地减少了污染及对人体的伤害。在大批量的标本检测中能有效地减少劳动量。

## 三、可重复性

实时荧光定量 PCR 技术结果相当稳定，同一标本的 $Ct$ 值相同，但是其产物的荧光量却相差很大。因为阈值设置在指数扩增期，在此阶段，各反应组分浓度相对稳定，没有副作用，$Ct$ 值与荧光信号的对数呈线性关系。而当 PCR 反应进入平台期后，由于反应体系各组分的耗尽、酶活性的降低及产物的反馈抑制等导致产物不再增加。与终点法相比 $Ct$ 值能更稳定，更精确地反映起始模板的拷贝数。同时，因 PCR 是对原始待测核酸模板的一个扩增过程，任何干扰 PCR 指数扩增的因素都会影响扩增产物的量，如扩增孔间温度差异、标本中 DNA 聚合酶抑制剂的存在、加样的差异和待测标本中核酸的量等。因此，在扩增产物数量与起始模板数量之间没有一个固定的比例关系时，通过检测核酸产物很难对原始模板准确定量。

### 四、其他优点

TaqMan 技术的优点还在于由于全程的闭管操作，没有 PCR 的后处理过程，因此污染率降低，克服了常规 PCR 污染率高造成假阳性的致命弱点。又由于其标准曲线的动力学范围广，为精确定量提供了较大的可信区间。TaqMan 技术采用的是外标准曲线的定量方法，它比内标法和半定量法要准确得多，而且，荧光探针高度重现性的特点保证了定量检测的稳定性。另外，定量过程的全自动化、高效率为其商品化提供了可行性。

实时荧光定量 PCR 技术使用了内对照系统，可校正 PCR 效率，获得定量结里。实时荧光定量 PCR 技术使用即时法，有效地解决了传统定量只能终点检测的局限，实现了每一轮循环均检测一次荧光信号的强度，并记录在计算机软件中，$Ct$ 值代表样品的浓度，通过对每个样品 $Ct$ 值的计算，常规法须在 PCR 完成后测出全部的 PCR 产物量，再确定原样品浓度。实时荧光定量 PCR 技术无须内标而采用外标准曲线定量，其原理根据 $Ct$ 值的重现性以及 $Ct$ 值与起始模板的线性关系。用实时荧光定量 PCR 技术检测，循环数 20~24 个，而常规 PCR 法需进行 34 个循环。

## 第四节　PCR 的应用

### 一、鸡白痢沙门氏菌检测

鸡白痢沙门氏菌（S. Pullorum）是沙门氏菌属中鸡血清型的一种生物型。该型菌株具有高度适应专一宿主的特点，禽类中鸡最易感染，火鸡次之。不同品种的鸡，易感性不同；母鸡的患病率比公鸡高。不同日龄的鸡易感性也不同，S. Pullorum 多侵害 20 日龄以内的幼雏，临床症状主要为白色下痢和呼吸困难，病死率高达 90%~100%。成年鸡多为隐性感染并且终身带菌，带菌母鸡可垂直传播给雏鸡，雏鸡之间也可以水平传播，因而极易导致鸡白痢在鸡群中的大范围流行，造成极大的经济损失。

传统的沙门氏菌检测方法是血清型诊断和生化反应等方法，费时且费力，血清学检测方法是通过细菌与特异性抗体的凝集反应鉴别其 O 抗原和 H 抗原，但 S. Pullorum 和鸡伤寒沙门氏菌具有几乎相同的抗原，常用的血清学方法不能将二者区分。PCR 方法具有快速、准确和成本低等优点，且可以解决上述问题。

## （一）引物设计

陆瑶等将 GenBank 中 *S. Pullorum* 全基因组（NZ_CP012347.1）和常见沙门氏菌（*S. Agona*、*S. Anatum*、*S. Dublin*、*S. Paratyphi A*、*S. Paratyphi B*、*S. Paratyphi C*、*S. Enteritidis*、*S. Newport*、*S. Typhimurium*）以及部分禽大肠杆菌的全基因组利用 Mauve 软件比对发现，*S. Pullorum* 在 SEEP 011400~SEEP 011405 中缺失了约 10kb 的碱基，而其他沙门氏菌该区域的长度不尽相同，该区域主要编码各种氧化还原酶、侵袭素、假定蛋白、膜蛋白、转录调控因子等。因此将缺失区域的侧翼序列作为 *S. Pullorum* 的检测靶点。利用 Primer Premier 5 软件设计出了特异性引物，序列为：SEEP400405 - F：GAGAATCCGGGACGGATGAC/SEEP400405 - R：CACT CGA-CAGGAACGCATTG。

## （二）模板制备

鸡蛋用去离子水洗净，在 75%酒精中浸泡 30min，紫外线消毒并晾干。将鸡蛋打碎并混匀，取 1mL 蛋液，于 10000r/min 下离心收集菌体沉淀，再用去离子水将菌体沉淀重新混悬，然后置于沸水中煮 10min，最后于 10000r/min 下离心 1min，收集上清液作为模板。

## （三）鸡白痢沙门氏菌检测

利用得到的模板进行 PCR 扩增并通过凝胶电泳即可检测出样本中是否含有鸡白痢沙门氏菌。

# 二、鸡蛋中沙门氏菌的快速检测

## （一）引物

选择 mgtC 基因作为通用型沙门氏菌的检测标志扩增序列，引物 SPI-3F（5′-AAAGACAATGGCGTCAACGTATGG-3′）、SPI-3R（5′-TTCTTTATAGCCCTGTTCCT-GAGC-3′）。

## （二）主要试剂和仪器

肠炎沙门氏菌标准菌株、四硫磺酸盐煌绿增菌液（TTB）（含 0.1%煌绿溶液和 13.8%碘液）、培养基、2×Taq PCR MasterMix（含染料）、去离子水、Goldview 染料及 Marker。

主要仪器有 PCR 扩增仪、电泳仪、凝胶图像处理系统、离心机等。

## （三）样品采集

随机采集鸡蛋数枚置于 4℃冰箱中待检测。

### （四）快速增菌

分别用碘酊和75%酒精对每枚鸡蛋进行消毒，再小心去除气室一端的蛋壳。用灭菌吸头将蛋黄、蛋清搅匀后，吸取1mL混合液接种于5mL沙门氏菌增菌液中，37℃振荡培养6~8h，必要时延长至18h。

### （五）阳性对照菌液的制备

用吸头将0.5mL左右液体培养基注入装有菌体干粉的安瓿中并吹打，制成菌悬液；再将菌悬液全部吸出并接种于培养基中。

### （六）DNA模板的制备

取阳性对照菌液和增菌培养物各100μL于1.5mL离心管中，4℃、12000r/min离心10min，去除上清液，重新悬浮于100μL超纯水中；将离心管置于100℃沸水中煮沸10min，再迅速冰浴5min，之后于4℃、10000r/min下离心5min，取上清液80μL置于新离心管中，并储存于-20℃下备用。

### （七）PCR快速检测

PCR反应体系为15μL：2×Taq PCR MasterMix 7.5μL、引物SPI-3F和SPI-3R各0.3μL、DNA模板5μL，加ddH$_2$O至15μL。PCR反应条件：94℃ 5min；94℃ 45s、58℃ 45s、72℃ 70s，共30个循环；最后72℃ 7min，4℃保温。取PCR扩增产物于1.5%琼脂糖凝胶中，在120V下电泳20min，凝胶成像后观察是否出现目的片段。

# 参考文献

［1］ 陆瑶，丁仕豪，曹俊，等. 鸡白痢沙门氏菌PCR检测方法的建立 ［J］. 中国预防兽医学报，2021，43（11）：1178-1183.

［2］ 姚俊峰，高娟，王晓亮，等. 上海市零售鸡蛋沙门氏菌快速检测 ［J］. 上海农业学报，2014，30（4）：93-96.

［3］ 刘云国，叶乃好，等. DNA小分子检测技术及其应用 ［M］. 北京：科学出版社，2016.

［4］ 黄留玉，等. PCR最新技术原理、方法及应用（第二版）［M］. 北京：化学工业出版社，2011.

［5］ Huang SH, Jong AY, Yang W, et al. Amplification of gene ends from gene library by PCR with single-sided speci ficity ［J］. Methods Mol Biol, 1993, 15：357-363.

［6］ Pitzer C, Stassar M, Zoller M. Modification of renal-cell-carcinoma-related cDNA clones by suppression subtractive hybridization ［J］. J Cancer Res Clin Oncol, 1999, 125（8-9）：487-492.

［7］ Wang X, Li X, Currie R W, et al. Application of real-time polymerase chain reaction to quantitative induced expression of interleuckin-1 beta mRNA in ischemic brain tolerance ［J］. J Neurosci Res，2000，59（2）：238-246.

［8］ Cheng S，Fockler C，Barnes W M，et al. Effective amplification of long targets from cloned inserts and human genomic DNA ［J］. Proc Natl Acad Sci USA，1994，9（12）：5695-5699.

［9］ Aslanidis C，Delong P. Ligation independent cloning of PCR products（LIC-PCR）［J］. Nucleic Acids Res，1990，18：6069-6074.

［10］ Dieffenbach C W. PCR 实验指南 ［M］. 黄培堂，俞炜源，陈添弥，等译. 北京：科学出版社，1998.

# 第十三章　拉曼光谱技术

## 第一节　拉曼光谱和拉曼光谱术

一束单色光射入试样后有三个可能去向：一部分光被透射；另一部分光被吸收；还有一部分光则被散射。大部分散射光的波长与入射光相同，而一小部分散射光由于试样中分子振动和分子转动的作用，波长发生偏移。这种波长发生偏移的光的光谱就是拉曼光谱。光谱中常常出现一些尖锐的峰，是试样中某些特定分子的特征。这就使得拉曼光谱具有进行定性分析并对相似物质进行区分的功能。而且，由于拉曼光谱的峰强度与相应分子的浓度成正比，所以拉曼光谱也能用于定量分析。通常，将获得和分析拉曼光谱以及与其应用有关的方法和技术称为拉曼光谱术（raman spectroscopy）。

不久以前，拉曼光谱术还只局限于高水平、训练有素的科学家在实验室中使用，测试十分耗时，而且往往以失败而告终。近年来，由于拉曼仪器学的突破性进展，已经完全改变了这种情况。现在，普通的实验员可以在通常用途的实验室中应用这种技术，而工厂的工艺工程师可以应用拉曼光谱术在线测试生产线中的产品。拉曼光谱术已不再是少数专家的"专用品"。拉曼光谱测试一般不触及试样，也不必对试样作任何修饰，能穿过由玻璃、宝石或塑料制成的透明容器壁或窗口收集拉曼信息。在工业生产中，不必预先处理试样是人们选用拉曼光谱术而弃用其他更成熟分析技术的主要原因。人们偏向应用拉曼技术的其他原因还在于仪器维持费用低，具有其他技术所不具备的特有分析能力以及拉曼光谱术和红外光谱术的互补特性。

早在20世纪20年代初人们就预测存在拉曼散射。1928年拉曼等在实验室观测到拉曼效应。此后，拉曼光谱术一度获得广泛应用。早期的拉曼仪使用弧汞灯作为光源，用摄谱仪分开不同颜色的光，用照相底片记录光谱。

20世纪40年代红外仪器学取得大的进展并出现商业仪器供应，使得红外光谱术比拉曼光谱术更易于使用。拉曼光谱术一度成为受到限制的特殊技术。尽管拉曼仪器学也在不断进步，但红外吸收光谱术的发展和普及更迅速。

光电倍增管替代照相底片记录光谱使测量大为方便。1953年出现了第一台商业拉曼仪，促进了拉曼光谱术的应用。而20世纪60年代激光替代弧汞灯作为光源，使拉曼光谱术的功能大为提高，使用更为方便。激光的使用使几种重要的非线性拉曼技术成为可能。到20世纪70年代，拉曼光谱术已能对$1\mu m^2$的小面积和$1\mu m^3$的小体积作分子振动分析，这是显微拉曼光谱术作出的贡献。它能同时使人们观察到对拉曼散射作出贡献的试样小区域的形貌。

20世纪80年代，纤维光学探针被引入拉曼光谱术中。探针简化了试样和拉曼仪间的对光程序，并使得能对远离拉曼仪的试样进行测试。20世纪90年代出现了许多新型纤维光学探针，进一步扩展了拉曼光谱术的应用范围。这期间拉曼光谱术开始应用于工业生产线工艺参数的控制，并在近年得到广泛采用。在远离数百米的仪器室内，用拉曼仪在线监控可能发生爆炸或有毒物质泄漏危险的试验或生产。这是纤维光学探针引入拉曼光谱术的重大贡献。过去20年来拉曼光谱术的最重要进展是傅里叶变换（fourier transform，FT）拉曼光谱术和CCD（charge-coupled device）检测器的引入使用。FT拉曼仪能消除或显著降低大多数试样的荧光背景；而CCD检测器使得拉曼光谱术成为快速测试技术，在几秒甚至更短的时间内就能测得完整的拉曼光谱。CCD检测器既有照相底片具备的多通道优点，又保留光电倍增器易于使用的特点。

随着光学技术的进一步发展，人们已经制造出更好的滤光器、激光器、光栅和分光光谱仪。21世纪以来市场上普遍供应高性能、结构紧凑又使用简便的拉曼光谱仪。这些仪器能有效地使用于非实验室环境，而且不要求使用者具备拉曼光谱术的专门技能。作为非专家也能用来解决分析问题的测试技术，拉曼光谱术在各个领域的应用正以更快的速度扩展。

## 第二节　禽蛋拉曼光谱检测的现状

利用拉曼光谱技术对禽蛋品质安全检测的研究主要集中在禽蛋中有害残留物检测及禽蛋种类鉴别等方面，如三聚氰胺、苏丹红等有害物质及沙门氏菌等有害致病菌。三聚氰胺（$C_3H_6N_6$）又名密胺、氰尿酰胺，相对分子质量为126.12。常温常压下为白色单斜晶体，无刺激性气味，溶解度为3.1g/L，可溶于乙酸、甘油、甲醇、吡啶、甲醛等，是一种重要的氮杂环类有机化工中间产品，主要用于生产三聚氰胺-甲醛树脂，并广泛用于木材加工、塑料、医药等行业。然而，近几年出现的非法添加三聚氰胺所导致的食物中毒事件引起了人们的广泛关注。三聚氰胺不是食品添加剂，它不能在体内代谢，过多的摄入会引起肾结石。目前，三聚氰胺的检测方法主要有红外光谱法、高效液相色谱法、色谱-质谱联用法、电化学法、酶联免疫吸附法、比色法等。上述几种方法的操作复杂、流程较长、设备昂贵，所以需要构建一种更方便、快捷的检测方法。激光拉曼光谱是种非弹性光散射技术，具有很强的识别能力，能够获取如动物蛋白、脂肪等成分的相对浓度和分布情况等信息，是一种无须样品前处理、灵敏度相对较高、分析测试快速便捷的光谱技术。表面增强拉曼光谱技术可快速检测不同食品中的三聚氰胺，为禽蛋中三聚氰胺的检测提供了新的方法。

苏丹红为暗红色或深黄色片状晶体，难溶于水，主要包括Ⅰ、Ⅱ、Ⅲ和Ⅳ4种类型，其中Ⅱ、Ⅲ和Ⅳ均为Ⅰ的化学衍生物。苏丹红具有一定的代谢毒性，短期内摄入过多的苏丹红会导致死亡，长期食用苏丹红会在体内慢慢积累，导致机体器官损伤或基因突变而恶化成癌症。由于苏丹红价格便宜，染色鲜艳，对光的敏感性差，化学性质稳定，商品染色后不易掉色，一些想牟取暴利的商贩为了使商品保持色泽或增加色彩，以提高其食用价值来盈利，常常违法使用苏丹红，将其食品添加剂添加到食品中，这严重威胁到食用者的身体健康。尤其是"苏丹红鸭蛋"，不法商贩将苏丹红添加到饲料中，鸭经过体内代谢产出具有红色蛋黄的鸭蛋，冒充河北白洋淀产的红心鸭蛋流入市场。常用的苏丹红检测方法有薄层色谱法（thin-layer chromatography，TCL）、气相色谱法（gas chromatography，GC）、气相色谱-质谱联用法（gas chromatography-mass spectrometry，GC-MS）、高效液相色谱法（high performance liquid chromatography，HPLC）、液相色谱-质谱联用法（liquid chromatograph mass chromatography，HPLC-MS）、酶联免疫分析法（enzyme-linked immunoassay，ELISA），上述方法已经被广泛应用到蛋禽类制品、辣椒制品、番茄酱和肉制品及调味品等食品中苏丹红的残留检测，但是上述方法操作复杂，流程较长，设备昂贵，需要构建一种更方便、快捷及高选择性的检测方法。拉曼光谱技术具有很强的分子识别能力，可以反映出物质中大分子组分或结构的细微变化，为禽蛋中苏丹红的检测提供了一种有效的方法。

沙门氏菌是一类革兰氏阴性致病菌，可引起人食物中毒、急性肠胃炎和动物腹泻等疾病，是禽蛋质量安全检测中不容忽视的有害微生物。许多动物都可以感染或携带沙门氏菌，而家禽是人类食物中毒性沙门氏菌的重要传染源，禽蛋的外壳容易沾有粪便，在禽蛋加工过程中，尤其是半熟状态下的禽蛋就有可能被粪便中的沙门氏菌污染，因此禽蛋沙门氏菌的检测对于食品安全十分重要。传统检测方法耗时费力，拉曼光谱技术可用于低浓度样品的测量，检测灵敏度很高，尤其对水环境中有机分子和生物大分子有很低的检测限。现有的研究表明，表面增强拉曼光谱技术可以从其他种类的细菌中检测出沙门氏菌，并且可以鉴别不同血清类型的沙门氏菌，拉曼光谱技术为检测和鉴别禽蛋中的沙门氏菌提供了新的方法，并具有一定潜力。

# 第三节　拉曼光谱技术在禽蛋生产中的应用

## 一、禽蛋有害物质的检测

### （一）有害添加物

关于三聚氰胺检测研究，王巧华等采用标准加入法制得浓度为 0.5mg/kg、1.0mg/kg、2.5mg/kg、5mg/kg、7.5mg/kg、10mg/kg、12.5mg/kg 和 15mg/kg 的三聚氰胺鸡蛋蛋清样品，使用便携式拉曼光谱检测仪，同时配合增强试剂 202（enhancer-OTR 202）和增强促进试剂 103（enhancer-OTR 103）用于增强拉曼信号强度。图 13-1 为采集到的拉曼散射光谱。首先使用 Raman Analyzer 软件对拉曼光谱进行基线校正。全谱中有 2500 个光谱变量，经相关系数法删减相关性低的变量后，剩余 320 个光谱变量，而光谱变量大多都落在拉曼峰值的附近。最终分别基于偏最小二乘法和谱峰分解建立了三聚氰胺的定量预测模型。模型对验证集测定值与预测值的相关系数分别为 0.856 和 0.947，预测均方根误差分别为 1.547mg/kg 和 0.893mg/kg，两种模型都能有效挖掘出鸡蛋蛋清中三聚氰胺的信息，可以达到较好的预测效果。

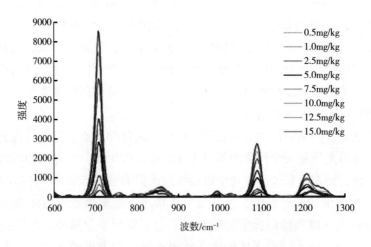

**图 13-1　不同浓度梯度的三聚氰胺拉曼光谱**

该研究表明，基于拉曼光谱技术的三聚氰胺检测方法，鸡蛋内三聚氰胺含量最低可检测至 1.0mg/kg，而国际食品法典委员会规定食品中三聚氰胺的检测限值为 2.5mg/kg。拉曼光谱技术重现性良好，样品前处理简单，检测成本低，设备操作便捷，检测周期短，检测一个样品仅需 15min，该方法对解决目前我国蛋品市场中伪劣产品带来的安全隐患具有重要意义和广阔的应用前景。

Cheng 和 Dong 对鸡蛋中的三聚氰胺进行表面增强拉曼光谱（surface-enhanced raman spectroscopy，SERS）检测。三聚氰胺在蛋清中浓度为 2.5~100mg/kg 时，其检出限为 1.1mg/kg，相关系数为 0.94，交叉验证误差为 12.38mg/kg；在蛋黄中浓度为 5.0~200mg/kg 时，检出限为 2.1mg/kg，相关系数与交叉验证误差分别为 0.8mg/kg 和 12.14mg/kg。检测时间不到 30min，该研究证明了表面增强拉曼光谱技术可用于检测鸡蛋中的三聚氰胺。

禽蛋产业的工业化生产对禽蛋中有害物质的检测提出了原位检测的要求，王锭笙等通过改进 Lee 和 Meisel 的方法，制备了两种银胶。以三聚氰胺分子为探针分子，银胶为增强基底，使用便携式拉曼光谱仪进行拉曼测试，拉曼光谱表明银纳米粒子和三聚氰胺发生的吸附作用明显，不同浓度三聚氰胺的拉曼光谱曲线表现出了明显不同，三聚氰胺的 4 个较强振动峰有 4~9cm$^{-1}$ 的频移和较大的强度比变化。由于 SERS 基底的表面增强作用，便携式拉曼光谱仪对三聚氰胺的最小检测量低至 $6\times10^{-12}$g，实现了三聚氰胺的亚单分子层检测水平。该检测方法快捷、简便，可以应用于三聚氰胺的现场、快速、半定量检测。

苏丹红也是我国明令禁止使用于食品中的一种有害添加剂，不法商贩为使禽蛋有好的色泽，将苏丹红添加到饲料中，家禽食用后产生红心蛋，人食用后会危及生命健康。现有研究表明拉曼光谱法可以快速、准确地检测出苏丹红，并且可以鉴别出不同种类的苏丹红。

陈晨和张国平利用拉曼光谱法对偶氮类染料苏丹红Ⅰ、Ⅱ和Ⅲ进行了检测，分别得到了能表征 3 种物质的特征拉曼位移，图 13-2 为苏丹红Ⅰ、Ⅱ和Ⅲ的拉曼光谱，最长扫描时间仅为 15s。实验表明，相对于传统的苏丹红检测方法，利用拉曼光谱法检测苏丹红Ⅰ、Ⅱ和Ⅲ更迅速方便，有望成为苏丹红类物质的有效检测方法。

邹时英等利用银氨溶液和葡萄糖发生的银镜反应制备了表面增强拉曼散射光谱的银镜基底。扫描探针显微镜照片显示该基底表面颗粒较均匀，银粒粒径为 100~500nm。将此基底插入含微量孔雀石绿水溶液中，测量吸附孔雀石绿分子的拉曼光谱，增强因子可达 $3.8\times10^5$。采用该基底对苏丹红Ⅰ进行检测，得到了能够表征其毒性的特征拉曼频移。这进一步表明，利用拉曼光谱技术可实现对禽蛋中苏丹红的检测。

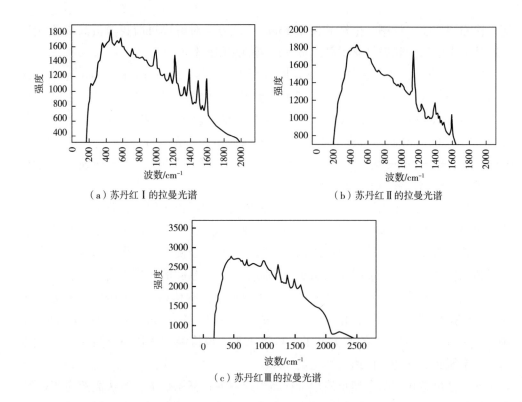

（a）苏丹红Ⅰ的拉曼光谱　　　　　　　　（b）苏丹红Ⅱ的拉曼光谱

（c）苏丹红Ⅲ的拉曼光谱

图13-2　不同种类苏丹红的拉曼光谱

## （二）病菌污染

家禽是人类食物中毒性沙门氏菌的重要传染源，许多沙门氏菌存在于家禽的肠道内，禽蛋在生产过程中很容易被家禽粪便污染而感染沙门氏菌，禽蛋沙门氏菌的检测对于食品安全十分重要。现有研究证明，拉曼光谱技术可以准确地检测和鉴别沙门氏菌。这些研究为拉曼光谱技术检测禽蛋中沙门氏菌提供了理论依据与新的方法。

Sundaram等利用表面增强拉曼散射技术检测和鉴别了3种不同血清类型的沙门氏菌。将100mg硝酸银添加到2%的聚乙烯醇溶液中，随后加入1%的柠檬酸盐，以降低硝酸银的含量，最终产生银胶囊化的生物聚合物纳米颗粒。纳米颗粒沉积在不锈钢板上用作增强基底。在10mL无菌去离子水中清洗肠炎沙门氏菌和鼠伤寒沙门氏菌的新鲜菌种，将大约5μL的细菌悬浮液分别放置在基板上，暴露在785nm激光下，采集400~1800cm⁻¹SERS光谱数据。通过对比鼠伤寒沙门氏菌和肠炎沙门氏菌重复试验的平均值和标准偏差发现，在所有的重复试验中，拉曼强度变化不明显，证明了利用表面增强的拉曼散射技术快速检测和鉴别不同的血清型沙门氏菌的可行性。采用主成分分析（principal component analysis，PCA）模型对沙门氏菌血清型进行分类，不同血清类型的沙门氏菌具有明显的区别。对两种血清型的沙门氏菌进行拉曼光谱检测，发现两种分离菌株都有相似的细胞壁和细胞膜结构，这些结构是由 520~1050cm$^{-1}$ 光谱区域确定的。细胞遗传物质和蛋白质的显著差异表现在 1200~1700cm$^{-1}$。结果表明，表面增强拉曼散射技术可以通过鉴别血清类型来区分不同种类的沙门氏菌。

Su 等利用表面增强拉曼散射技术对大肠杆菌和伤寒沙门氏菌的病原菌进行检测和鉴定。相比正常的拉曼信号，表面增强拉曼散射信号的强度大大增强。两种病原菌的表面增强拉曼散射光谱在形状上大体相似，这是由于两种病原菌具有相似的细胞壁和细胞膜结构，但是在拉曼强度上两者存在明显差异。试验结果表明，表面增强拉曼散射分析可以为鉴别不同病原菌提供一种快速、灵敏的方法。

高玮村等应用表面增强拉曼技术，以原位包覆纳米银为基底来增强细菌拉曼信号，检测食源性致病菌并获得了 5 种细菌的 SERS 光谱（图 13-3）。在 400~2000cm$^{-1}$，布鲁氏菌 S2 株有 10 处明显的拉曼谱峰，分别位于 563cm$^{-1}$、593cm$^{-1}$、682cm$^{-1}$、735cm$^{-1}$、799cm$^{-1}$、1056cm$^{-1}$、1331cm$^{-1}$、1372cm$^{-1}$、1457cm$^{-1}$、1578cm$^{-1}$ 处；鼠伤寒沙门氏菌有 9 处明显的拉曼谱峰，分别位于 682cm$^{-1}$、735cm$^{-1}$、819cm$^{-1}$、939cm$^{-1}$、1128cm$^{-1}$、1331cm$^{-1}$、1372cm$^{-1}$、1457cm$^{-1}$、1578cm$^{-1}$ 处；金黄色葡萄球菌有 5 处明显的拉曼谱峰，分别位于 682cm$^{-1}$、735cm$^{-1}$、1331cm$^{-1}$、1457cm$^{-1}$、1578cm$^{-1}$ 处；大肠杆菌 O157：H7 有 9 处明显的拉曼谱峰，分别位于 682cm$^{-1}$、735cm$^{-1}$、819cm$^{-1}$、863cm$^{-1}$、1128cm$^{-1}$、1331cm$^{-1}$、1372cm$^{-1}$、1457cm$^{-1}$、1578cm$^{-1}$ 处；福氏志贺氏菌有 7 处明显的拉曼谱峰，分别位于 682cm$^{-1}$、775cm$^{-1}$、890cm$^{-1}$、959cm$^{-1}$、1223cm$^{-1}$、1331cm$^{-1}$、1578cm$^{-1}$ 处。从图中可以看出，这 5 种致病菌的拉曼振动峰的位置和强度有明显的区别，这说明 SERS 技术实现了对大肠杆菌 O157：H7、鼠伤寒沙门氏菌、福氏志贺氏菌、布鲁氏菌 S2 株及金黄色葡萄球菌的快速鉴别。

Sivanesan 等将金银混合基底作为表面增强拉曼散射的增强基底，对包括沙门氏菌在内的 4 种细菌进行鉴别。首先，分别用 0.5μm 和 0.05μm 的氧化铝浆对银表面抛光，然后用超声波清洗降解 10min，进行氧化还原循环之后，用超纯水洗净并在氩气中干燥。在基底制备的第二阶段，一层薄薄的黄金沉积在银基底上。从经过增强作用后的 4 种细菌的拉曼光谱中可以看出明显的特征峰，大肠杆菌有 11 处明显的特征峰，芽孢杆菌有 9 处明显的特征峰，沙门氏菌有 8 处明显的特征峰，金黄色葡萄球菌有 12 处明显的特征峰，可以明显区分出 4 种不同的细菌。以金属胶体为

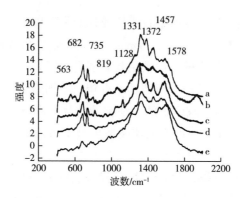

**图 13-3 SERS 检测 5 种致病菌**

a—大肠杆菌 O157：H7　b—布鲁氏菌 S2 株　c—鼠伤寒沙门氏菌　d—金黄色葡萄球菌　e—福氏志贺氏菌

SERS 基底检测致病菌的方法简单、快速，但结果重复性差，因为纳米颗粒与细菌的混合溶液往往不均一，金属胶体的形状、大小的微小变化都可以改变其增强效果。

Li 等利用沙门氏菌在与其配适体结合时所产生的 SERS 强度的变化对沙门氏菌进行检测，当鼠伤寒沙门氏菌和 cDNA 同时存在时，两者会竞争性地与沙门氏菌适配体结合，会使沙门氏菌配适体产生聚集性的改变，沙门氏菌适配体不再稳定盐溶液中的金纳米棒，导致金纳米棒不同程度地聚集，不同的金纳米棒聚合将产生等离子体耦合，从而影响到 SERS 的强度。在未加入盐溶液时，金纳米颗粒-PATP 溶液的拉曼信号微弱，在加入盐溶液之后信号增强。这说明加入盐溶液后金纳米棒产生了聚合，加入适配体后拉曼信号会明显减弱，这证实了前面的结论。当沙门氏菌的浓度从 56CFU/mL 增加到 $56 \times 10^7$CFU/mL 时 SERS 强度随之降低，沙门氏菌的浓度与 SERS 强度表现出明显的线性关系，该研究为准确定量预测沙门氏菌的强度提供了一个新的可行方法。

Zhang 等基于纳米粒子拉曼强度技术和不同细菌对配适体的特定识别对伤寒沙门氏菌和金黄色葡萄球菌进行检测，将金纳米颗粒和配适体分别作为伤寒沙门氏菌和金黄色葡萄球菌的检测探针，$Fe_3O_4$ 磁性金纳米颗粒为伤寒沙门氏菌和金黄色葡萄球菌共同的配适体，以此作为两种细菌的捕获探针，向伤寒沙门氏菌和金黄色葡萄球菌的混合溶液中加入 $Fe_3O_4$ 磁性金纳米颗粒，$Fe_3O_4$ 磁性金纳米颗粒与配适体发生特异性结合效应进而捕获目标细菌。随后，金纳米颗粒也会通过配适体的作用与细菌相结合。该方法在增强拉曼光谱信号的同时可以使不同种细菌之间的拉曼光谱差异更加明显，采集两种细菌的拉曼光谱发现不同浓度的细菌表现出不同的拉曼强度，细菌浓度与拉曼强度有明显的线性关系。

## 二、禽蛋种类的鉴别

不同种类的禽蛋具有不同的拉曼光谱特征，通过对比不同种类禽蛋的拉曼光谱特性，可以实现对不同种类禽蛋的鉴别。潘懿和朱仲良收集了家养草鸡蛋、乌骨鸡蛋、花鸽子蛋、鹌鹑蛋样品，将所有样品冲洗洁净并自然晾干，打碎后取样品蛋黄部分并转移至 2mL 样品瓶中，分别编号，在阴凉干燥的室温条件下保存。用单晶硅片校正后，将样品直接置于 50 倍短焦镜头下采集拉曼光谱。激发波长 514nm，激光功率为 20mW，分辨率为 $1.5cm^{-1}$，扫描范围为 $100 \sim 4000cm^{-1}$。结果显示（图 13-4），4 种禽蛋所含主要成分相近，拉曼光谱表现出较大相似性。但由于蛋白质、脂肪、碳酸钙、维生素、矿物元素等成分的含量差异，拉曼信号强度具有一定差异。通过对不同禽蛋拉曼光谱进行 PCA 投影分析，发现 27 个样品聚集为 4 类，不同类的禽蛋之间区分明显，该投影反映出了不同禽蛋之间的差异，可以看出家养草鸡蛋与乌骨鸡蛋差异相对较小，而鹌鹑蛋与其他 3 种禽蛋区别较大。

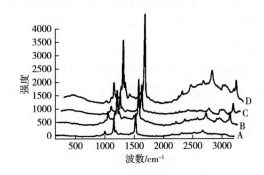

**图 13-4　4 种禽蛋的拉曼光谱图**
A—家养草鸡蛋　B—乌骨鸡蛋　C—花鸽子蛋　D—鹌鹑蛋

## 三、禽蛋胚胎性别的鉴定

对于蛋鸡孵化厂来说，不能产蛋的雄性鸡的利用价值显然低于可以产蛋的雌性鸡。因此，通常将刚孵化出的雄性幼鸡筛选出来直接杀死。德国每年杀死的雄性幼鸡超过 4000 万只，这种做法引起一些争议。不同性别的禽蛋胚胎细胞的拉曼光谱信号有所不同，这一特点可用来提前判断幼鸡的性别。

Galli 等通过试验证实了通过拉曼光谱技术鉴别鸡蛋胚胎性别是可行的。为了去除蛋壳对试验的干扰，首先对鸡蛋进行处理，在鸡蛋孵化 3~5 天后，将气室上方的蛋壳去除，为了避免影响胚胎的正常孵化，采集完拉曼光谱后，使用不引起排斥反应的生物材料补住开出的窗口。

对比雄性胚胎和雌性胚胎的光谱，发现两者的主要区别体现在 755cm$^{-1}$、933cm$^{-1}$、1086cm$^{-1}$、1224cm$^{-1}$、1400cm$^{-1}$ 处，其中差异最大的波段在 755cm$^{-1}$ 处，此处的差异是由血红蛋白引起的。对雌性和雄性胚胎做线性判别分析，其判别结果验证集和校正集总体鉴别正确率可达 88%，在独立验证试验中鉴别正确率可达到 90%。为了探究蛋黄和蛋清是否对检测结果造成影响，在氟化钙底板上分别采集蛋清和蛋黄的拉曼光谱，对血清、蛋黄、蛋清的 3 个波段进行分析，发现蛋清、蛋黄所在波段并不会对性别鉴别造成影响。

试验结果证明了利用拉曼光谱鉴别鸡蛋胚胎性别的可行性，但是蛋壳上开过窗口的鸡蛋的孵化率会降低。Galli 等针对这一问题进行改进，在鸡蛋气室上方的蛋壳上开窗口时保持隔膜的完整，并着重分析了隔膜所带来的影响。

透过隔膜采集拉曼光谱图像，发现雌性胚胎的拉曼强度要普遍低于雄性胚胎的拉曼光谱强度，其中雌性样品 91 个，雄性样品 68 个，雄性胚胎和雌性胚胎拉曼强度的平均值也有显著差异。这与之前的研究得出的结果类似。由于隔膜的影响，不同性别的胚胎的光谱曲线有部分重叠，为消除隔膜的影响，随机取同一批样品中某个鸡蛋的隔膜并采集其拉曼光谱图像，其主要的特征峰位于 1003cm$^{-1}$、1250cm$^{-1}$、1310cm$^{-1}$、1340cm$^{-1}$、1449cm$^{-1}$、1555cm$^{-1}$、1665cm$^{-1}$ 处，这些特征峰都与蛋白质有关。通过分析发现，隔膜的影响主要有两个方面，一是由于隔膜的阻碍导致了拉曼强度的降低，二是导致了不同性别胚胎的拉曼光谱的重叠。为了补偿隔膜所造成的拉曼强度降低，光谱的计算公式替换为

$$I' = (I_0 - S_R d')$$

式中：$S_R$ 为隔膜的拉曼光谱；$d'$ 为隔膜的厚度；$I_0$ 为胚胎的光谱。

根据扣除隔膜干扰之后的拉曼光谱图像判断胚胎性别，胚胎性别判断的正确率可以达到 93%，并且孵化率不受影响。若采用直接开孔检测不保留隔膜的做法，孵化率会降低 11%。该研究可以准确地判别受精禽蛋胚胎的性别，为鉴别禽蛋胚胎性别提供了新的方法。

# 参考文献

[1] 田向学，刘晓明，张克刚，等. 不同品种鸡蛋品质与蛋营养物质分析比较 [J]. 家禽科学，2009，8（11）：31-32.

[2] 马梅琴，孙舜保. 禽蛋质量的指标及鉴定方法 [J]. 现代畜牧科技，2012，9（8）：144-145.

［3］ 刘力，彭义，彭祥伟，等．我国水禽蛋品质量安全标准现状、问题及对策［J］．中国畜牧杂志2009，45（24）：20-23.

［4］ 杨盛林，黄思玲．三聚氰胺的性质、检测方法及毒理学［J］．食品与药品，2008，10（11）：6.

［5］ 杜玮，傅强．三聚氰胺检测方法的研究进展［J］．中国卫生检验杂志，2009，19（1）：236-239.

［6］ 张满芳，王向红，黄桂湘．苏丹红色素概述及苏丹红色素的检验［J］．实用预防医学，2008，15（4）：1251-1252.

［7］ 庞艳玲．食品中苏丹红检测方法的研究进展［J］．食品与发酵工业，2008，17（3）：114-119.

［8］ Hensel M. Evolution of pathogenicity islands of Salmonella enterica ［J］. International Journal of Medical Microbiology，2004，294（2-3）：95-102.

［9］ 张媛．我国微生物危险性评估的最新进展及未来发展方向［J］．食品与发酵科技，2008，44（3）：37-40.

［10］ Carriquemas J J, Davies R H. Sampling and bacteriological detection of Salmonella in poultry and poultry premises：A review ［J］. Revue Scientifique et Technique，2008，27（3）：665-677.

［11］ Toyofuku H. Epidemiological data on food poisonings in Japan focused on Salmonella，1998—2004 ［J］. Food Additives & Contaminants Part A－Chemistry Analysis Control Exposure & Risk Assessment，2008，25（9）：1058-1066.

［12］ Altier C. Genetic and environmental control of Salmonella invasion ［J］. Journal of Mrcobiloay，2005，43（43）：85-92.

［13］ Mello C，Ribeiro D，Novaes F，et al. Rapid differentiation among bacteria that cause gastroenteritis by use of low resolution Raman spectroscopy and PLS discriminant analysis ［J］. Anal Bioanal Chem，2005，383（4）：701-706.

［14］ 黄亚伟，张令，王若兰，等．表面增强拉曼光谱在食品非法添加物检测中的应用进展［J］．粮食与饲料工业，2014，12（9）：24-27.

［15］ 王巧华，刘亚丽，马美湖，等．表面增强拉曼光谱检测鸡蛋蛋清内三聚氰胺的定量方法研究［J］．光谱学与光谱分析，2015，35（4）：919-923.

［16］ Cheng Y，Dong Y. Screening melamine contaminant in eggs with portable surface－enhanced Raman spectroscopy based on gold nanosubstrate ［J］. Food Control，2011，22（5）：685-689.

［17］ 王键笙，李学铭，董腾，等．亚单分子层三聚氰胺的便携式拉曼检测［J］．光散射学报，2008，20（4）：379-383.

［18］ 陈晨，张国平．苏丹红Ⅰ、Ⅱ和Ⅲ的拉曼光谱研究［J］．光学与光电技术，2007，5（1）：61-63.

[19] 邹时英，李涛，王蓉，等. 基于银镜的高灵敏表面增强拉曼光谱基底制备及其用于苏丹红 I 的检测 [J]. 中国食品添加剂, 2012, 12 (4): 256-260.

[20] Kem mLera M, Rodnera E, Roschb P, et al. Identification of novel bacteria using Raman spectroscopy and gaussian processes [J]. Anal Chim Acta, 2013, 794: 29-37.

[21] Escoriza M F, van Briesen JM, Vanbriesen J, et al. Raman spectroscopy and chemical imaging for quantification of filtered waterborne bacteria [J]. J Microbiol Methods, 2006, 66 (1): 63-72.

[22] Kraus M, Radt B, Rosch P, et al. The investigation of single bacteria by means of fluorescence staining and Raman spectroscopy [J]. J Raman Spectroscopy, 2007, 38 (4): 369-372.

[23] Walter A, Marz A, Schumacher W, et al. Towards a fast, high specific and reliable discrimination of bacteria on strain level by means of SERS in a microfluidic device [J]. Lab Chip, 2011, 11 (6): 1013-1021.

[24] Zhang Y, Huang Y, Zhai F, et al. Analyses of enrofloxacin, furazolidone and malachite green in fish products with surfacc-enhanced spectroscopy [J]. Food Chem, 2012, 135: 845-850.

[25] Zhou H, Zhang Z, Jiang C, et al. Trini trotoluene explosive lights up ultrahigh Raman scattering of nonresonant molecule on a top-closed silver nanotube array [J]. Anal Chem, 2011, 83 (18): 6913-6917.

[26] Sundaram J, Park B, Jr A H, et al. Detection and differentiation of Salmonella, serotypes using surface enhanced Raman scattering (SERS) technique [J]. Journal of Food Measurement & Characterization, 2013, 7 (1): 1-12.

[27] Su L, Zhang P, Zheng D W, et al. Rapid detection of Escherichia coli and Salmonella typhimurium by surface enhanced Raman scattering [J]. Optoelectronics Letters, 2015, 11 (2): 157-160.

[28] 李博，王习文，等. 基于表面增强拉曼技术快速检测 5 种食源性致病菌 [J]. 吉林农业大学学报, 2017, 39 (6): 733-737.

[29] Sivanesan A, Witkowska E, Ka minska A. Hybrid surface for label free SERS detection of 2011, 23 (4): 68-72.

[30] Li H, Chen Q, Ouyang O, et al. Fabricating a novel Raman spectroscopy based aptasensor for rapidly sensing Salmonella typhimurium [J]. Food Analytical Methods, 2017, 10 (9): 3032-3041.

[31] Zhang H, Ma X, Liu Y, et al. Gold nanoparticles enhanced SERS aptasensor for the simultaneous detection Salmonella typhimurium, and Staphylococcus aureus [J]. Biosensors & Bioelectronics, 2015, 74: 872-877.

[32] 潘懿，朱仲良. 基于拉曼光谱技术及模式识别方法鉴别各种禽蛋 [J]. 中国化学会全

国发光分析学术研讨会，2011.

[33] Goodier J. Encyclopedia of animal rights and animal welfare [J]. Journal of Applied Animal Welfare Science, 2000, 3 (1): 75-77.

[34] Galli R, Preusse G, Uckermann O, et al. In ovo sexing of domestic chiken eggs by Raman spectroscopy [J]. Analytical Chemistry, 2016, 88 (17): 1023-1029.

[35] Galli R, Preusse G, Schnabel C, et al. Sexing of chicken eggs by fluorescence and Raman spectroscopy through the shell membrane [J]. PLoS One, 2018, 13 (2): 471-477.

[36] 杨序刚，吴琪琳. 拉曼光谱的分析与应用 [M]. 北京：国际工业出版社，2008.

[37] 彭彦坤. 食用农产品品质拉曼光谱无损快速检测技术 [M]. 北京：科学出版社，2019.

# 第十四章 高效液相色谱技术

## 第一节 高效液相色谱技术概述

液相色谱法是指流动相为液体的色谱技术。20 世纪 60 年代末，在经典液相色谱基础上发展起来的高效液相色谱法（high perfonance liquid chromatography，HPLC），是一种以高压输出的液体为流动相的现代柱色谱分离分析方法。经典液相色谱法存在柱效低、分析速度慢、不能在线检测等缺陷。因此，在速率理论指导下，人们针对经典液相色谱存在的不足进行改进，研制出粒度小、传质快的固定相，采用粒径 5~10μm 微粒固定相，理论塔板数可达 20000~80000 块/m，能分离多组分复杂混合物或性质极为相近的同分异构体，包括手性分子，提高了柱效；采用高压泵输送流动相，加快了分析速度；使用紫外、荧光等高灵敏度检测器，检出限可达 $10^{-12}~10^{-9}$g/mL，实现了自动化检测，从而使液相色谱和气相色谱一样，具有高效、高速度、高灵敏度的特点。气相色谱法的流动相是惰性气体，对样品仅起运载作用，实际工作中主要利用改变固定相来改善分离。高效液相色谱分离过程中，样品（溶质）与流动相（溶剂）、固定相之间均有一定作用力，增加了控制分离选择性的因素，流动相性质和组成的变化，常是提高分离选择性的重要手段，使分离条件选择更加方便灵活。

## 第二节 高效液相色谱基本原理

高效液相色谱法的基本原理与气相色谱法相似，因此气相色谱法中的基本理论、基本概念也适用于高效液相色谱法，但由于二者流动相的差异，在描述两种色谱基本理论时会有所不同。

在液相色谱中同样存在峰形扩展，即谱带展宽现象，故有必要对此加以讨论。液相色谱和气相色谱的主要区别可归因于流动相性质的差异：液体扩散系数比气体要小 $10^5$ 倍左右；液体黏度比气体约大 $10^2$ 倍；液体表面张力比气体约大 $10^4$ 倍；液体密度比气体约大 $10^3$ 倍；液体不可压缩。这些差异对液相色谱的扩散和传质过程影响很大，而传质过程对柱效的影响尤为显著。由 Giddings、Snyder 等人提出的液相色谱速率方程如下：

$$H = H_e + H_d + H_s + H_m + H_{sm}$$

$$= 2\lambda d_p + 2\frac{\gamma D_m}{u} + q\frac{k}{(1+k^2)}\frac{d_f^2}{D_s}u + \omega\frac{d_p^2}{D_m}u + \frac{(1-\varepsilon_i+k)^2}{30(1-\varepsilon_i)(1+k)^2\gamma_0 D_m}\frac{d_p^2}{}u$$

式中：$H_e$ 为涡流扩散项；$H_d$ 为分子扩散项；$H_s$ 为固定相传质项；$H_m$ 流动的流动相传质项；$H_{sm}$ 滞留的流动相传质项。

## 一、涡流扩散项

液相色谱中的涡流扩散项与气相色谱法相似，减小固定相粒度、柱子装填均匀，都有利于提高柱效。

## 二、分子扩散项

由式中可知，$H_d \propto D_m$，分子扩散造成的峰形扩展对气相色谱是重要的，因为气体的扩散系数较大。但在液相色谱中，由于分子在液体中的扩散系数比在气体中要小 4~5 个数量级，当流动相线速度大于 0.5cm/s 时，$H_d$ 即可忽略。

## 三、固定相传质项

$H_s$ 由溶质分子从流动相进入固定相（或液膜）内进行传质引起的，主要取决于固定液的液膜厚度及溶质分子在固定液内的扩散系数，它们之间的关系如下列方程所示。

$$H_s = q\frac{k}{(1+k)^2 D_s}\frac{d_f^2}{}u$$

式中：$q$ 为结构因子，由固定相颗粒和孔结构决定；$D_s$ 为溶质在固定相中的扩散系数；$d_f$ 为液膜厚度，若固定相为多孔颗粒或离子交换树脂，$d_f$ 用 $d_p$ 代替。

对于由固定相传质引起的峰扩展，主要从改善传质、加快溶质分子在固定相上的解吸过程着手。对液-液分配色谱，可减小液膜厚度；对吸附色谱、离子交换色谱，则可使用小颗粒填料来解决。还可通过增加 $D_s$，减小 $u$ 来提高柱效。

## 四、流动相传质项

溶质分子在流动相中的传质过程有两种形式，即流动的流动相传质和滞留的流动相传质。

当流动相从填料缝隙中流过时，处于同一横截面上的所有分子的流速并不相同，由于摩擦作用，靠近填料颗粒的流速比流路中间的流速要小。因此，在流路中间的分子要比靠近填料颗粒的分子流得快一些，从而导致峰形扩展。

$$H_{\mathrm{m}} = \omega \frac{d_{\mathrm{p}}^2}{D_{\mathrm{m}}} u$$

$\omega$ 为无因次量，与柱内径、形状、填料性质有关，其值在 $0.01 \sim 10$。当填料均匀、填充紧密时，$\omega$ 减小。因此，为减小 $H_{\mathrm{m}}$，柱子应填充均匀、紧密，以尽量减小颗粒间缝隙。为此，可使用球形、小颗粒的填料。当使用多孔性填料时，填料表面的小孔内充满了滞留不动的流动相，溶质分子通过这些滞留的流动相扩散到达固定相。但它们扩散至小孔的深度不同，有的只扩散至短距离便很快返回至主流路中；另一些则扩散至小孔深处。这样，当它们返回至主流路中时，就比那些扩散至小孔浅处的分子落后了，从而造成峰形扩展。孔越深，峰形扩展越严重。

$$H_{\mathrm{sm}} = \frac{(1 - \varepsilon_{\mathrm{i}} + k)^2}{30 \ (1 - \varepsilon_{\mathrm{i}})(1 + k)^2 \gamma_0 D_{\mathrm{m}}} \frac{d_{\mathrm{p}}^2}{} u$$

式中：$\varepsilon_{\mathrm{i}}$ 为内孔隙度；$\gamma_0$ 为与固定相颗粒孔道弯曲程度有关的因子。

为了减小 $H_{\mathrm{sm}}$ 项，应使用小颗粒的多孔填料或表面多孔型的填料，它们的孔深比大颗粒的多孔填料要浅得多。

在液相色谱中，峰的展宽包括两部分：柱内扩散和柱外扩散。柱内扩散是指溶质分子在柱内因涡流扩散、分子扩散、传质阻力等引起的峰展宽。柱外扩散也叫柱外效应，是由色谱柱以外的某些因素造成额外的谱带展宽，使柱的实际分离效率未能达到其固有水平，这种现象称为柱外效应。造成柱外效应的因素主要有进样器死体积、低劣的进样技术、柱前后连接管体积、检测器死体积等。由于溶质分子在液体流动相中的扩散系数较低，致使柱外效应对液相色谱的影响比气相色谱更显著。为减少柱外效应的影响，应尽可能减小柱外死体积。为此，应采用细内径的连接管，并尽量缩短其长度。如采用零死体积接头来连接各部件、采用较小死体积的检测器。

### 五、峰展宽的柱外效应

速率方程研究的是柱内溶质的色谱峰展宽（谱带扩张）和板高增加（柱效降低）的原因。此外，在色谱柱外尚存在着引起色谱峰展宽的因素，称为峰展宽的柱外效应或柱外峰展宽，可分为柱前峰展宽和柱后峰展宽。

#### （一）柱前峰展宽

前略展宽包括由进样及进样器到色谱柱连接管引起的峰展宽。液相色谱柱的进样方式大都是将试样注入色谱柱顶端滤塞上或注入进样器（如阀）的液流中。由于进样器的死体积，进样时液流扰动引起的扩散及进样器到色谱柱连接管的死体积均会引起色谱峰的展宽和不对称，故进样时最好将样品直接注入柱头的中心部位。

### （二）柱后峰展宽

柱后峰展宽主要由检测器流通池体积、连接管等引起。如通用紫外检测器的池体积为 $8\mu L$，微量池的体积可更小。柱外峰展宽在液相色谱中的影响要比在气相色谱中更为显著。为了减少其不利影响，应当尽可能减小柱外死体积，即从进样器到检测池之间除柱子本身外的所有死体积，包括进样器、检测器和连接管、接头等，应采用零死体积接头来连接各部件等方法。

## 第三节　高效液相色谱仪的组成

高效液相色谱仪种类很多，根据其功能不同，主要分为分析型、制备型和专用型。虽然不同类型的仪器性能各异、应用范围不同，但其基本组成是类似的，主要由输液系统、进样系统、分离系统、检测系统、记录及数据处理系统组成，包括溶剂贮存器、高压泵、进样器、色谱柱、检测器和记录仪等主要部件（图14-1）。其中，对分离、分析起关键作用的是高压泵、色谱柱和检测器三大部件。

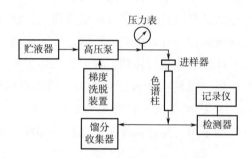

图 14-1　高效液相色谱仪结构示意图

液相色谱仪工作过程为：微粒固定相紧密装填在色谱柱中，高压泵将溶剂贮存器中的溶剂经进样器以一定的速度送入色谱柱，然后由检测器出口流出。当样品混合物从进样器注入时，流动相将其带入色谱柱中进行分离，各组分在不同的时间离开色谱柱进入检测器，检测器输出的电信号供给记录仪或数据处理装置，从而得到色谱图。

### 一、输液系统

输液系统由溶剂贮存器、高压泵、过滤器、阻尼器、梯度洗脱装置等组成，其核心部件是高压泵。

## （一）高压泵

高压泵的作用是将流动相在高压下连续不断地送入色谱系统，泵的性能好坏直接影响整个仪器的稳定性和分析结果的可靠性。由于固定相颗粒极细，再加上液体黏度较大，柱内阻力很大。为实现快速、高效分离，必须借助高压，迫使流动相通过柱子。对高压泵来说，应具备较高的压力，一般要求压力为 35~50MPa。流量要稳定，无脉动，输出流量精度要高，以保证检测器能稳定工作，使定性、定量有良好的重复性。流量范围要宽，且连续可调，一般分析型仪器流量在 0.01~10mL/min。此外，还应耐腐蚀，更换溶剂方便，易于清洗和维修，易于实现梯度洗脱和流量程序控制等。

高压泵按排液性质分为恒压泵和恒流泵两大类；按工作方式又分为液压隔膜泵、气动放大泵、螺旋注射泵和往复柱塞泵四种，前两种为恒压泵，后两种为恒流泵。恒压泵输出的压力恒定，而流量随外界阻力变化而改变，不适于梯度洗脱，它正逐渐被恒流泵所取代。恒流泵在一定的操作条件下，输出的流量保持恒定，柱阻力或流动相黏度改变只引起柱前压的变化。目前，绝大部分高效液相色谱仪所采用的是往复柱塞泵，因为它的液缸容积小，易于清洗和更换溶剂，特别适合于梯度洗脱。

## （二）梯度洗脱装置

梯度洗脱给色谱分离带来了很大的方便，已成为高效液相色谱仪中一个重要的、不可缺少的部分。所谓梯度洗脱是指在一个样品的分析过程中，溶剂组成（或溶剂强度）随洗脱时间按一定规律连续变化的洗脱。采用梯度洗脱技术可以改善分离效果、提高分离度、加快分析速度、改善峰形、减少拖尾、利于痕量组分检测。梯度洗脱系统分为高压梯度和低压梯度两种类型。

高压梯度又称为内梯度，是用高压泵将不同组成的溶剂增压后送入梯度混合室，经充分混合后送入色谱柱系统。高压梯度装置一般由两台或两台以上高压泵、梯度程序控制器和混合器等部件组成，每台高压泵输送一种溶剂。高压梯度洗脱流量精度高，梯度洗脱曲线重复性好，流路系统中不易产生气泡。但由于使用两台高压泵，价格昂贵。

低压梯度又叫外梯度，是在常压下将若干种不同强度的溶剂按一定比例混合后，再由高压泵输入色谱柱。现代低压梯度装置采用可变程序控制器控制的自动切换阀，用一个高压泵来完成梯度操作，可实现三元或四元梯度洗脱，通过控制切换阀的开关频率，可获得任意的梯度洗脱曲线。

## 二、进样系统

进样系统是将分析试样送入色谱柱的装置。对于液相色谱进样装置来说，要求死体积小，重现性好，保证柱中心进样，进样时色谱系统压力、流量波动小，易于实现自动化。常用的进样方式有以下 3 种。

### (一) 隔膜注射器进样

将微量注射器的针尖穿过进样器的弹性隔膜垫片，将样品以小液滴形式送到柱床的这种进样方式可以获得比其他任何一种进样方式都要高的柱效，且价格便宜、操作方便，缺点是进样的重现性差，操作压力不能过高，一般在 10MPa 以下。

### (二) 高压进样阀进样

高压进样阀是现代液相色谱仪一种优良的进样装置，可以直接用于高压下把样品送入色谱柱。由于进样体积由定量管严格控制，因此进样准确、重现性好。

### (三) 自动进样器

自动进样器是由计算机自动控制定量间、取样、进样、复位、清洗和样品盘转动等一系列操作，全部拟定程序自动进行，操作者只需将样品按顺序装入贮样装置。该法适合于大量样品的分析，节省人力，可实现自动化操作。

## 三、分离系统

分离系统主要指色谱柱，样品在此完成分离。色谱柱是色谱仪最重要的部件，称为色谱仪的"心脏"，色谱柱质量优劣直接影响分离效果。对色谱柱的要求是：分离效率高、柱容量大、分析速度快。这些优良性能与柱结构、柱填料特性和柱填充质量有关。

色谱柱通常采用优质不锈钢材料制作，柱管内壁经过精细地抛光处理。管内壁若有纵向沟槽或表面不光洁，会引起谱带展宽，使柱效下降。一般柱长为 10 ~ 30cm，内径 4~5mm。柱接头的死体积应尽可能小，以减小柱外效应。高效液相色谱柱的获得主要取决于柱填料的性能，但也与柱床结构有关，而柱床结构直接受填充技术的影响。色谱柱填充方法有干法和湿法两种。

填料粒径大于 20μm 时，可用干法填充；粒径小于 20μm 的填料，不宜用干法填充，需要用湿法装填。湿法也叫匀浆法，即以一合适的溶剂（或混合溶剂）作为分散介质，经超声波处理，使填料微粒在介质中高度分散并呈悬浮状态，形成匀浆。

## 四、检测系统

检测器是用于连续监测柱后流出物组成和含量变化的装置，其作用是将色谱柱中流出的样品组分含量随时间的变化转化为易于测量的电信号。理想的 HPLC 检测器应具有灵敏度高、重现性好、响应快、线性范围宽、死体积小等特性。常用的液相色谱检测器有紫外吸收检测器、荧光检测器、示差折光检测器、电化学检测器等。

### （一）紫外吸收检测器

紫外吸收检测器（ultraviolet detector，UV）是一种选择性的浓度型检测器，是 HPLC 中应用最早、最广泛的检测器之一，几乎所有液相色谱仪都配有这种检测器。它的检测原理是基于被测组分对特定波长紫外光的选择性吸收，组分浓度与吸光度的关系遵守 Lambert-Beer 定律。

紫外吸收检测器有固定波长和可变波长两类。固定波长检测器又有单波长和多波长两种；可变波长检测器有紫外-可见分光、快速扫描多波长检测等类型。单波长紫外吸收检测器采用单一波长光源，一般以低压汞灯为光源，在 254nm 波长下检测。由于大多数芳香族化合物及含有 C=C、C=O、C=N、N=N、N=O 等官能团的化合物，如生物中的蛋白质、酶、芳香族氨基酸、核酸等以及其他许多有机化合物，都在 254nm 附近有强吸收，因而 UV-254 是一种广泛应用的单波长检测器。

多波长紫外吸收检测器采用氙灯、氢灯或中压汞灯作光源，在 200~400nm 范围内有较好的连续光常，通过一组滤光片选择所需工作波长，如 245nm、280nm、313nm、334nm、365nm 等，提高了选择性。可变波长检测器实际上就是装有流通池的紫外-可见分光光度计，光源采用氙灯/钨灯，波长范围 190~800nm，紫外区用氙灯，可见区用钨灯。以光栅作单色器，可得到任意波长的光，进一步扩大了应用范围。近几年发展起来的快速扫描紫外/可见分光检测器，采用光电二极管阵列检测元件，可在 190~700nm 快速扫描，经计算机处理后，能获得三维色谱-光谱图。因此，可利用色谱保留值规律及光谱特征吸收曲线综合进行定性分析。紫外吸收检测器光路图见图 14-2。

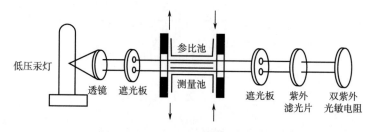

**图 14-2 紫外吸收检测器光路图**

紫外吸收检测器灵敏度高，检出限可达 $10^{-10}\text{g/mL}$，对温度和流速变化不敏感，适用于梯度洗脱，结构简单，使用方便。但是只有在检测器所提供的波长下有较大吸收的组分才能进行检测。此外，流动相的选择受到一定限制，溶剂不能在测定波长下有吸收。每种溶剂都有紫外截止波长，检测器的工作波长应大于溶剂的紫外截止波长。

### (二) 荧光检测器

荧光检测器是一种灵敏度和选择性极高的检测器。某些具有特殊结构的化合物受紫外光激发后，能发射出另一种较长波长的光，这种光被称为荧光。波长较短的紫外光称为微发光，产生的荧光称为发射光。当被测样品的浓度足够低且其他条件一定时，荧光强度正比于荧光物质的浓度，依此可进行定量分析。

荧光检测器由激发光源、单色器、流通池、光敏元件、放大器等组成。激发光源多采用高强度的氙灯（220~650mm）或激光，单色器采用滤光片或光栅。使用滤光片的荧光检测器被称为多波长荧光检测器；使用光栅的荧光检测器被称为荧光分光检测器。光源发出的连续光谱，经激发单色器分光后，选择确定波长的单色光作为激发光，进入样品池。样品受激发后发出荧光，荧光向四面发射，荧光检测器光路图如图14-3所示。为避免激发光的干扰，取与激发光成直角方向的荧光进行检测。

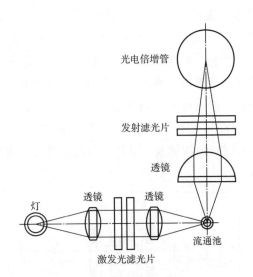

图 14-3　荧光检测器光路图

荧光检测器一般比紫外吸收检测器的灵敏度高两个数量级，特别适用于痕量分析，在环境监测、药物分析、生化分析中有着广泛的用途，稠环芳烃、黄曲霉素、胺类、氨基酸、甾族化合物、维生素、药物等都可用荧光检测器检测。对某些本身不发荧光的物质，可利用化学衍生技术生成荧光衍生物，再进行检测。一种新型的激光诱导荧光检测器（laser induced fluorescence detector，LIF）已经用于超痕量生物活性物质和环境污染物的检测，检出限达到 $10^{-12} \sim 10^{-9}$ mol/L，对高荧光效率的物质可进行单分子检测。

**（三）示差折光检测器**

示差折光检测器是一种通用型检测器，按其工作原理分为偏转式和反射式。示差折光检测器是基于连续测定柱后流出液折光率变化来测定样品的浓度。溶液的折光率是纯溶剂（流动相）和纯溶液（组分）的折光率乘以各物质的浓度之和。溶有组分的流动相和纯流动相的折光率之差，表示组分在流动相中的浓度。因此，只要组分折光率与流动相折光率不同，就能进行检测。无紫外吸收的物质，如糖类、脂肪烷烃类也都能检测。偏转式示差折光检测器的光路图见图 14-4。

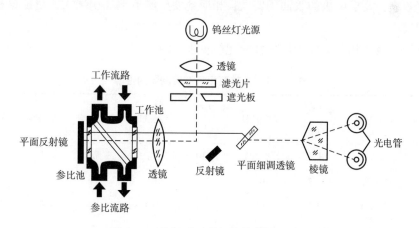

**图 14-4　偏转式示差折光检测器光路图**

示差折光检测器灵敏度适中，低于紫外吸收检测器，检出限为 $10^{-7} \sim 10^{-9}$ g/mL。因液体折光率随温度、压力变化，这种检测器对温度和流速特别敏感，应在恒温、恒流下操作，温度控制精度应为 $\pm 10^{-3}$℃。该检测器不能用于梯度洗脱，因为检测器对流动相组成的任何变化都具有明显响应。

**（四）电化学检测器**

电导检测器、安培检测器、极谱检测器、库仑检测器都属于电化学检测器。

电导检测器是离子色谱中使用最广泛的检测器。其作用原理是用两个相对电极测量柱后流出物中离子型溶质的电导，由电导值的变化来测定溶质的含量。电导检测器具有死体积小、灵敏度高、线性范围宽的特点，但受温度影响较大，要求严格控制温度。电导检测器已广泛应用于环境科学和生物医学领域，分离、检测有机和无机阴离子、阳离子。

安培检测器由恒电位器和三电极电化学池组成。其工作电极一般为玻碳电极，参比电极为 Ag/AgCl 电极，辅助电极为铂丝。当柱后流出物进入检测器电化学池时，在工作电极表面发生氧化还原反应，两电极间有电流通过，电流大小与被测物质的浓度成正比。安培检测器灵敏度较高，选择性好，但只能检测电化学活性物质，最适合与反相色谱匹配。

极谱检测器采用滴汞电极为工作电极，可提供一个不断更新的电极表面，克服了电极表面污染的问题。极谱法能测定许多氧化性物质，而测定还原性物质时，由于汞易氧化，一般只能在负电位或 0.5V 以下的正电位下使用，故适用范围较窄。

库仑检测器测定的是柱后流出物通过检测器发生电解时传递的电量。为获得高的电解效率，要求电极的表面积要大，相应地使检测器池体积增大。目前这种检测器应用较少。

常用高效液相色谱检测器的性能比较见表 14-1。

表 14-1　高效液相色谱检测器的性能

| 检测器 | 测量参数 | 检出限/（g/mL） | 线性范围 | 池体积/μL | 梯度洗脱 | 流速影响 | 温度影响 | 选择性 |
|---|---|---|---|---|---|---|---|---|
| 紫外 | 吸光度 | $10^{-10}$ | $2.5 \times 10^4$ | 1~10 | 能 | 无 | 小 | 有 |
| 荧光 | 荧光强度 | $10^{-12}$ | $10^3$ | 7 | 能 | 无 | 小 | 有 |
| 折光 | 折光率 | $10^{-7}$ | $10^4$ | 2~10 | 不能 | 无 | 大 | 无 |
| 安培 | 电流 | $10^{-9}$ | $10^4$ | <1 | 不能 | 有 | 大 | 有 |
| 电导 | 电导率 | $10^{-8}$ | $10^4$ | 0.5~2 | 不能 | 无 | 大 | 有 |

# 第四节　高效液相色谱法的主要类型及分离原理

## 一、液—固吸附色谱法

液—固吸附色谱是最古老的色谱法，早在 1906 年 Tswett 就应用这种方法成功地分离植物色素而创立了色谱法。TLC 是最简单的液-固色谱技术，它能分离复杂的混合物。

**（一）分离原理**

液-固吸附色谱法是利用不同性质分子（组分）在固定相（吸附剂）上吸附能力的差异而分离的。

Snyder 对液-固吸附色谱进行了广泛研究，提出了"竞争模型"。当溶剂流经色谱柱时，吸附剂表面的活性中心完全被溶剂分子所覆盖。一旦溶质进入色谱柱，只要它们在固定相上有一定保留，溶质分子就要与已吸附的溶剂分子竞争吸附部位，取代已被吸附的溶剂分子。这种竞争表现为：溶质分子和溶剂分子对吸附剂表面活性中心的竞争；溶质分子中不同的官能团对吸附剂表面活性中心的竞争。

溶质分子对活性中心竞争能力的大小决定了其保留值的大小。如果溶质分子在吸附剂上的吸附能力更强，则可取代更多的溶剂分子而被吸附。被活性中心吸附地越强的溶质分子，越不易被流动相洗脱，则 $k$ 值越大；若溶质分子吸附能力较弱，无力与溶剂分子进行竞争吸附，则其 $k$ 值就小，从而可使具有不同吸附能力的溶质分子彼此分离。

溶质的保留和分离选择性取决于吸附剂的性质、溶质的分子结构及溶剂的性质。当色谱条件一定时，溶质分子官能团的类型、数目、位置和分子的几何形状决定了溶质分子的保留和分离。

溶质分子所含官能团的极性越强，吸附能就越高，保留值越大。不同化合物的极性强弱顺序为：烷烃<烯烃<芳烃<卤代化合物<含硫化合物<醚<硝基化合物<酯<醛≈酮<醇≈胺<酰胺<羧酸。

溶质分子所含极性官能团的数目越多，保留值越大。液-固吸附色谱法适于分离官能团有差别的不同类型化合物（烷基类吸附弱，不能分离），适于分离几何异构体（固定相表面是刚性结构，溶质分子官能团与吸附中心的相互作用随液-固吸附色谱法分子的几何形状而改变）。因此，用液-固吸附色谱法比其他类型的色谱法具有更高的选择性。

总之，液-固吸附色谱法适用于分离极性不同的化合物、异构体和进行族分离，不适于分离含水混合物和离子型混合物。

**（二）固定相**

液-固吸附色谱法所用固定相为固体吸附剂，如硅胶、氧化铝、活性炭等。其中硅胶是应用最广泛的一种，其次是氧化铝。表 14-2 列出了部分常用的、国内外生产的吸附剂，主要是表面多孔和全多孔微粒型，一般采用粒径 $5\sim10\mu m$ 的全多孔微粒型。

表 14-2　液-固色谱常用吸附剂

| 商品名称 | 粒径/μm | 比表面积/（m²/g） | 孔径/nm | 形状 | 材料 | 供应者 |
|---|---|---|---|---|---|---|
| YWG | 5、7、10 | 300 | 6~8 | 非球 | 硅胶 | 青岛海洋化工厂 |
| GYQG | 3、5 | 300 | 10 | 球 | 硅胶 | 北京化学试剂所 |
| LichrosorbSI-100 | 5、10、20 | 400 | 10 | 非球 | 硅胶 | E. Merck |
| LichrospherSI-100 | 3、5、10 | 250 | 10 | 球 | 硅胶 | E. Merck |
| MicropakSI | 5、10 | 500 | — | 非球 | 硅胶 | Varian |
| μ-Porasil | 10 | 300 | 10 | 非球 | 硅胶 | Waters |
| Partisil | 5、10、20 | 400 | 5 | 非球 | 硅胶 | Whatman |
| Sperisorb-Si | 5、10、20 | 220 | 8 | 球 | 硅胶 | PhaseSeparation |
| Zorbax-sil | 6~8 | 300 | 60 | 球 | 硅胶 | DuPont |
| LichrosorbAlox | 5、10、20 | 70~90 | 15 | 非球 | 氧化铝 | E. Merck |
| MicropakAl | 5、10 | 70~90 | — | 非球 | 氧化铝 | Varian |
| SphersorbAy | 5、10、20 | 95 | 15 | 球 | 氧化铝 | PhaseSeparation |

### （三）流动相

液相色谱中流动相的作用非常重要，对于特定的分析对象，分离选择性和分离速度主要通过选择合适的流动相来实现。

对于给定的吸附剂，用溶剂强度参数 ε 来定量表示溶剂强度，描述溶剂的洗脱能力。ε 是溶剂分子在单位吸附剂表面的吸附自由能，表示溶剂分子对固定相的亲和程度。ε 值越大，溶剂的吸附越强，其洗脱能力就越强。将溶剂按 ε 值的大小顺序排列起来，则构成溶剂的洗脱系列。若组分保留值太小，应降低溶剂的洗脱强度，改用弱极性溶剂（ε 值小）；反之则用强极性溶剂（ε 值大）。对于复杂混合物的分离，很难用一元溶剂来实现，而需要用二元或三元混合溶剂体系来提高分离选择性。在二元混合溶剂中，ε 能随溶剂组成连续变化，更容易找到合适的 ε 值。表 14-3 列出了不同溶剂在硅胶和氧化铝上的 ε 值。

表 14-3　溶剂强度参数和溶剂物理性质

| 溶剂 | $\epsilon°$（硅胶） | $\epsilon°$（氧化铝） | 黏度（20℃）/（10⁻³Pa·s） | 沸点/℃ | 折光率（20℃） | 紫外截止波长/nm |
|---|---|---|---|---|---|---|
| 正戊烷 | 0.00 | 0.00 | 0.23 | 33 | 1.358 | 195 |
| 正己烷 | — | 0.00 | 0.32 | 69 | 1.375 | 190 |

续表

| 溶剂 | $\epsilon^\circ$（硅胶） | $\epsilon^\circ$（氧化铝） | 黏度（20℃）/（$10^{-3}$Pa·s） | 沸点/℃ | 折光率（20℃） | 紫外截止波长/nm |
|---|---|---|---|---|---|---|
| 环己烷 | 0.05 | 0.04 | 0.98 | 80 | 1.426 | 200 |
| 二硫化碳 | 0.14 | 0.15 | 0.37 | 46 | 1.628 | 380 |
| 四氯化碳 | 0.14 | 0.18 | 0.97 | 77 | 1.460 | 265 |
| 二异丙醚 | — | 0.28 | 0.37 | 68 | 1.368 | 220 |
| 乙醚 | 0.38 | 0.38 | 0.23 | 34 | 1.353 | 218 |
| 氯仿 | 0.26 | 0.40 | 0.57 | 60 | 1.443 | 245 |
| 四氢呋喃 | | 0.45 | 0.55 | 66 | 1.407 | 212 |
| 丙酮 | 0.47 | 0.56 | 0.32 | 56 | 1.359 | 330 |
| 乙酸乙酯 | 0.38 | 0.58 | 0.45 | 77 | 1.370 | 256 |
| 乙腈 | — | 0.65 | 0.37 | 82 | 1.344 | 190 |
| 甲醇 | — | 0.95 | 0.60 | 65 | 1.329 | 205 |
| 水 | — | 大 | 1.00 | 100 | 1.333 | 170 |

## 二、化学键合相色谱法

利用化学键合固定相进行物质分离的液相色谱方法称为化学键合相色谱法，简称键合相色谱（bonded-phase chromatography，BPC）。化学键合固定相是将各种不同的有机基团（配合基）通过化学反应共价键合到载体（硅胶）表面所形成的固定相。化学键合固定相具有以下特性：耐溶剂冲洗，不易流失，提高了色谱柱的稳定性和使用寿命；表面性质均匀，传质快，柱效高；能用各种溶剂作流动相，特别适用于梯度洗脱；改变键合的有机基团，可改变固定相的分离选择性，是 HPLC 较为理想的固定相。目前，化学键合相色谱法在现代液相色谱中占有重要地位，大部分分离问题都可以用它来解决。

化学键合相色谱依据固定相和流动相的相对极性，分为两种类型：正相色谱和反相色谱。流动相极性小于固定相的称为正相色谱，反之则为反相色谱。根据键合上的有机基团的性质，化学键合固定相分为极性键合相和非极性键合相。硅胶表面键合极性有机基团的称为极性键合相，如氰基（—CN）、氨基（—$NH_2$）、二醇基（—DIOL）键合相等。根据键合官能团的极性，化学键合固定相又大致可分为弱极性、中等极性和强极性三种类型。如果在硅胶表面键合烃基硅烷，所得的就是非极性键合相。烷基配合基可以是不同链长的正构烷烃或苯基，如 $C_6$、$C_8$、$C_{18}$、$C_{22}$ 等，其中应用最多的是十八烷基键合硅胶（octadecylsilane），简称 ODS 固定相。极性键合相主要构成正相色谱体系，非极性键合相构成反相色谱体系。表 14-4 给出了 HPLC 中部分常用的化学键合固定相。

表 14-4　HPLC 常用的部分化学键合固定相

| 类型 | | 商品名称 | 官能团 | 粒径/μm | 形状 | 供应者 | 备注 |
|---|---|---|---|---|---|---|---|
| 极性键合相 | 弱极性 | LiChrosorb Diol | 二醇基 | 10 | 非球 | E. Merck | 用于强极性化合物的分离 |
| | | Nucleosil-NMe₂ | 二甲胺基 | 5, 10 | 球 | RSL (Belgium) | 可作弱阴离子交换剂，分离酸、碱 |
| | 中等极性 | YWG-CN | 氰基 | 10 | 非球 | 天津化学试剂二厂 | 8%碳含量 |
| | | Partisil-10PAC | 氰基，氨基 | 10 | 非球 | Reeve Angel | 氰基:氨基=2:1 |
| | | Zorbax CN | 氰基 | 6 | 球 | Du Pont | |
| | 强极性 | YWG-NH₂ | 氨基 | 10 | 非球 | 天津化学试剂二厂 | |
| | | LiChrosorb NH₂ | 氨基 | 5, 10 | 非球 | E. Merck | 用于糖类和肽的分析 |
| | | μ-Bondapak NH₂ | 氨基 | 10 | 非球 | Waters | 9%键合量，pH2~8 |
| 非极性键合相 | 长链 | YWG-C₁₈ | C₁₈ | 10 | 非球 | 天津化学试剂二厂 | |
| | | LiChrosorb RP-18 | C₁₈ | 5, 10 | 非球 | E. Merck | 22%碳含量 |
| | | μ-Bondapak C₁₈ | C₁₈ | 10 | 非球 | Waters | 10%碳含量 |
| | | Micropak CH | C₁₈ | 10 | 非球 | Varian | 聚合层, 22%碳含量 |
| | | Partisil-ODS-1 | C₁₈ | 5, 10 | 非球 | Reeve Angel | 5%碳含量 |
| | | Nucleosil-C₁₈ | C₁₈ | 5, 10 | 球 | RSL (Belgium) | 15%碳含量 |
| | 短链 | LiChrosorb RP-8 | C₈ | 5, 10 | 非球 | E. Merck | 13%~14%碳含量 |
| | | Nucleosil-C₈ | C₈ | 5, 10 | 球 | RSL (Belgium) | 15%碳含量 |
| | | YWG-C₆H₅ | 苯基 | 10 | 非球 | 天津化学试剂二厂 | 7%碳含量 |

（一）正相色谱

正相色谱中，固定相为极性键合相，如氰基、氨基等，流动相为非极性或弱极性的有机溶剂。若流动相极性太低，不能润湿固定相极性表面或对样品溶解不好，可加入适量中等极性的有机溶剂调节流动相极性，如氯仿、醇、乙醚等，称为极性调节剂。

正相色谱的分离选择性决定于极性键合相的种类、溶剂强度和样品性质。溶质与固定相上极性基团间的作用力是决定色谱保留和分离选择性的首要因素。保留值随溶质极性的增加而增加；随溶剂极性的增加而降低。固定相极性端基的极性越大，溶质保留值越大；溶剂中极性调节剂的浓度或极性越大，溶剂强度越大，溶质的保留值越小；样品中不同组分的分离是基于官能团的差异，洗脱顺序取决于溶质分子的极性，溶质极性越大，保留值越大。正相色谱适于分离不同类型（官能团有差异）的化合物、同系物、脂溶性或水溶性极性化合物，不适于分离异构体，因为固定相极性基团本身不具有刚性。

（二）反相色谱

1. 固定相和流动相

反相色谱的固定相为非极性键合相，如辛基、十八烷基、苯基，流动相为极性溶剂，常以纯水作基础溶剂，再加入一些有机调节剂，如甲醇、乙醇、四氢呋喃、二氧六环等。在当代液相色谱领域，反相高效液相色谱（RP-HPLC）已成为非极性键合相色谱的同义语。自 1976 年以来，有 70%~80% 的高效液相色谱分析工作是在非极性键合相上进行的。过去用硅胶或离子交换色谱进行的分离，现在可以有效而方便地用非极性键合相色谱来完成，RP-HPLC 已成为通用型液相色谱方法。

反相色谱中溶剂极性越弱，其洗脱能力越强，溶剂强度越高；相反，溶剂极性越强，洗脱能力越弱，溶剂强度越低。水是极性最强的溶剂，也是反相色谱中最弱的溶剂。为了获得不同强度的流动相，常采用水-有机溶剂混合物，如水-甲醇、水-乙腈等。有机溶剂的性质及其与水的比例对分离有重要影响。表 14-5 列出了反相色谱中几种常用有机溶剂的结构参数。其中 $V_W$ 是溶剂的范德华体积，它与分子的极化率成比例；$\pi^*$ 是偶极作用参数，数值越大表示极性越强；$\beta_m$ 和 $\alpha_m$ 分别表示溶剂分子接受质子和给出质子的能力。

表 14-5  反相色谱中常用有机溶剂的结构参数

| 溶剂 | $V_W$ | $\pi^*$ | $\beta_m$ | $\alpha_m$ |
|------|-------|---------|-----------|------------|
| 甲醇 | 0.205 | 0.60 | 0.62 | 0.93 |
| 乙腈 | 0.271 | 0.75 | 0.31 | 0.19 |

| 溶剂 | $V_W$ | $\pi^*$ | $\beta_m$ | $\alpha_m$ |
|---|---|---|---|---|
| 乙醇 | 0.305 | 0.54 | 0.77 | 0.83 |
| 丙酮 | 0.375 | 0.71 | 0.48 | 0.06 |
| 二氧六环 | 0.410 | 0.55 | 0.37 | 0 |
| 四氢呋喃 | 0.455 | 0.58 | 0.55 | 0 |

由表 14-5 中数据可见，溶剂的范德华体积大小顺序为：四氢呋喃>二氧六环>乙腈>甲醇。四氢呋喃的分子体积最大，其色散作用力最强，疏水作用也最强，故溶剂强度（洗脱能力）最大。

由 $\pi^*$ 值大小可得溶剂的极性顺序为：甲醇>四氢呋喃>二氧六环，其洗脱强度与上比较 $\beta_m$ 和 $\alpha_m$ 值可知，甲醇给出质子和接受质子的能力最强，即氢键力最大。相似，都是质子给予体或接受体，将甲醇加入水中，只改变溶质的 $k$ 值，溶质洗脱顺序也将发生变化。类似的，已知常用的反相色谱溶剂洗脱强度顺序为：水<甲醇<乙腈<乙醇≈丙酮≈乙酸乙酯≈四氢呋喃。只要选用不同的有机溶剂并控制它与水的比例，就可以改变组分 $k$ 值和溶剂极性。溶剂极性参数 $P'$ 是衡量溶剂极性的另一个尺度，它是基于 Rohrschneider 的报道：溶剂的 $P'$ 变化将使溶剂强度改变，从而引起溶质 $k$ 值的变化。如果溶剂的极性参数 $P_1$ 引起 $k$ 值 10 倍的变化，对于正相色谱系统，$k$ 与 $P'$ 的关系可用下式表示：

$$\frac{k_2}{k_1}=10\ (P'_1-P'_2)/2$$

$P'_1$ 和 $k_1$ 是初始溶剂强度和溶质的分配比；$P'_2$ 和 $k_2$ 是另一溶剂强度下溶剂的强度和溶质的分配比。若 $P'_1>P'_2$，则 $k_1<k_2$。对于反相色谱，$k$ 与 $P'$ 的关系可用下式表示：

$$\frac{k_2}{k_1}=10\ (P'_2-P'_1)/2$$

此时，若 $P'_1>P'_2$，则 $k_1>k_2$。

表 14-6 列出了反相色谱中一些溶剂的 $P'$ 值及其对 $k$ 值的影响情况。

表 14-6　反相色谱中常见溶剂的极性参数

| 溶剂 | $P'$值 | $k$ 减小倍数[1] | 溶剂 | $P'$值 | $k$ 减小倍数[1] |
|---|---|---|---|---|---|
| 水 | 10.2 | — | 丙酮 | 5.1 | 2.2 |
| 二甲基砜 | 7.2 | 1.5 | 二氧六环 | 4.8 | 2.2 |
| 乙二醇 | 6.9 | 1.5 | 乙醇 | 4.3 | 2.3 |

| 溶剂 | $P'$值 | $k$减小倍数[①] | 溶剂 | $P'$值 | $k$减小倍数[①] |
|---|---|---|---|---|---|
| 乙腈 | 5.8 | 2 | 四氢呋喃 | 4 | 2.8 |
| 甲醇 | 5.1 | 2 | 异丙醇 | 3.9 | 3 |

[①]加10%溶剂到水中，$k$减小的倍数。

## 2. 保留机理

关于反相色谱的保留机理，目前学者们还没有取得一致看法，有人认为是分配过程，但在多数情况下，很难用吸附或分配过程解释溶质的保留行为和各种影响因素。Horvath等提出用"疏溶剂理论"解释反相色谱的保留机理。该理论认为，在键合相反相色谱法中溶质的保留主要不是由于溶质分子与键合相间的色散力，而是溶质分子与极性溶剂分子间的排斥力，促使溶质分子与键合相的烃基发生疏水缔合，且缔合反应是可逆的。它取决于三个方面的因素：溶质分子中非极性部分的总面积；键合相上烃基的总表面积；流动相的表面张力。以上三项越大，则缔合作用越强，保留值越大。水的极性和表质分子的排斥力最大，缔合作用最强，故其洗脱能力最弱。

## 3. 影响保留值的因素

影响反相色谱保留值的主要因素是流动相的性质和组成，其次是固定相的性质和表面覆盖率。实际应用中，改变流动相的组成和性质是控制保留值，提高分离选择性和柱效的主要手段。

（1）溶剂性质。

溶剂的表面张力、介电常数和黏度对溶质的保留和柱效起重要作用，其中对保留影响最大的是表面张力，表面张力越大，保留值越大。溶剂黏度与溶质在流动相中的扩散系数有关，它影响柱效和分析速度。

（2）有机溶剂。

向水中加入有机溶剂，可降低溶剂的表面张力和介电常数，使保留值减小。有机溶剂的性质和含量不同，溶质的保留值和分离选择性不同。在流动相中加入第二种有机溶剂（组成三元混合溶剂），将对分离选择性产生明显影响。故可通过选择加入不同种类、不同含量的有机溶剂来改善分离效果。

（3）盐。

将合适的盐类加到流动相中，可以减少色谱峰拖尾。这种方法对表面覆盖率低的键合相特别有效。这主要是因为盐类加入后，可减少组分与键合相表面残留硅羟基的作用。加入盐类，还可以改变组分的保留值和柱的选择性。对离子性溶质，加入盐可减小溶质分子间的静电排斥力，增大其在流动相中的溶解度，使保留值减小；对非离子性溶质，加入盐可使溶剂的表面张力增大，溶剂对溶质的斥力增大，保留值增大。

（4）pH。

流动相的 pH 影响溶质的离解度，即影响样品中分子与离子的比例，而离子优先进入水相或极性较强的一相。溶质的离解度越高，保留值越小。与离子相比，中性分子与非极性固定相有更大的疏水缔合作用。用反相色谱分离弱酸或弱碱时，若流动相 pH 不合适，则溶质的分子态与离子态共存，导致峰形扩展和拖尾。可通过调节流动相 pH 来抑制溶质分子的离解，称为离子抑制色谱。pH 的选择：弱酸 pH $\leqslant$（$pK_a-2$）；弱碱 pH $\geqslant$（$pK_b+2$）。

（5）固定相。

烷基键合相的作用在于提供非极性表面，烷基的链长和键合量是影响固定相样品容量、保留值、柱效和分离选择性等色谱性能的重要因素。

①当烷基配合基在硅胶表面上的摩尔浓度一定时，溶质的保留值随着配合基碳链长度的增加而增大，且固定相的稳定性提高，选择性增大。这也是 ODS 固定相比其他烷基键合相应用更普遍的重要原因。

②当烷基配合基碳链长度一定时，硅胶表面上配合基的浓度越大，溶质的保留值越大，选择性也随之增大。

（6）溶质分子结构。

在反相色谱中，溶质分子极性越弱，疏水性越强，保留值越大。具体表现为：

①同系物中，碳数越多，保留值越大。如 $k$（$C_1$）<$k$（$C_6$）<$k$（$C_8$）<$k$（$C_{18}$）。

②不同异构体的保留值随非极性部分表面积的增大而增大。如支链烷基的直链烷基化合物。

③非极性部分相同，极性官能团不同时，官能团极性越强，$k$ 值越小。

④平面结构分子的 $k$ 值大于非平面结构分子的 $k$ 值。

### 三、离子对色谱法

离子对色谱法是将离子对萃取原理引入 HPLC 而发展起来的一种色谱分离方法。该法是在色谱体系中加入一种或数种与试样离子电荷相反的离子对试剂（称为对离子、反离子或平衡离子），使其与溶质离子形成疏水性离子对，该离子对不易在水中离解而迅速转移到有机相中。由于试样中溶质离子的性质不同，它与对离子形成离子对的能力大小不同，以及离子对的疏水性不同，导致样品中各组分离子在固定相中滞留时间不同，因而得到分离。离子对色谱法也分为正相离子对色谱法和反相离子对色谱法。

1. 正相离子对色谱法

正相离子对色谱法通常以含有对离子的水溶液或缓冲溶液为固定相，将其涂在硅胶或纤维素载体上，用相对弱极性的有机溶剂作流动相。例如，分离有机羧酸时，以季铵盐水溶液作固定相，丁二醇–二氯甲烷作流动相；分离儿茶酚胺时，用高氯酸盐作固定相，己烷–丙酮作流动相。

在色谱分离过程中，流动相内的试样离子 $A^-$ 与固定相中相反电荷的对离子 $B^+$ 在两相平衡过程中生成疏水性离子对，其在水相（w）和有机相（o）之间的平衡式如下：

$$A_w^- + B_w^+ \rightleftharpoons (A^-B^+)$$

可见，溶质的保留值受萃取常数（EAB）和对离子浓度的影响。增大对离子浓度，溶质保留值减小。当色谱体系一定时，$k \propto$。EAB 的大小与有机相的组成、对离子类型、样品离子的性质以及温度有关。不同被测离子的 EAB 不同，使其保留值不同，从而实现彼此分离。形成的离子对疏水性越强，它在固定相中溶解度越小，越易进入流动相，组分保留值越小。例如，以四丁基铵作对离子，氯仿为流动相分离有机酸，相同碳数有机酸的萃取常数 EAB 按下列顺序递增：羧酸盐<磺酸盐<硫酸盐。对有机阳离子，EAB 通常按季、伯、仲、叔的次序递增。随着样品或对离子碳原子数的增加，EAB 也增加。就同系物而言，每增加一个—$CH_2$，EAB 约增加 0.5 个对数单位。

正相离子对色谱法存在一定的缺点，因对离子存在于固定相中，在色谱柱使用过程中对离子不断消耗，浓度逐渐降低，使得色谱系统不够稳定。若想改变对离子种类和浓度，需要重新制备柱子，给分离条件选择带来不便，使正相离子对色谱在应用上受到一定限制。

2. 反相离子对色谱法

反相离子对色谱法的固定相是疏水性的非极性固定相，如烷基键合相（ODS），流动相是含有对离子和有机溶剂（如甲醇或乙腈）的缓冲水溶液。

在分离过程中，含有对离子 $B^-$ 的极性流动相不断流过色谱柱，试样离子 $A^+$ 进入柱内以后，与对离子生成疏水性离子对（$A^+B^-$），后者在疏水性固定相表面分配或吸附。此时，试样离子 $A^+$ 在两相中的分配系数和分配比为：

$$K_A = EAB [B^-]$$
$$k = EAB [B^-]_w$$

可见，无论是正相离子对色谱还是反相离子对色谱，$k$ 值均受萃取常数 EAB 及对离子浓度的影响。EAB 随流动相的 pH 值、离子强度、流动相中有机溶剂浓度和种类、温度的改变而变化。在反相离子对色谱中，增大流动相的离子强度或提高流动相中有机溶剂的比例，会使溶质的保留值减小。流动相中对离子的性质和浓度是控制溶质保留和分离选择性的重要因素。对离子疏水性增强，保留值增加；增大流动相中对离子浓度，有利于疏水性离子对的形成，保留值也随之增大。

在反相离子对色谱法中，由于对离子是在流动相中，所以很容易通过改变流动相组成、对离子类型和浓度、流动相 pH 值等控制 $k$ 值和分离选择性，特别适用于梯度洗脱。反相离子对色谱的应用比正相离子对色谱广泛得多，可同时分离离子性和非离子性混合物，解决了过去难分离混合样品的分离问题，诸如酸、碱、离子和非离子的混合物，特别是对一些生化样品如核酸、核苷、生物碱以及药物等的分离。

## 四、离子交换色谱法

### 1. 基本原理

离子交换色谱法以离子交换剂作为固定相，交换剂由基体和带电荷的离子基构成。含有配衡离子的流动相通过色谱柱时，固定相上的离子基首先与带异号电荷的配衡离子达成平衡。当组分离子进入色谱柱时，组分离子将与配衡离子进行可逆交换，达到交换平衡。阴、阳离子的交换平衡可表示为：

阴离子交换：

$$R^+Y^-+X^- \rightleftharpoons R^+X^-+Y^-$$

阳离子交换：

$$R^-Y^++X^+ \rightleftharpoons R^-X^++Y^+$$

$R^+$、$R^-$ 为交换剂上的离子基，$Y^-$、$Y^+$ 为配衡离子，$X^-$、$X^+$ 为组分离子。不同的组分离子与离子基之间亲和力大小不同，组分离子与离子基亲和力越大，越易交换到固定相上，其保留时间越长；反之，亲和力小的组分保留时间短。因此，离子交换色谱是依据组分离子与带电荷的离子基之间亲和力的差异而进行分离的。

### 2. 固定相

离子交换色谱固定相为离子交换剂，根据离子基所带电荷的不同，分为阳离子交换剂和阴离子交换剂。阳离子交换剂离子基带负电荷，用于分离阳离子；阴离子交换剂离子基带正电荷，用于分离阴离子。阳离子交换剂可分为强酸性和弱酸性两类，如磺酸型—$SO_3H$ 和羧酸型—$COOH$；阴离子交换剂可分为强碱性和弱碱性两类，如季铵盐、叔胺型—$NR_3$ 和氨基型—$NH_2$。根据所用基体不同，离子交换剂又分为两种类型：以交联聚苯乙烯为基体的离子交换树脂和以硅胶为基体的离子交换硅胶。树脂型交换剂交换容量大、pH 操作范围宽，但柱效低、遇水有溶胀现象、不耐高压。硅胶型交换剂具有机械强度高、不溶胀、耐高压、高效等优点，但交换容量小、适用 pH 范围较窄。选择固定相时主要考虑离子基的性质。若样品是酸性化合物，采用阴离子交换剂；样品是碱性化合物，则采用阳离子交换剂。

3. 流动相

离子交换色谱的流动相通常是各种盐类的缓冲水溶液。流动相的组成、离子强度、pH 值等影响溶质保留和分离选择性。流动相中配衡离子的种类对溶质保留产生显著影响。配衡离子与离子基作用力越强，其洗脱能力也越强。配衡离子洗脱能力顺序大致为：

阴离子：$F^- < OH^- < CH_3COO^- < HCOO^- < H_2PO_4^- < HCO_3^- < Cl^- < NO_2^- < HSO_3^- < SCN^- < Br^- < CrO_4^{2-} < NO_3^- < HSO_4^- < I^- < C_2O_4^- < SO_4^{2-} < 柠檬酸根$

阳离子：$Li^+ < H^+ < Na^+ < NH_4^+ < K^+ < Cd^{2+} < Rb^+ < Cs^+ < Ag^+ < Mn^{2+} < Zn^{2+} < Cu^{2+} < Co^{2+} < Ca^{2+} < Sr^{2+} < Ba^{2+} < Al^{3+} < Fe^{3+}$

可见，配衡离子所带电荷数越高，极化度越大，其洗脱能力越强。柠檬酸根是洗脱能力最强的阴离子，$F^-$是洗脱能力最弱的阴离子。

增加流动相的离子强度，配衡离子对离子基的竞争增强，导致溶质的保留值减小。流动相 pH 值直接影响弱酸或弱碱的离解平衡，即控制了组分以离子形式存在的比例。离子形式所占的比例越大，保留值越大；反之，保留值越小。若组分都以分子形式存在，则不被固定相保留。可见，在离子交换色谱中，流动相 pH 值的改变，相当于溶剂强度的改变，因而能通过改变流动相 pH 值进行梯度洗脱分离，称为 pH 梯度。pH 改变将导致分离选择性的变化。

4. 离子色谱法

在离子交换色谱中，流动相为强电解质溶液，用电导检测时，背景信号很高，难以测量由于样品离子的存在而产生微小电导的变化。为降低本底值，提高灵敏度，发展了离子色谱。离子色谱法分为双柱离子色谱和单柱离子色谱。

双柱离子色谱是在分离柱后加一根抑制柱，在抑制柱中装有与分离柱电荷相反的离子交换剂。当洗脱液由分离柱进入抑制柱后，一方面，可以将具有高背景电导的流动相转变成低背景电导的流动相，从而降低洗脱液的电导；另一方面，又可以将样品离子转变为相应的酸或碱，以增加其电导，使灵敏度大幅度提高。

单柱离子色谱不加抑制柱，采用特殊合成的低容量离子交换剂和低浓度的低电导洗脱液。这样可使被测离子的保留时间控制在合理范围之内，此时不加抑制柱也能有效分离、检测各种离子。

离子色谱法在环境科学、生命科学、食品科学、医药科学等领域获得了广泛应用，可以分析的离子正在逐渐增多，从无机、有机阴离子到金属离子，从有机离子到糖类和氨基酸均可用此法分析。近年来，离子色谱法又发展了多种分离方式和多种检测方法，灵敏的安培、库仑等电化学检测器以及紫外、荧光等光学检测器也已应用于离子色谱中，高效分离柱、梯度泵、耐腐蚀的全塑系统以及智能系统的出现，使离子色谱跨进了一个新时代。

## 五、空间排阻色谱法

空间排阻色谱法是以具有一定孔径分布的凝胶为固定相的色谱法，又叫凝胶色谱法。根据流动相类型不同，可分为以有机溶剂为流动相的凝胶渗透色谱和以水溶液为流动相的凝胶过滤色谱。与其他色谱法完全不同的是，空间排阻色谱法不是靠溶质在固定相和流动相之间的相互作用力不同来进行分离，而是按溶质分子尺寸大小和形状的差别进行分离。

### 1. 基本原理

空间排阻色谱法的柱填料是多孔性凝胶，凝胶表面的孔大小不同且有一定的分布。当被测组分随流动相通过凝胶色谱柱时，固定相仅允许直径小于其孔径的溶质分子进入，组分的保留程度取决于固定相孔径大小和组分分子大小。尺寸大于孔径的组分分子，不能渗入凝胶孔穴而被完全排斥，则最先流出色谱柱；尺寸小于孔径的分子则全部渗入凝胶，经历的扩散路程最长，最后流出；尺寸中等的分子则渗入部分较大的孔穴而被较小的孔穴排斥，介于中间流出。由此可见，排阻色谱法的分离是建立在溶质分子大小基础上的。

洗脱体积是试样组分相对分子质量的函数。将相对分子质量不同的组分的混合物注入柱子，经分离后，分别测它们的保留体积。以相对分子质量对保留体积作图得到一条曲线，称为相对分子质量校准曲线，如图 14-5 所示。

图 14-5 (a) 中有两个转折点 $A$ 和 $B$。$A$ 点称为排斥极限点，凡是比 $A$ 点相应的相对分子质量大的组分，均被排斥在所有凝胶孔之外，这些物质将以一个单一的谱峰 ($K=0$) 出现，在保留体积 $V_M$ (相当于柱内凝胶颗粒之间的体积) 时一起被洗脱；$B$ 点称为全渗透极限点，凡是比 $B$ 点相应的相对分子质量小的组分分子，都可完全渗入凝胶孔穴中。同理，这些化合物也将以一个单一的谱峰 ($K=1$) 出现，在保留体积 ($V_M+V_s$) 时一起被洗脱。$A$ 和 $B$ 为该固定相能够分离组分的相对分子质量的上限和下限。$A$、$B$ 之间的线性部分为选择性渗透范围，只有相对分子质量处于 $A$、$B$ 之间的组分，才有可能得到分离，它们按相对分子质量降低的次序被洗脱，见图 14-5 (b)。

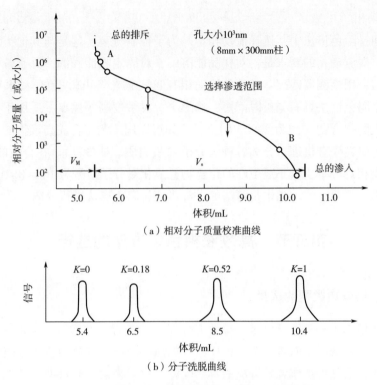

图 14-5　相对分子质量校准曲线和分子洗脱曲线

利用相对分子质量校准曲线，可以从未知物的保留值查得与它们非常近似的相对分子质量。

2. 固定相

空间排阻色谱法对固定相的要求是：孔径分布应有确定范围、能承受高压、能被流动相浸润和吸附性极小。其中孔径大小和分布是固定相最重要的参数，它表明了可分离的溶质相对分子质量的范围。

根据化学成分的不同，固定相分为无机凝胶和有机凝胶两大类。前者如多孔玻璃和多孔硅胶，后者如交联聚苯乙烯。

无机凝胶的优点是机械强度高，稳定性好，耐高温、高压，容易装填均匀。缺点是具有一定吸附性，但可通过选择合适的流动相消除吸附，还可利用硅烷化去除硅胶表面的残余活性。

交联聚苯乙烯凝胶渗透性好，柱效高，其流动相主要是有机溶剂。在合成过程中，控制交联剂的用量，可得到不同交联度的凝胶，应用于各种不同渗透极限物质的分离。

### 3. 流动相

在空间排阻色谱法中，选择流动相不是为了控制分离。这是与其他类型色谱的重要区别。对流动相的要求是：对样品能溶解，对固定相能浸润，具有较低的黏度和毒性，与所用检测器匹配。常用的流动相有四氢呋喃、甲苯、氯仿和水等。

空间排阻色谱法具有分析时间短、峰形窄、灵敏度高等优点，适用于分离相对分子质量大的化合物（约为 2000 以上）。比如可以用来测定合成高聚物的相对分子质量分布、研究聚合机理、分离各种大分子（蛋白质、核酸等）。在合适的条件下，也可以分离相对分子质量小至 100 的化合物，故相对分子质量为 $100 \sim 8 \times 10^5$ 的任何类型化合物，只要在流动相中是可溶的，都可用排阻色谱法进行分离。

## 第五节　高效液相色谱方法的选择

### 一、色谱分离类型的选择

高效液相色谱分离类型繁多，每种类型都有一定的适用范围。这为各类样品的分离提供了便利条件。面对一个分析样品，如何正确选择合适的色谱分离类型和最佳操作条件，是分析工作者要解决的首要问题。一般来讲，应根据样品性质选择色谱类型。这就需要充分了解样品的溶解性、相对分子质量、极性（官能团类型）、离子性等相关性质，然后才能作出判断和选择。下面介绍色谱分离类型选择的一般原则。

1. 水溶性样品

（1）相对分子质量<2000 的样品。

A. 样品组分相对分子质量相差较大时，采用小孔填料的空间排阻色谱法。

B. 样品组分相对分子质量差别不大时，则进一步考察组分是否可以离解。对非离子性组分，可采用键合相色谱法分离。

C. 对于低分子量水溶性离子样品，可采用离子对色谱或离子交换色谱法。

（2）相对分子质量>2000 的样品。

若高分子量的组分属于非离子性化合物，可采用空间排阻色谱法；若属离子性样品，可选用离子对色谱或离子交换色谱法。

2. 脂溶性样品

（1）相对分子质量<2000 的样品。

A. 对于低分子量的非离子性样品，如果含有结构异构体，最好采用液-固吸附色谱法分离；若不是异构体，可采用键合相色谱法。

B. 对于离子性或可离解的样品，可采用离子对色谱法。

（2）相对分子质量>2000的样品。

采用空间排阻色谱法。

将上述色谱分离类型选择的基本原则，用图解分析表示出来，见图14-6。

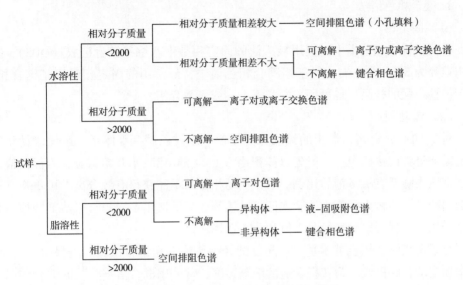

**图14-6　高效液相色谱分离类型的选择**

## 二、色谱分离条件的选择

色谱分离类型选定后，接下来就要确定色谱分离条件，主要包括固定相、流动相、柱温、流速、洗脱方式等。其中最重要的条件是固定相和流动相，二者选择得正确与否直接关系着分离的成败。下面简要介绍液-固吸附色谱法和键合相色谱法分离条件选择的一些基本原则。

1. 液—固吸附色谱法

（1）固定相。

硅胶是液—固色谱中最常用的吸附剂，采用粒径为 $5\sim10\mu m$ 的全多孔微粒型硅胶能解决大多数分析问题。

（2）流动相。

合适的流动相只有通过试验确定。可先试用中等强度的溶剂，若洗脱能力太强，则改用较弱的溶剂；若洗脱能力太弱，则改用较强溶剂。对于复杂混合物的分离，常需采用二元或多元混合溶剂，通过改变溶剂种类、浓度、极性、黏度等提高分离选择性。在二元混合溶剂中，多以非极性溶剂为主，加入一定量的极性溶剂。溶剂性质和组成不同，其洗脱强度不同。一般来说，改变混合溶剂中极性溶剂的种类或浓度，可显著提高分离选择性。此外，因液—固吸附色谱的分离机制与薄层色谱相同，故可以薄层色谱作先导，能更快选出合适的流动相。

2. 键合相色谱法

（1）固定相。

在反相键合相色谱中，应用最广泛的固定相是十八烷基键合硅胶（ODS），其常用粒径为 3μm 或 5μm。在正相键合相色谱中，最常用的固定相是氰基键合相，对于极性很强的样品，也可用二醇类键合相或氨基合相。

（2）流动相。

对于 ODS 固定相，常用的流动相是甲醇—水或乙腈—水体系。最佳流动相组成也需通过尝试法确定。一般先以体积比为 1∶1 的甲醇-水开始试验，若保留值过小，则适当降低有机溶剂的比例。若该流动相体系不能获得有效分离，可更换有机溶剂的种类，如将甲醇换为乙腈或四氢呋喃等。只要选用不同的有机溶剂和控制它与水的比例，就可以改变组分 $k$ 值和分离选择性。

对于正相键合相色谱体系，首先以纯烃类作流动相进行试验。若保留值太大，应增加流动相的极性。为获得合适的溶剂强度，常使用混合溶剂。二元混合溶剂一般由弱极性的 A 溶剂和强极性的 B 溶剂组成。为了改善分离选择性，原则上既可通过变换弱极性的 A，也可通过变换强极性的 B 来实现。但经验证明，在正相色谱分离中，强极性成分 B 与溶质分子之间的相互作用比弱极性成分 A 强得多，B 是对分离选择性起决定作用的成分。因此，通常采用变换混合溶剂中强极性成分 B 的方法来提高分离选择性。

总之，键合相色谱中流动相的选择，是通过控制加入的有机溶剂或极性溶剂的种类和比例来改善或提高分离选择性的。

# 第六节　高效毛细管电泳（HPCE）

## 一、毛细管电泳基本原理

1. 电泳和电泳淌度

电泳是在电场作用下带电粒子在缓冲溶液中的定向移动，其移动速度 $u_{ep}$ 由下式决定：

$$u_{ep} = \mu_{ep}E$$

式中：$u_{ep}$——带电粒子的电泳速度；

　　　$E$——电场强度；

　　　$\mu_{ep}$——粒子的电泳淌度，下标 ep 表示电泳（electrophoresis）。

由上式可以看出，溶质粒子在电场中的迁移速度决定于该粒子的淌度和电场强度的乘积。在同一电场中，由于粒子本身的电泳淌度不同，致使它们在电场中迁移的速度不同，使其彼此分离。可见，溶质粒子在电场中的差速迁移是电泳分离的基础，而不同粒子的淌度不同是电泳分离的内因。

所谓电泳淌度（electrophoretic mobility）是指溶质在给定缓冲液中单位时间和单位电场强度下移动的距离，也就是单位电场强度下带电粒子的平均电泳速度，简称淌度，表示为：

$$\mu_{ef}=\frac{q}{6\pi r\eta}$$

淌度与带电粒子的有效电荷、形状、大小以及介质黏度有关，对于给定介质，溶质粒子的淌度是物质的特征常数。因此，电泳中常用淌度来描述带电粒子的电泳行为。

电泳淌度与物质所处环境有关。带电粒子在无限稀释溶液中的淌度叫作绝对淌度，用 $\mu_{ab}$ 表示。在实际工作中，人们不可能使用无限稀释溶液进行电泳，某种离子在溶液中也不是孤立的，必然会受到其他离子的影响，使其形状、大小、所带电荷、离解度等发生变化，所表现的淌度会小于 $\mu_{ab}$，这时的淌度称为有效淌度，即物质在实际溶液中的淌度，用 $\mu_{ef}$ 表示：

$$\mu_{ef}=\sum a_i\mu_i$$

式中：$a_i$——物质 i 的离解度；

　　　$\mu_i$——物质 i 在离解状态下的绝对淌度。

物质的离解度与溶液的 pH 值有关，而 pH 值对不同物质的离解度影响不同。因此，可以通过调节溶液 pH 值来加大溶质间 $\mu_{ef}$ 的差异，提高电泳分离效果。

2. 电渗和电渗流

电渗是一种物理现象，是指在电场作用下，液体相对于带电荷的固体表面移动的现象。电渗现象中液体的整体移动叫电渗流（electroosmotic flow，EOF）。

在 HPCE 中，所用毛细管大多为石英材料。当石英毛细管中充入 pH≥3 的缓冲溶液时，管壁的硅羟基—SiOH 部分离解成—SiO⁻，使管壁带负电。在静电引力作用下，—SiO⁻ 将把电解质中的阳离子吸引到管壁附近，并在一定距离内形成阳离子相对过剩的扩散双电层，见图 14-7。看上去就像带负电荷的毛细管内壁形成了一个圆筒形的阳离子塞流。

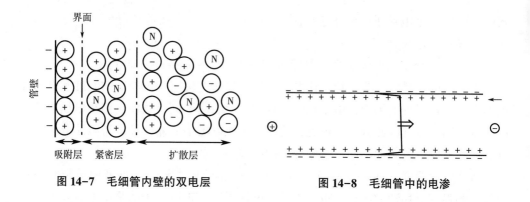

图 14-7　毛细管内壁的双电层　　　　图 14-8　毛细管中的电渗

在外加电场作用下，带正电荷的溶液表面及扩散层的阳离子向阴极移动。由于这些阳离子是溶剂化的，当它们沿剪切面作相对运动时，将携带着溶剂一起向阴极移动。这就是 HPCE 中的电渗现象，见图 14-8。在电渗力驱动下，毛细管中整个液体的流动，叫 HPCE 中的电渗流。

电渗流的大小用电渗流速度 $u_{eo}$ 表示。与电泳类似，电渗速度等于电渗淌度 $\mu_{eo}$ 与电场强度 $E$ 的乘积，即：

$$u_{eo} = \mu_{eo} E$$

电渗流受双电层厚度、管壁的 Zeta 电势、介质黏度的影响。一般说来，双电层越薄，Zeta 电势越大，黏度越小，电渗流速度越大。通常情况下，电渗流速度是一般离子电泳速度的 5~7 倍。

电渗流的方向决定于毛细管内壁表面电荷的性质。一般情况下，石英毛细管内壁表面带负电荷，电渗流从阳极流向阴极（图 14-9）。但如果将毛细管内壁表面改性，使其内表面带正电荷，则产生的电渗流的方向变为由阴极流向阳极。

图 14-9　毛细管电泳中的电渗流

毛细管电泳较液相色谱的优势在于电荷均匀分布，整体移动，而液相色谱中的溶液流动为层流，抛物线流型，管壁处流速为零，管中心处的速度为平均速度的2倍（引起谱带展宽较大）。

## 二、毛细管电泳的特点

毛细管电泳将经典电泳技术和现代微柱分离技术有机结合，和 HPLC、平板凝胶电泳相比，其特点可概括为"三高二少一广"，即高分辨率、高分析速度、高质量灵敏度；所需样品少、成本低；应用范围广。CE 具有很高柱效，每米理论塔板数为几十万，高者可达几百万乃至几千万。其原因见下节所述。经典平板凝胶电泳因难以克服由电极两端高电压引起的自热（焦耳热）现象，无法解决因自热引起的区带展宽、迁移减慢、效率降低，故不能用于高压电场。CE 的电泳过程在散热效率很高的毛细管（内径 $25 \sim 100 \mu m$）中进行，可采用较高电压（30kV），不但可获很高的分离效率，而且大大缩短分析时间。许多分析可在 10min 内完成，有的甚至可在 60s 内实现。和 HPLC 相比，因毛细管平衡时间短，故在更换缓冲液或改变实验条件时，可大大缩短包括准备时间在内的总分析时间。采用紫外检测器的检测限可达 $10^{-13} \sim 10^{-15} mol$，激光诱导荧光检测器可达 $10^{-19} \sim 10^{-2} mol$。CE 仅需纳升（$10^{-9} L$）的进样量，故可用于极少量生物样品的分析，如单细胞。CE 只需少量（mL 级）的流动相和低廉的毛细管，但其分离范围极广，除分离生物大分子（肽、蛋白、DNA 和糖等）外，还可用于小分子（氨基酸、药物等）及离子（无机及有机离子等），甚至可分离各种颗粒（如硅胶颗粒、细胞分级等）。

毛细管电泳因其进样量小，故质量灵敏度高，但其浓度灵敏度要比 HPLC 低。也因进样量少（nL 级），故定量精度及重现性也低于 HPLC，有待于发展新方法，如和 HPLC 相似的定量环进样等予以克服。

## 三、毛细管的分离模式

1. 毛细管区带电泳

毛细管区带电泳是在电场的作用下，样品组分以不同的速率在独立的区带内进行迁移而被分离。由于电渗流的作用，正负离子均可以实现分离。在正极进样的情况下，正离子首先流出毛细管，负离子最后流出。中性物质在电场中不迁移，只是随电渗流一起流出毛细管，故得不到分离。

毛细管区带电泳的应用很广，分析对象包括氨基酸、多肽、蛋白质、无机离子和有机酸等，特别在药物对映异构体的分离分析方面也具有应用。

2. 毛细管凝胶电泳

毛细管凝胶电泳是聚丙烯酰胺等在毛细管柱内交联生成凝胶，当带电的被分析物在电场作用下进入毛细管后，聚合物起着类似"分子筛"的作用，小的分子容易进入凝胶而首先通过凝胶柱，大分子则受到较大的阻碍而流出凝胶柱，能够有效减小组分扩散，所得峰型尖锐，分离效率高。毛细管凝胶电泳有抗对流性好、散热性好、分离度极高等特点。

### 3. 胶束电动力学毛细管色谱

胶束电动力学毛细管色谱是将高于临界胶束浓度的离子型表面活性剂加入缓冲剂中形成胶束，被分析物在胶束（固定相）和水相中进行分配，中性化合物根据其分配系数的差异进行分离，带电组分的分离机理则是电泳和色谱的结合。最常见的胶束相是阴离子表面活性剂中的十二烷基硫酸钠，有时也用阳离子表面活性剂。可以通过改变缓冲液种类、pH 和离子强度、胶束的浓度来调节选择性，进而对被分析物的保留值产生影响。

### 4. 毛细管电渗色谱

毛细管电渗色谱是在毛细管壁上键合或涂渍高效液相色谱的固定液，在毛细管的两端加高直流电压，以电渗流为流动相，试样组分在两相间的分配为分离机理的电动色谱过程。它是一种具有发展前景的微柱分离技术，可用于分析有机和无机化合物。

## 四、毛细管柱技术

毛细管是 CE 的核心部件之一，毛细管柱技术主要是指对管壁进行改性和制备各种柱。为了消除吸附和控制电渗流，通常采用动态修饰和表面涂层两类方法。动态修饰采用在运行缓冲液中加入添加剂，如加入阳离子表面活性剂十四烷基三甲基十四烷基溴化铵（TTAB），在内壁形成物理吸附层，使电渗流（EOF）反向；内壁表面涂层包括物理涂布、交联和化学键合等，类似 HPLC 所用的方法。

毛细管凝胶柱是经丙烯酰胺和甲叉双丙烯酰胺共聚，并由四甲基乙二胺（TEMED）引发而成。关于电色谱柱的制备前已论述。

## 五、毛细管电泳检测器

CE 中溶质区带超小体积的特性，对光学类检测器的灵敏度要求很高，可以说检测是 CE 中的关键。CE 所用检测器有紫外检测器、荧光检测器、发光检测器、电化学检测器和质谱检测器等。迄今为止，除了原子吸收光谱与红外光谱未作为 CE 检测器外，其他检测方法均已和 CE 结合，但已商品化的只有 UV、EC、LIF 和 CE/MS 联用。

CE 中应用最广的是紫外/可见检测器，可分为两类：固定波长或可变波长检测器和二极管阵列（DAD）或波长扫描检测器。第一类结构简单、灵敏度较高；第二类能提供时间-吸光度-光谱三维图谱，可用于定性鉴别，如药物分析。特别是

DAD 检测器可做到在线纯度检测，即在分离过程中可得知每个峰含几种物质。

激光诱导荧光检测器（LIF）是 CE 最灵敏的检测器之一，比 UV 检测器灵敏度要高 1000 倍。虽然对某些样品需衍生化，但同时又增加了选择性，DNA 测序必须采用 LIF。电化学检测器（EC）可分为电导和安培检测器两类，后者是一种很灵敏的检测器。CE/MS 联用在肽链序列及蛋白结构、分子量测定方面有卓越表现，特别适用于复杂体系样品的分离鉴定。

# 第七节　高效液相色谱在禽蛋品质检测中的应用

近年来，随着生活水平的不断提高，禽蛋作为高营养食品，在居民的饮食结构和营养需求中占据重要地位。但是，由于养殖业中用药的不规范，导致畜禽产品中兽药残留，威胁人体健康，因而畜禽产品中的兽药残留问题备受社会关注。其中达氟沙星、环丙沙星、沙拉沙星、恩诺沙星等氟喹诺酮类药物，因菌谱广、抗菌活性强等特点，深受养殖行业欢迎。

《鸡蛋中氟喹诺酮类药物残留的测定高效液相色谱法》（农业部 781 号公告-6-2006）方法中，要求采用 $C_{18}$ 固相萃取柱进行萃取；色谱条件：流动相为乙腈-0.05mol/L 磷酸/三乙胺缓冲液（pH 2.4）（二者比例为 19∶81），荧光检测器激发波长 280nm、发射波长 450nm，流速 1.0mL/min，进样量 20μL；环丙沙星、恩诺沙星和沙拉沙星添加浓度在 10~50μg/kg、达氟沙星添加浓度在 2~10μg/kg 时的回收率为 70%~100%，批内变异系数≤10%，批间变异系数≤15%。

2016 年，姜兴华等将流动相中乙腈和 0.05mol/L 磷酸/三乙胺缓冲液比例调整为 15∶85，流速调整为 0.8mL/min，同时测定了鸡蛋中环丙沙星、恩诺沙星、沙拉沙星和达氟沙星 4 种药物的残留量。结果为环丙沙星、恩诺沙星和沙拉沙星在0.005~0.5μg/mL、达氟沙星在 0.001~0.1μg/mL 浓度范围内具有良好的线性关系，相关系数为 0.9998，加标回收率为 96.5%~103%，变异系数为 0.83%~1.28%。

2017 年，陈小红等对鸡蛋中四种氟喹诺酮类药物残留前处理进行优化，将提取液磷酸二氢钾单次（共提取 2 次）用量由标准规定的 2mL 增加到 10mL，流动相乙腈-0.05mol/L 磷酸/三乙胺溶液体积比调整为 21∶79，其他色谱条件不变的情况下测得环丙沙星、恩诺沙星和沙拉沙星添加浓度在 10~50μg/kg、达氟沙星在 2~10μg/kg 的回收率为 83.2%~97.3%，变异系数为 3.6%~8.7%。

HPLC 法是目前食品安全检测领域中主要的分析技术手段，其样品前处理简单，仪器操作相对简便，具有灵敏度和精密度高、选择性强、重现性好、可同时进行定性与定量分析等特点，在基层食品检验机构中应用广泛。QNs 类药物是以强荧光发射基团的 4-喹诺酮酸为基本结构，HPLC 联用荧光的检测方法是最早建立的 QNs 类药物检测方法。我国分别于 2006 年和 2008 年发布了 HPLC 法检测水产品、鸡蛋和动物源性食品中 QNs 类药物残留的相关标准，最低检测浓度低至 5~20μg/kg。

高效液相色谱法作为检测鸡蛋中兽药残留的有效检测手段，不同的前处理方法、不同的流动相配比均会对检测结果造成影响，想要获得更高的准确度和精密度，还需要科研人员进一步优化。

### 实例 1　高效液相色谱法检测 5 种市售鸡蛋中牛磺酸的含量

西方发达国家已普遍将牛磺酸应用于医药及食品添加剂中，近年来国内一些营养补给品中也添加了牛磺酸。采用柱前衍生法，以邻苯二甲醛（ortho-phthalaldehyde，OPA）为衍生试剂，乙硫醇为保护剂，建立 HPLC 测定鸡蛋中牛磺酸含量的方法，为鸡蛋中牛磺酸含量的科学检测提供理论参考。

选择甲醇-乙腈与水作为流动相，分别选用体积比 15:85、20:80、25:75、30:70 进行试验。随着甲醇-乙腈与水比例的相应变化，牛磺酸与相邻峰的分离度也有所变化，保留时间不断缩短，但吸收峰面积有所不同。综合考虑吸收峰面积及保留时间，选择甲醇-乙腈和水的体积比为 25:75。流动相流速是影响高效液相色谱检测的重要因素，流速太慢目标物质保留时间延长，峰型变宽；流速增快可以缩短保留时间，但过快则容易导致目标物质未完全检测，峰面积变小。

由图 14-10 可知，牛磺酸含量在 2~25μg/mL 范围内，峰面积与浓度的线性回归方程为 $y=2.499x$，相关系数 $R^2=0.9999$。这表明牛磺酸在此质量浓度范围内与峰面积的线性关系良好。

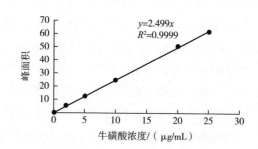

**图 14-10　牛磺酸标准曲线**

为考察 HPLC 测定蛋黄中牛磺酸的分离效能及干扰情况，取空白溶液、标准品牛磺酸溶液及蛋黄溶液、蛋清溶液。分别按照色谱柱：Agilent Eclipse plus C18（4.6mm×250mm，5μm）；流动相：甲醇-乙腈:水（25:75，体积比），流速

0.8mL/min；柱温30℃；荧光检测器：激发波长330nm，发射波长530nm；进样量20μL。记录色谱图，结果如图14-11所示。

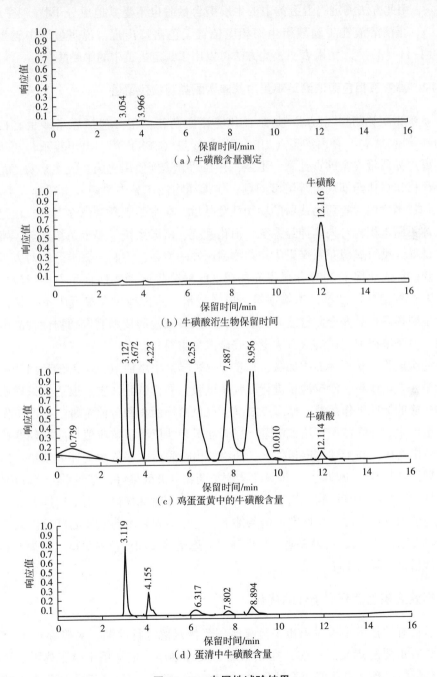

图 14-11　专属性试验结果

由图 14-11 可知，水在牛磺酸衍生物相应位置无色谱峰出现，不干扰牛磺酸的含量测定 [图 14-11 (a)]，牛磺酸标准品衍生物的保留时间约为 12.116min [图 14-11 (b)]，用此方法测定鸡蛋蛋黄中的牛磺酸含量时也不受其他成分干扰 [图 14-11 (c)]，蛋清溶液在牛磺酸衍生物相应位置无色谱峰出现，说明蛋清中无牛磺酸 [图 14-11 (d)]。结果表明，此方法可以用于测定蛋黄中的牛磺酸。

### 实例 2　高效液相色谱法测定鸡蛋中氟喹诺酮类药物残留量

氟喹诺酮类药物（FQS）是第 3 代喹诺酮药物，主要包括恩诺沙星（ENR）、达氟沙星（DAN）、环丙沙星（CIP）、沙拉沙星（SFX）等。由于养殖行业从业人员对农产品质量安全的责任意识不强，存在部分违规使用兽药、抗生素及违禁药品和不严格执行休药期规定等诸多问题，使得动物性产品中兽药残留超标。生活中，当人们过多食用含有药物残留的动物性食品后，通常不表现为急性毒性，而是药物在人体不断蓄积，对人体神经系统、消化系统、泌尿系统等多个系统造成损害，更容易诱导人类致病菌对氟喹诺酮类药物耐药性的增强，不利于该类药物对人类疾病的治疗。原农业部于 2002 年已发布的第 235 号公告《动物性食品中兽药最高残留限量》中规定环丙沙星、达氟沙星、恩诺沙星、沙拉沙星在鸡蛋中不得检出。因此，不断提高食品安全监管能力和水平，利用有效检测技术测定动物性食品中兽药残留，对坚决捍卫人民群众舌尖上的安全尤为重要。

此次试验，采用标准添加法，在空白鸡蛋样品中添加 10ng/mL 的环丙沙星、达氟沙星、恩诺沙星、沙拉沙星进行回收率试验，平行试验 2 次。取适量试样添加溶液和相应的标准工作溶液，作多点校准，以色谱峰面积积分值定量。标准工作液及试样溶液中的环丙沙星、达氟沙星、恩诺沙星和沙拉沙星响应值均应在仪器检测的线性范围之内。在上述色谱条件下，药物的出峰先后顺序依次为环丙沙星、达氟沙星、恩诺沙星和沙拉沙星。4 种氟喹诺酮类药物分离效果好，基线平滑，峰形尖锐，对称性好，且经计算回收率均达到了 90% 以上，相对标准偏差均不超过 10%。通过优化后的前处理方法，在标准色谱条件下，进行不同浓度药物样品试验，以信噪比 $S/N=3$ 确定检出限。结果表明，环丙沙星、恩诺沙星和沙拉沙星检出限为 5ng/mL，达氟沙星检出限为 1ng/mL。

### 高效液相色谱分离条件的优化

通过有效技术手段对鸡蛋中氟喹诺酮药物残留进行检测，对确保鸡蛋的食用安全具有重要的意义。目前，在颁布的相关标准中，能够用于检测鸡蛋中氟喹诺酮残留量的仅有（农业部 781 号公告-6-2006）《鸡蛋中氟喹诺酮类药物残留量的

测定 高效液相色谱法》。但通过试验等研究表明，该标准规定方法存在回收率低的问题，无法满足对氟喹诺酮类药物的检测要求。因此，从提取量、流动相洗脱比例、不同振荡方式等方面进行优化，筛选出最佳检测方法，以期为鸡蛋中氟喹诺酮类药物残留的测定提供参考。

通过对色谱条件进行优化，确定最佳流动相 A∶B＝84∶16，在此条件下，诺氟沙星、环丙沙星和恩诺沙星等 3 种氟喹诺酮类药物的响应值及分离效果均最佳。磷酸盐提取液为 20mL，回收率最好，与农业部 1025 号公告-14-2008《动物性食品中氟喹诺酮类药物残留检测 高效液相色谱法》所采用的提取液体积一致。普通振荡器振荡会使 3 种氟喹诺酮类药物的回收率较低，因此建议在振荡提取过程中采用涡旋振荡混合器进行振荡，其回收效果更佳。对脱脂方式及流动相洗脱比例进行优化，采用移液管吸出备用液与流动相洗脱比例为 70∶30 时的回收效果均最佳。

综上，通过优化提取液体积、振荡方式、脱脂方式及流动相洗脱比例，能够使诺氟沙星、环丙沙星、恩诺沙星的回收率均上升，能满足鸡蛋中氟喹诺酮类药物残留的检测分析，为氟喹诺酮类药物测定的进一步优化和修订奠定了基础。

## 第八节　二维色谱及联用技术在禽蛋品质检测中的应用

以下内容是利用二维高效液相色谱-三重四极杆/复合线性离子阱质谱联用法，快速测定鸡肉和鸡蛋中利巴韦林总残留量。

利巴韦林又名病毒唑，为合成核苷类药物，具有广谱、强效的抗病毒作用，能够抑制多种 DNA 和 RNA 病毒，临床上主要用于治疗人类病毒性流感、病毒性脑炎及甲型肝炎等疾病。该类药物也曾广泛用于治疗动物病毒性传染病，如鸡痘、鸡传染性喉气管炎、猪流行性感冒、猪传染性胃肠炎、猪流行性腹泻等。利巴韦林具有一定的遗传、生殖毒性和致癌性，禽畜滥用可能会导致禽畜体内病菌耐药性增强，残留药物还可通过食物链进入人体而影响人体健康。

由于利巴韦林在动物和人类体内会生成磷酸酯化代谢产物，若测定利巴韦林总残留量，需先用磷酸酯酶酶解代谢物使其转化为利巴韦林原药。然而，酶解作用可使禽畜类样品产生大量的核苷类成分，干扰利巴韦林的测定，特别是尿嘧啶核苷（uridine），其分子质量与利巴韦林相同，在 $ESI^+$ 源中，二者可产生相同的碎片离子，且色谱行为相似。禽畜产品中利巴韦林的净化方法主要包括固相萃取法（SPE）和分散固相萃取法（dSPE），前者操作较烦琐，而后者净化效果不佳，基质抑制效应明显。二维高效液相色谱技术的峰容量大，可显著降低基质效应，有助于实现样品的自动化分析，在食品安全、生物样品分离和分析等领域得到了广泛应用。

**1. 样品前处理**

鸡蛋样品去壳后，用分散机均质成均匀样品。称取2.00g样品于50mL具塞离心管中，加入40μL0.10mg/L的同位素内标，混匀，再加入10.0mL0.10mol/L的乙酸铵缓冲溶液（pH为4.8）和20μL酸性磷酸酯酶（0.8U/μL），混匀，于37℃水浴振荡，酶解2h后取出冷却，以12000r/min离心5min，取0.50mL上清液于超滤管中，以15000r/min离心10min，得到超滤液，待测。

**2. 色谱条件**

中心切割二维高效液相色谱流路图如图14-12所示。

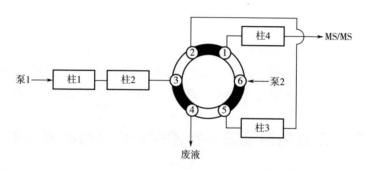

**图14-12　中心切割二维超高效液相色谱流路图**

第1维：保护柱为Acquity HSS T3柱（2.1mm×5.0mm×1.8μm，柱1），分离柱为Agilent Zorbax SB-Aq柱（3.0mm×150mm×1.8μm，柱2）；柱温40℃；流动相：A为乙腈，B为0.2%甲酸水溶液；进样体积10μL；梯度洗脱程序列于表14-7。

**表14-7　高效液相色谱梯度洗脱条件及阀切换时间**

| 泵1（四元溶剂管理器） | | | | | 泵2（二元溶剂管理器） | | | | | 色谱柱管理器 | |
|---|---|---|---|---|---|---|---|---|---|---|---|
| 时间/min | 流速/(mL/min) | φ(A)/% | φ(B)/% | 变化曲线 | 时间/min | 流速/(mL/min) | φ(A)/% | φ(B)/% | 变化曲线 | 时间/min | 切换阀位置 |
| 0 | 0.400 | 0 | 100 | — | 0 | 0.300 | 5 | 95 | — | 0 | 1 |
| 3.00 | 0.400 | 0 | 100 | 6 | 2.50 | 0.300 | 5 | 95 | 6 | 2.10 | 2 |
| 6.50 | 0.400 | 95 | 5 | 1 | 3.50 | 0.300 | 13 | 87 | 6 | 2.50 | 1 |
| 10.00 | 0.400 | 0 | 100 | 1 | 7.00 | 0.300 | 13 | 87 | 6 | — | — |

| 泵1（四元溶剂管理器） | | | | | 泵2（二元溶剂管理器） | | | | | 色谱柱管理器 | |
|---|---|---|---|---|---|---|---|---|---|---|---|
| 时间/min | 流速/(mL/min) | 流路 | | 变化曲线 | 时间/min | 流速/(mL/min) | 流路 | | 变化曲线 | 时间/min | 切换阀位置 |
| | | $\varphi$(A)/% | $\varphi$(B)/% | | | | $\varphi$(A)/% | $\varphi$(B)/% | | | |
| — | — | — | — | — | 9.50 | 0.300 | 95 | 5 | 1 | — | — |
| — | — | — | — | — | 10.00 | 0.300 | 5 | 95 | 1 | — | — |

第2维：捕集柱为 Hypercarb PGC 柱（4.6mm×10mm×5μm，柱3），分析柱为 Hypercarb PGC 柱（2.1mm×150mm×3μm，柱4）；柱温40℃；流动相：A 为乙腈溶液，B 为 0.1%甲酸水溶液；梯度洗脱程序列于表 14-9。

3. 质谱条件

离子源：电喷雾离子源（ESI）；检测方式：正离子扫描方式；扫描方式：多离子监测-触发增强子离子扫描方式（MRM-IDA-EPI）；离子化电压 5500V；离子源温度 350℃；气帘气压强 277kPa；喷雾气压强 552kPa；辅助加热气压强 483kPa；碰撞器设置为 High；利巴韦林定量离子对为 $m/z$ 245.2>$m/z$ 113.1，定性离子对为 $m/z$ 245.2>$m/z$ 96.0；去簇电压均为 30V；碰撞能量分别为 13 和 43eV；13C5-利巴韦林同位素内标 $m/z$ 250.1>$m/z$ 113.1，增强子离子扫描范围为 $m/z$ 50~$m/z$ 280。

运行开始时，第2维色谱柱流出液经六通阀切换至废液中直到第 6.00min，质谱开始采集数据至第 8.00min 末，再经六通阀将柱流出液切换至废液中。

4. 色谱条件的优化

利巴韦林的 LogP 值为-2.06，属强极性化合物，在常规的反相液相色谱柱上基本无保留，目前多采用极性化合物反相分析柱和亲水色谱柱分离。本实验分别考察了 Acquity BEH Hilic 柱、Acquity BEH Amide 柱（2.1mm×100mm×1.7μm）、Cortecs UPLC Hilic 柱（2.1mm×100mm×1.6μm）、Acquity HSS T3 柱（2.1mm×100mm×1.8μm）、Acquity BEH shield RP18 柱（2.1mm×100mm×1.7μm）、Capcell pak ADME 柱（2.1mm×100mm×3μm）和 Agilent Zorbax SB-Aq 柱（3.0mm×150mm×1.8μm）的分离情况。结果表明，Agilent Zorbax SB-Aq 色谱柱的分离能力最强，目标化合物的保留时间稳定、色谱峰形对称，与基质中干扰成分尿嘧啶核苷得到较好分离，结果示于图 14-13。因此，选择 Agilent Zorbax SB-Aq 色谱柱作为本实验的一维分离柱，以 0.2%甲酸水溶液作为流动相。

在上述分离条件下，虽能分离利巴韦林与尿嘧啶核苷，但样品中还有干扰成分与利巴韦林共流出，因此将第 1 维色谱柱流分通过六通阀切换至捕集柱捕集，阀切换时间为 2.10~2.50min，捕集完成后，将捕集柱切入第 2 维色谱流路中，流动相将被捕集于柱头的利巴韦林反向洗脱入 Hypercarb PGC 分析柱中分离。此时，利巴韦林得到聚集，色谱峰较窄，示于图 14-14。实验还对乙腈-乙酸铵、乙腈-甲酸水溶液、甲醇-乙酸铵和甲醇-甲酸水溶液作为第 2 维色谱柱流动相时的分离效果进行比较、优化。结果表明，乙腈-0.1%甲酸水溶液作为流动相时的分离效果最佳。此时，鸡肉和鸡蛋样品的基质抑制效应分别为 51.1%和 25.8%，若只经过第 1 维 Agilent Zorbax SB-Aq 色谱柱分离，则基质抑制效应均大于 99%。

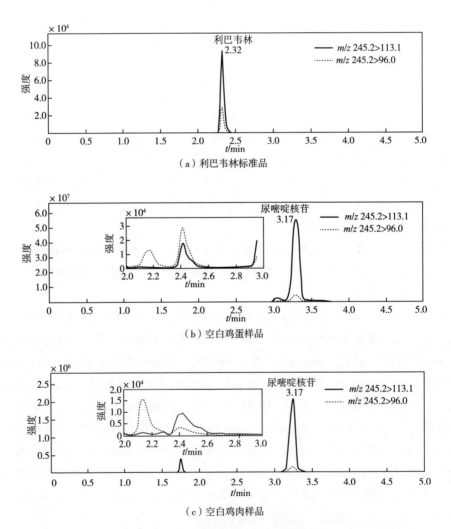

图 14-13　利巴韦林标准品、空白鸡蛋样品、空白鸡肉样品的第一维 MRM 色谱图

## 5. 质谱条件的优化

在电喷雾正离子模式下对质谱条件进行优化，Q1 扫描时出现［M+H］⁺和［M+Na］⁺峰，考虑到灵敏度、子离子稳定性等因素，选择［M+H］⁺峰作为母离子，对其进行碰撞解离。通过子离子扫描，得到利巴韦林碎片离子信息，对去簇电压、碰撞能量等参数进行优化，使分子离子对的信号达到最强，选择 2 对分子离子对，以响应相对较强的子离子作为定量离子，另一子离子作为定性离子。同时设定合适的峰驻留时间（dwell time）确保色谱峰的采样点数在 15～20，以得到较好的定量重复性。

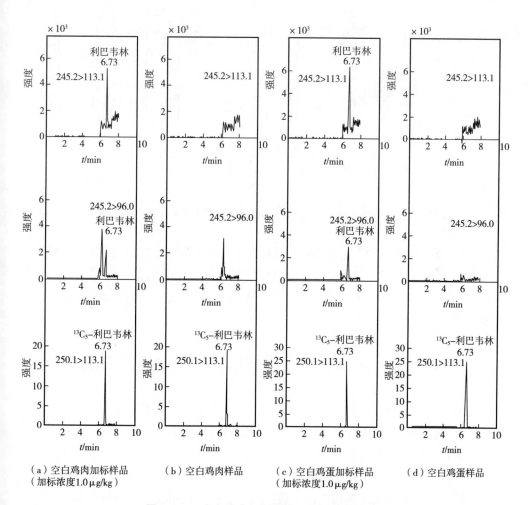

（a）空白鸡肉加标样品　　　（b）空白鸡肉样品　　　（c）空白鸡蛋加标样品　　　（d）空白鸡蛋样品
（加标浓度1.0μg/kg）　　　　　　　　　　　　　　　（加标浓度1.0μg/kg）

**图 14-14　空白鸡肉加标样品、空白鸡肉样品、**
**空白鸡蛋加标样品和空白鸡蛋样品的第一维 MRM 色谱图**

三重四极杆/复合线性离子阱质谱同时具备三重四极杆较高的选择性与灵敏度，以及线性离子阱的增强子离子扫描功能，可以通过谱库检索技术对被检出的化合物进行确证。采用多离子监测-触发增强子离子扫描（MRM-IDA-EPI）模式，通过1次进样即可同时得到用于定量的 MRM 色谱图和用于定性的二级扫描质谱图，提高了定性能力，有利于复杂基体中痕量目标化合物的定性，避免了假阳性结果。添加1.0μg/kg 利巴韦林的鸡肉样品的增强子离子扫描谱图示于图 14-15，谱库检索的符合率为 86.3%。

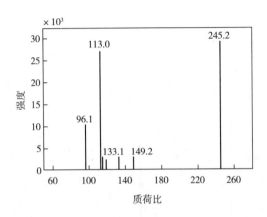

**图 14-15　添加 1.0μg/kg 利巴韦林的鸡肉样品的增强子离子扫描谱图**

本研究建立的中心切割二维高效液相色谱-三重四极杆/复合线性离子阱质谱法可快速测定鸡肉和鸡蛋中利巴韦林总残留量。通过优化色谱、质谱条件，达到了较好的样品净化和分离效果，降低了样品基质效应，得到了较高的检测灵敏度。

## 第九节　毛细管电泳在禽蛋品质检测中的应用

毛细管电泳是一种用弹性石英毛细管作为分离泳道，并用高压直流电驱动，根据样品在单位电场强度下各组分在泳道中的定向迁移速度和分配差异而分离的新型液相分离技术，具有分高效率高且速度快的优点，但由于样品进样量少其灵敏度不高。目前已有研究者将电化学分析方法和毛细管电泳技术结合，并优化分离条件，用于鸡蛋中土霉素及四环素的残留限量检测。有研究者用胶束溶剂堆积富集法进行区带电泳并优化条件，创建的高效毛细管电泳对鸡蛋中磺胺类药物残留进行检测时，检测限可达 1.0ng/mL。

　　高效毛细管电泳在三聚氰胺的分析中具有样品进样量少、分析时间短、分离效果明显等特点。饶钦雄等采用高效毛细管电泳法，以三氯乙酸作为提取剂，用固相萃取小柱进行洗脱，以二极管阵列检测器对鸡蛋中的三聚氰胺进行分析。缓冲溶液是 50mmol/L 甲酸-50mmo/L 甲酸铵（pH 2.5），毛细管总长度为 58.5cm，内径为 75μm，分离时间约 6min，测得的定量限是 0.25mg/kg，三聚氰胺浓度在 0.25~5.0mg/kg 范围内进行添加回收实验，平均回收率 80.2%~90.7%，相对标准偏差 *RSD* 为 1.7%~3.4%。

　　叶玉萍采用高效毛细管电泳法，以区带毛细管电泳模式，分离测定鸡蛋中三聚氰胺的含量，以 75μm×53cm（有效长度45cm）的未涂层石英毛细管柱作为分离通道，温度为 25℃，工作电压为 25kV，进样压力是 2.7kPa，检测波长 236nm，以浓度为 50mmol/L 的 Tris-磷酸（pH 值为 8.0）作为背景电解质，结果三聚氰胺在 1.27~71.23μg/mL 范围内呈良好的线性关系，相关系数 $R^2$ 为 0.9998，平均回收率为 99.98%，*RSD* 为 1.23%，重复性良好。

　　毛细管电泳的诸多优点使其在食品分析领域得到了广泛应用。由于食品基质的复杂性以及非法添加剂、药物残留和污染物的含量较低，为了更好地满足食品安全的需要，今后应注重以下几个方面的研究。①加强 CE 与 MS 和核磁共振（NMR）等联用技术的研究，以实现对食品中未知组分的定性分析，满足食物中毒等突发公共卫生事件中确定有毒有害物质结构的需求。②基于毛细管电泳的多目标物分析能力，食品中多种目标物的同时分析也将成为未来发展的一个方向。③进一步对毛细管电泳仪器进行微型化、集成化，建立高通量的 CE 分离分析新技术。④发展简单、快速、有效的样品前处理方法，使其更适合于 CE 对样品的要求。随着 CE 的发展，各种操作模式的日臻完善以及新兴分离分析体系的发展，CE 必将在食品安全分析领域发挥更大的作用。

# 参考文献

[1] 汪正范，杨树民，吴作天，等. 色谱联用技术 [M]. 北京：化学工业出版社，2001.

[2] 阎吉昌，徐书绅，张兰英. 环境分析 [M]. 北京：化学工业出版社，2002.

[3] 金米聪，陈晓红，李小平，等. 高效液相色谱-电喷雾电离质谱联用法测定水中痕量五氯酚研究 [J]. 中国卫生检验，2005，15（3）：280-282.

[4] 何隧源. 环境污染物分析监测 [M]. 北京：化学工业出版社，2001.

[5] 王正萍，周雯. 环境有机污染物监测分析 [M]. 北京：化学工业出版社，2002.

[6] 吴忠标，吴祖成，沈学优，等，环境监测 [M]. 北京：化学工业出版社，2003.

[7] 孙成，于红霞. 环境监测实验［M］. 北京：科学出版社，2003.

[8] 贾春晓，熊卫东，毛多斌. 现代仪器分析技术及其在食品中的应用［M］. 北京：中国轻工业出版社，2005.

[9] 曾凡刚. 大气环境监测［M］. 北京：化学工业出版社，2003.

[10] 齐文启，孙宗光，边归国. 环境监测新技术［M］. 北京：化学工业出版社，2004.

[11] 石磊. 恶臭污染测试与控制技术［M］. 北京：化学工业出版社，2004.

[12] 牟世芬，刘克纳，丁晓静. 离子色谱方法及应用（第二版）［M］. 北京：化学工业出版社，2005.

[13] 王小茹. 电感耦合等离子体质谱应用实例［M］. 北京：化学工业出版社，2005.

[14] 刘虎生，邵宏翔. 电感耦合等离子体质谱技术与应用［M］. 北京：化学工业出版社，2005.

[15] 陈林情. 毛细管电泳在食品安全检测中的应用［D］. 南宁：广西大学，2017.

[16] 董亚蕾，陈晓姣，胡敬，等. 高效毛细管电泳在食品安全检测中的应用进展［J］. 色谱，2012，30（11）：1117-1126.

[17] 饶钦雄，童敬，郭平，等. 高效毛细管电泳测定鸡蛋中三聚氰胺［J］. 分析化学，2009，37（9）：1341-1344.

[18] 张秀尧，蔡欣欣，张晓艺，等. 二维高效液相色谱-三重四极杆/复合线性离子阱质谱联用法快速测定鸡肉和鸡蛋中利巴韦林总残留量［J］. 质谱学报，2018，39（4）：442-450.

[19] 田雪莲，兰承兴，周开拓，等. 鸡蛋中氟喹诺酮类药物残留检测方法的优化［J］. 农技服务，2018，35（4）：81-84.

[20] 包懿，刘斌，刘洋，等. 食品中喹诺酮类药物残留检测方法的研究进展［J］. 分析化学，2022，50（10）：1444-1455.

[21] 秦梦然，张伟，吴凤明，等. 高效液相色谱法检测5种市售鸡蛋中牛磺酸含量［J］. 食品研究与开发，2022，43（1）：167-172.

[22] 韦伟，刘付祥，王文涛. 高效液相色谱—荧光法检测鸡蛋中氟喹诺酮类药物的残留量［J］. 山地农业生物学报，2022，41（6）：82-86.

# 第十五章 高光谱成像技术

## 第一节 高光谱成像技术概述

高光谱成像技术是基于非常多窄波段的影像数据技术，它将成像技术与光谱技术相结合，探测目标的二维几何空间及一维光谱信息，获取高光谱分辨率的连续、窄波段的图像数据。目前高光谱成像技术发展迅速，可以应用在食品安全、医学诊断、航天等领域。

近年来，融合了光谱和图像技术的高光谱成像技术，被用于食品品质及安全的快速检测研究。相比传统的检测技术，高光谱成像技术可同时提供被测样品的光谱信息（反映物理结构、化学成分等）和图像信息（反映形态学特征），并具有快速采集信息与分析数据、无须预处理、检测过程无损、无污染、同时测定多个指标等优点，是一种潜力巨大的绿色检测分析技术。高光谱成像技术用于检测应用是基于对高光谱图像所包含的大量数据的有效挖掘。

高光谱图像由一系列三维数据块构成，其中二维代表图像信息（以 $z$ 和 $y$ 表示），第三维代表波长信息（以 $a$ 表示），一个分辨率为 $Xy$ 像素的图像阵列在入波长处获得的样品图像块是 $xXyXa$ 的三维阵列（图 15-1）。基于该三维阵列，高光谱成像技术可实现对样品的快速无损分析。

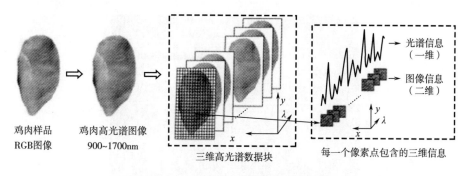

鸡肉样品
RGB图像

鸡肉高光谱图像
900~1700nm

三维高光谱数据块

光谱信息
（一维）

图像信息
（二维）

每一个像素点包含的三维信息

**图 15-1　三维高光谱图像示意图**

### 一、高光谱成像系统的组成

目前，在食品检测研究方面最常用的高光谱成像系统分为短波近红外（400~1000nm）高光谱成像系统和长波近红外（900~1700nm）高光谱成像系统。高光谱成像系统示意图见图 15-2。本试验过程中所用到的是推扫式长波近红外高光谱成像系统（HSI-eNIR-XC130 型，中国），如图 15-3 所示。该系统主要由六大部分组成：光源、光谱仪、镜头、CCD 探测仪、移动平台、装有图像采集及数据处理软件的计算机。当光源打在物体表面时，通过反射或透射出来的光直接进入成像镜头内并到达光谱仪，而光谱仪再根据接收到的不同波长光信息进行色散最后形成光谱，光谱进入面阵 CCD 探测器内，CCD 把收到的光信号转化成电信号，图像采集卡把 CCD 转化的电信号再转化成数字信号，最后通过计算机显示出来。

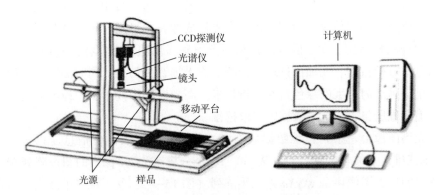

图 15-2　高光谱成像系统示意图

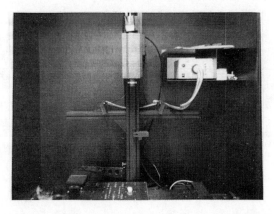

图 15-3　本试验使用的 900~1700nm 高光谱成像系统

1. 光源

为 150W 光纤卤素灯，型号为 3900-ER，光强为 0～100%，可调节。由两个分支光纤卤素灯组成对称线光源，然后将光源引出，可提供长波近红外波段的连续光谱。

2. 光谱仪

光谱仪是高光谱成像系统的核心组成部分。光谱仪工作原理是通过棱镜-光栅-棱镜将射到光栅上的光束按波长的不同进行色散，再经成像镜头聚焦而形成光谱。本试验中使用的光谱仪型号为 ImSpector V10E，光谱波长范围是 879～1722nm，其中 879～900nm 和 1700～1722nm 两个波段属于噪声，本试验取 900～1700nm 作为研究波段，共 486 个波长，两波长间隔约 1.65nm。

3. 镜头

镜头型号为 OLE30，焦距为 30.7mm。

4. CCD 探测仪

在高光谱图像形成过程中，物体表面因光源照射后产生反射光信息，这些信息经成像镜头进入光谱仪，然后由光谱仪将反射光信息按波长的不同进行色散而形成光谱。这些反映被测样本相关信息的光谱可由面阵 CCD 探测仪检出从而产生高光谱图像。本试验 CCD 探测器产生的图像分辨率为 1600×1200。

5. 移动平台

移动平台用于荷载被测样品，台面尺寸为 25cm×25cm，行程为 30cm，内建正负向极限开关，由电脑控制运行，根据试验需要调整移动速度。

6. 计算机

高光谱图像系统中的计算机部分内装有数据采集软件。

## 二、高光谱成像的定义和特点

高光谱成像技术利用在电磁波（包括可见光、近红外、中红外和远红外）范围内的光扫描样品并获取其在每一波长处的大量光学图像，是具有高的光谱和空间分辨率的现代光学成像技术，是一门化学或光谱的成像技术，又称为化学成像技术或者光谱成像技术。高光谱成像技术是从 20 世纪 80 年代发展起来的航空遥感技术，用于海洋监测、森林探火、地质矿产资源勘探等。近年来，随着食品工业新技术的不断创新与发展，高光谱成像技术已经逐渐开始用于检测和评价食品安全品质及测定内部化学指标等。

高光谱成像技术是集精密光学机械、传感器、计算机、微弱信号检测和信息处理技术为一体的综合性技术。该技术集光谱技术和图像技术到一个系统，不仅具有两者的特点和功能，还有自己独特的功能。光谱和成像的结合使得该系统能够提供样品的物理与几何形状信息，同时也能对该物质的化学组成做出光谱分析，可以同时获得光谱信息和图像信息。对于获得的光谱信息，主要表征为这些光谱信息与样品内部的化学成分及物理特征有着直接联系，不同的特性有着不同的吸收率、反射率等，反映为在特定波长处有对应的吸收值，所以根据每个特定波长处的吸收峰值推算出样品中的物质属性，这一特征称为光谱指纹。每一个光谱指纹都可以代表一种物质独一无二的特性，这为物质的鉴别、分类和检测工作提供了很大便利。

### 三、高光谱图像特点

该技术所获得的高光谱图像数据是三维的，也称为超立方体、光谱方、数据方等。它是一个三维的数据库，包括一个两维空间维度和一个一维光谱维度。也就是说，从每一个波长单元去看，高光谱图像是一幅幅二维的图像，而从每一个二维单元去看，便是一条条光谱的图像，如图 15-4 所示。其中有两维是图像像元的空间信息（坐标上以 $x$ 和 $y$ 表示），有一维是波长信息（坐标上以 $\lambda$ 表示）。一个空间分辨率为 $x \times y$ 像素的图像检测器阵列在每个波长处得到一幅二维图像，组成样品的图像立方体是 $x \times y \times n$ 的三维阵列。

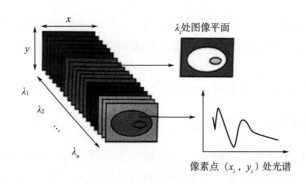

**图 15-4　高光谱图像立方体示意图**

高光谱图像立方体中，相邻波长的图像非常相似，而距离较远波长处的图像则差异较大，携带着不同的信息。从表 15-1 可见，HSI 实现了"图谱合一"，图像信息可以用来检测样品的外部品质，而光谱信息则可以用来检测样品的内部品质和安全性。

表 15-1　光谱技术、图像技术、多光谱成像和 HSI4 种技术的主要区别

| 特点和功能 | 光谱技术 | 图像技术 | 多光谱成像 | 高光谱成像 |
|---|---|---|---|---|
| 光谱信息 | 有 | 无 | 有限 | 有 |
| 空间信息 | 无 | 有 | 有 | 有 |
| 多组分信息 | 有 | 无 | 有限 | 有 |
| 对小尺寸目标的检测能力 | 无 | 有 | 有 | 有 |
| 光谱提取的灵活性 | 无 | 无 | 有 | 有 |
| 品质属性分布的可视化 | 无 | 无 | 有限 | 有 |

此外，没有一条单独波长的图像可以充分描述被测样品的特征，这体现出高光谱成像技术在分析物体方面的独特优势。另外，由于图谱中相似光谱特性的像元具有相似的化学成分，通过图像处理可以实现样品组成成分或理化性质在像素水平的可视化；最后，多光谱成像和高光谱成像一样也是成像光谱技术，在特点和功能上与高光谱成像很相近，但是由于其光谱分辨率较低（通常波段宽度约为 100nm），不能提供样品每个像元真实的光谱曲线，因此一些功能大大受限。

1. 高光谱图像采集模式

根据高光谱图像的形成和获取方式，其采集方式主要分为 4 种，包括点扫描、线扫描、面扫描和单景扫描，详见图 15-5。从图 15-5（a）可见，第一种点扫描方式也称为掸扫式，每次只能采集一个像元的光谱，再沿着空间维方向（$x$ 或 $y$）移动检测器或者样品来扫描下一个像元；高光谱图像以波段按像元交叉（band-interleaved-by-pixel，BIP）格式储存，BIP 是第一像元的所有波段按先后顺序储存，再接着储存下一个像元的所有波段直到最后一个像元，在这个过程中各波段按像元相互交错。由于点扫描每次只能采集一个像元的光谱，为采集完整的高光谱图像需要频繁地移动检测器或者样品，非常耗时，不利于快速检测，因此该方式常限于对微观对象的检测。第二种采集方式是线扫描，也称为推扫式，如图 15-5（b）所示，它每次扫描记录的是样品图像上一条完整的线，同时也记录了这条线上对应每个点的光谱信息；再沿着空间维 $x$ 方向扫描下一行直到获得完整的高光谱图像；高光谱图像是以波段按行交叉（band-interleaved-by-line，BIL）格式储存，BIL 是以扫描行为单位依次记录各波段同一扫描行的数据，图像顺序按第一个像元所有的波段，紧接着是第二个像元的所有波段直到最后一个像元为止。由于该方式是在同一方向上的连续扫描，特别适用于输送带上方样品的动态监测，因此该方式是食品品质检测时最为常用的图像采集方式。但是，该方式存在这样的缺点，即将所有波长

的曝光时间都设为一个值，同时为了避免任何波长的光谱发生饱和，曝光时间就要设置得足够短，这就造成某些光谱波段曝光不足导致光谱测量结果不准确。不同于点扫描和线扫描在空间域进行扫描的方式，面扫描方式是在光谱域进行的扫描［图15-5（c）］。第三种面扫描方式每次可以在同一时间采集单一波长下完整的二维空间图像，再沿着光谱维扫描下一波段的图像直到获得完整波段的高光谱图像；高光谱图像是以波段顺序（band sequential，BSQ）格式储存，BSQ是以波段为单位，依次记录每个波段所有扫描行，每行数据后面紧接着同一波段的下一行数据。由于该方式不需要移动样品或者检测器，很适合于应该维持固定状态一定时间的对象，但是通过该方式获取高光谱图像时需要转换滤光片或调节可调滤波器，因此它并不适合于移动样品的实时检测，一般用于波段及图像数目较少的多光谱成像系统。第四种方式是单景扫描［图15-5（d）］，由一个大面积检测器通过一次曝光采集到包括空间和光谱信息在内的完整高光谱图像。由于该方式的发展还处于起始阶段，存在空间分辨率有限和光谱范围较窄的问题，但是该方式仍然是未来快速高光谱成像发展所需要的。

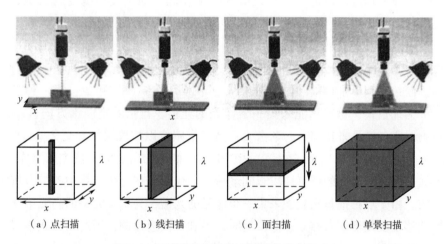

（a）点扫描　　　　（b）线扫描　　　　（c）面扫描　　　　（d）单景扫描

**图15-5　4种不同的高光谱图像采集方式**

2. 高光谱成像传感模式

光与肉品肌肉生物组织的相互作用是涉及光的反射、吸收、散射和透射的复杂现象。对于散射强烈的生物材料来说，绝大多数的光要经过多重散射后才能被吸收。研究发现：当光照射在物体表面时，只有4%的光在物体表面直接发生镜面反射，其余绝大部分的入射光会进入生物组织内部，组织内部的一部分光被组织细胞吸收，一部分发生后向散射返回到物体表面产生漫反射光，还有一部分继续向前移动发生透射。光的吸收主要与肌肉生物组织内部的生化组成有关，其原理是利用生物组织的 C—H、N—H、O—H 等含 H 基团的伸缩振动的各级倍频以及伸缩振动与弯曲振动的合频吸收进行光谱分析的；而光的散射则受到肉类本身结构和物理性质（细胞结构、密度、微粒尺寸）的影响。另外，光在生物组织内部的传输、分布情况与组织内部的生化代谢过程中的物质变化有着密切关系。当光进入肉类组织内部时，一方面，光由于肌红蛋白及其降解物质等生物色素的吸收而发生衰减，另一方面，光在内部与肉微观结构（如结缔组织和肌纤维）撞击而改变传播方向，引起光向不同的方向散射。

根据光源和成像光谱仪之间的位置关系，高光谱图像的传感模式可以分为 3 种方式：反射、透射和漫透射，详见图 15-6。在图 15-6（a）显示的反射模式中，光源位置和成像光谱仪都处于样品的同一侧，检测器获取从被照样品反射的光波。光的反射分为镜面反射和漫反射，其中镜面反射光没有进入样品，未与样品内部发生交互作用，因此它没有承载样品的结构和组分信息，不能用于样品的定性和定量分析；相反地，漫反射光进入样品内部后，经过多次反射、衍射、折射和吸收后返回样品表面，因此承载了样品的结构和组分信息，漫反射光谱经过库贝尔卡-芒克（K-M）方程校正后可对样品进行定性和定量分析。样品的外部品质通常采用该模式进行检测，如颜色、形状、大小、表面纹理和表皮缺陷等。由图 15-6（b）可见，透射模式中光源位置和成像光谱仪分别处于样品的两侧，检测器采集到从样品透射出的光波。当光波通过物质时，光子会和物质的原子发生交互作用，一部分光子被吸收，它的能量转化为其他形式的能量，另一部分光子被物质散射后方向发生了改变。因为光波被物质原子吸收了一部分，所以光波在原来方向上的强度减弱了。物质对光波的宏观吸收规律，即光波的强度衰减服从指数吸收规律。因此，透射光谱携带了样品内部珍贵的结构和组分信息，可以对样品进行定性和定量分析，但是透射光通常比较微弱且受样品厚度影响较大。该传感模式通常被用于检测样品内部组分浓度和相对透明物质的内部缺陷，如果蔬、鱼肉等。第三种传感模式是漫透射模式 [图 15-6（c）]，其光源和成像光谱仪都在样品的同一侧，但是两者之间用黑色隔板隔开，照在样品上的反射光被挡住而不能进入成像光谱仪，只有进入样品的光波经漫透射后回到样品表面，才能被成像光谱仪捕获到。漫透射是指光波透过物质时分散在各个方向，即不呈现折射规律，与入射光方向无关，表征漫透射的指标有漫透射率和吸光度。由于该模式不仅可以获取样品深层信息，还可以避免样品的形状、外表面及厚度的影响，因此较反射和透射模式具有特殊优势。

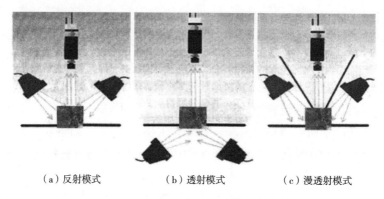

（a）反射模式　　　　　（b）透射模式　　　　　（c）漫透射模式

图15-6　3种不同的高光谱图像传感模式

# 第二节　高光谱成像的定义和特点构件

## 一、高光谱成像构件

高光谱成像系统是获取可靠、高质量的高光谱图像所需要的基础的和最重要的仪器设备。由于高光谱图像传感模式的不同，一般高光谱成像系统可分为3种：反射成像系统、透射成像系统和漫透射成像系统。尽管它们之间有所不同，但是都是由光源、波长色散装置、镜头、CCD相机、步进电机、移动平台、计算机和数据采集软件等器件组成。为了避免外界环境光的干扰，整套系统会置于暗室或暗箱中。以下对各主要器件进行逐一介绍。

### （一）光源

光源产生光波并以此作为激发或者照明样品的信息载体，是高光谱成像系统的重要组成器件。常用于高光谱成像系统的光源包括：卤素灯、发光二极管（light e-mitting diode，LED）、激光以及可调谐光源，具体介绍如下。

（1）卤素灯是一种热辐射光源，作为一种宽波段照明光源，常用于可见光和近红外光谱区域的照明。尤其是卤钨灯，它是以钨丝为灯丝、碘或者溴为卤素气体的石英玻璃灯，在低压状态下工作，可以产生一组波长范围在可见光和红外光之间的平滑、高强度和连续光谱的光波，是一种通用照明光源。但是，卤素灯也存在一些缺点，如相对较短的使用寿命、高热量输出、由于温度变化易导致光谱峰位置发生偏移，以及因操作电压的波动和对振动的敏感易导致输出不稳定。

（2）LED是一种半导体光源，不需要靠灯丝发射光波，其原理是当半导体充电时，LED产生紫外线、可见光和红外线区域的窄波段光波，还有高强度的宽波段白光。目前，LED 的波长范围主要是从紫外线到短波近红外，也有少数发射长波近红外到中红外区域的 LED。由于具有方向性分布的能力，LED 在一个方向上发射的光子不会有能量损失，很适合于现场照明。LED 具有很多优点，如形状小、成本低、反应快、寿命长、产热少、耗能低、鲁棒性强、对振动不敏感等。因此，LED 开始被用作针对食品检测的高光谱成像系统的照明单元。但是，LED 也存在一些缺点，如对宽的电压波动和结点温度很敏感，光强度较卤素灯低，还有就是多个 LED 用在灯泡中会产生模糊光等。随着新材料和电子产品的发展，LED 技术有望成为主流的光源。

（3）激光是有方向性的单色光，被广泛用作荧光和拉曼检测的激发光源。激光器以受激辐射的方式产生激光，其组成包括 3 个基本组成部分，分别是：工作物质，它能够实现能级跃迁，可激发的波长范围由 X 射线到红外线，是激光器的核心；激励能源（也称为光泵），通常是光能源、热能源、电能源和化学能源等，其作用是给工作物质提供能量，即将原子由低能级激发到高能级的外界能量，是产生激光的必要条件；光学谐振腔，它的作用是使工作物质的受激辐射连续进行，选择激光的方向性，同时提高激光的单色性，是激光器的重要部件。激光最大的特点是亮度极高、能量高度集中，方向性、单色性和相干性好。当样品被激光照射时，样品中的某些组分分子的电子会被激发并发射宽波长范围内较低能量的光波，从而产生荧光发射和拉曼散射。荧光高光谱成像和拉曼成像技术都能承载样品在像素水平的组分信息，可以检测样品品质的微小变化。

（4）可调谐光源是把宽波段的照明和波长色散装置结合在一起，可以将光波分散到特定波段。它能够在照明光路上直接调谐波长色散装置，允许通过面扫描来采集样品的空间和光谱信息。由于一次只有窄波段的光波入射到样品，因此可调谐光源的光强度相对较弱。它目前主要被用于面扫描，不适用于点扫描和线扫描，也不适用于传送带上的样品检测。

（二）波长色散装置

对于采用宽波段照明光源的高光谱成像系统来说，波长色散装置是非常重要的，它可以把宽波段光波分散到不同的波长。常见的波长色散装置包括滤波轮、成像光谱仪、可调谐滤波器、傅里叶变换成像光谱仪和单景相机，它们的具体特点和功能如下所述。

（1）滤波轮携带一组离散的带通滤波片，是最基本和最简单的滤波色散装置。它可以有效地传送特定波长的光波而消除其他波段的光波；通常有各式各样的滤波片以满足从紫外线、可见光到近红外线的较宽波长范围内的不同需求。由于滤波片的移动，滤波轮会受到移动部件带来的机械振动、波长转换慢和图像不匹配的限制。

（2）成像光谱仪通常用于线扫描方式，它可以把入射的宽波段光波瞬间色散到不同的波长下并且不需要通过移动部件就能产生扫描线上每个像元的光谱。它一般使用衍射光栅来进行波长色散；衍射光栅是一种由密集、等间距平行刻线构成的光学器件，可以将光波按波长依次分开，分为反射和透射两大类。推扫型成像光谱仪根据采用的光栅不同，主要分为透射光栅型和反射光栅型。透射光栅型最常使用的是棱镜-光栅-棱镜（prism-grating-prism，PGP）成像光谱仪。由图 15-7（a）可见，PGP 成像光谱仪的工作原理是：入射光束在通过入射狭缝后，被前端的镜头准直，接着以透射的方式被 PGP 组合色散器色散到不同的波长；最后，色散开的光波通过后端的镜头被投射到一个平面检测器上并生成一个二维的矩阵，其中一维表示一组连续的光谱，另一维表示空间信息。透射光栅型采用的是在轴成像设计，能够有效避免像散等问题从而获得更好的成像质量。虽然它可透过入射光，但大部分光不会通过入射狭缝，还有受光栅基板的限制，衍射的角度不如反射光栅大，因此透射光栅型的性能较差。反射光栅型是另外一种主要的成像光谱仪，其最常使用的凸面光栅成像光谱仪一般包括入射狭缝、两个同心球面反射镜、凸面反射光栅和平面检测器，如图 15-7（b）所示。凸面光栅成像光谱仪的工作原理是：入射光束在通过入射狭缝后，经第一个球面反射镜成为平行光，接着由凸面反射光栅依据它们波长的不同将平行光色散到不同的传播方向，色散后的光波再经另一个球面反射镜进入平面检测器，最后由此获得不同像元的连续光谱。反射光栅型采用的是离轴成像设计，在从紫外到红外的光谱区域内无吸收，无高阶色差、低畸变、低焦距比数、高信噪比和较大的衍射角度。但是，反射光栅型存在一个主要的缺点，就是需要使用昂贵的方法来纠正本身固有的成像畸变，而透射光栅型采用同轴光学器件就自动减少了成像畸变。

（3）可调谐滤波器包括声光可调谐滤波器和液晶可调谐滤波器。声光可调谐滤波器是根据声光衍射原理制成的分光器件，它由晶体和键合在其上的换能器构成，换能器将高频的射频驱动电信号转换为晶体内的超声波振动，超声波产生了空间周期性的调制，其作用类似衍射光栅，具有光的调制、偏转和滤光等方面的功能。由于入射光照射到可调谐滤波器后，其衍射光的波长与高频驱动电信号的频率有着一一对应的关系，当声波和光波的动量满足动量匹配条件时，则相应的光波被衍射，单一波长的光波就从宽波段光源中分离出。因此，只要改变射频驱动信号的频率，即可改变衍射光的波长，从而达到了分光的目的。液晶可调谐滤波器是根据液晶的电控双折射效应和偏振光的干涉原理制成的光学器件，它由若干平行排列的利奥型滤光片级联而成，每级利奥型滤光片由石英晶体、两个平行的偏振片和液晶层组

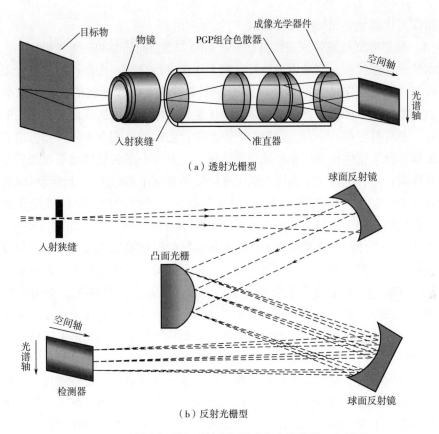

（a）透射光栅型

（b）反射光栅型

图 15-7　透射光栅型和反射光栅型成像光谱仪的工作原理

成，它具有功耗低、带宽窄、调谐范围宽、结构简单、驱动电压低、孔径大、视场角宽和部件无移动等优点。根据双折射效应可知，当某一波长的光经过前一个偏振片后成为线偏振光，该线偏振光垂直于液晶层入射后，会产生平行于光轴振动的非常光和垂直于光轴振动的寻常光，它们再沿同一方向传播，但由于两种光在液晶层内的传播速度不同，所以从液晶层射出后，寻常光和非常光间产生相位差，却不发生干涉；随着它们通过石英晶体后相位差进一步加大，通过后一个偏振片后，寻常光和非常光振动方向平行，便产生干涉。在温度恒定时，寻常光和非常光的透过比取决于波长和电压，因此只要改变液晶层上的电压，透过比将随之改变，进而达到调谐波段的目的。可调谐滤波器有着许多优点，如适中的光谱分辨率（5~20nm），宽的波长范围（400~2500nm），无须移动器件，没有速度限制、机械振动和图像失配等问题。但是它仍然存在一些缺点，如高焦距比数导致小的光收集角度和低的光收集效率，线性偏振的入射光引发50%的光损失，还有在较弱照明的条件下，与成像光谱仪相比需要更长的曝光时间。

（4）傅里叶变换成像光谱仪可采集样品的二维空间信息和一维光谱信息，是成像光谱仪的典型代表，它采用傅里叶变换干涉仪进行分光，进而产生包含光谱信息的干涉图，再由逆向傅里叶转换计算干涉图来解决宽波段光波的波长组分分离问题。迈克尔逊型干涉仪和萨格纳克型干涉仪是目前傅里叶变换成像光谱仪主要的两种设计。两者都包括一个分光镜和两个平面镜，它们的区别在于：首先，前者把一个平面镜和分光镜固定在迈克尔逊型干涉仪上，另一个平面镜移动引入光程差以此产生干涉图；后者把两个平面镜都固定在萨格纳克型干涉仪上，分光镜可以被轻微地旋转从而产生干涉指纹图；其次，迈克尔逊型干涉仪的两个平面镜是彼此平行的，而萨格纳克型干涉仪上的两个平面镜不是平行的而是呈一定角度（<90°）。由于没有移动的器件，萨格纳克型干涉仪具有良好的机械稳定性和紧密度，但分辨率相对较低。与之相反的是，迈克尔逊型干涉仪上移动的平面镜增加了它对振动的敏感性。一方面，迈克尔逊型干涉仪是基于像素的干涉，可以在两个空间维同时成像；但是，由于它需要一个时间间隔来移动平面镜的位置，因此为了好的光谱分辨率和高的信噪比，要花长时间来采集干涉图，而且能测量空间光谱不随时间变化或者变化缓慢的光谱。另一方面，萨格纳克型干涉仪类似于色散光谱仪，一次扫描仅采集一个空间维的信息和与之垂直的单一线上像元的光谱，通常再通过一个扫描场景或者移动平台采集另一空间维的信息。萨格纳克型干涉仪和色散光谱仪的区别在于萨格纳克型干涉仪测量不同波长下的光谱，还增加了一个傅里叶变换的步骤。虽然现在的光谱仪存在一些需要改进的方面，但是也存在许多优点，如高的光谱分辨率、宽波长范围和高光通量等。

（5）单景相机可以同时采集多路复用的空间和光谱数据，使得以视频帧获取一个数据立方体成为可能。它克服了空间扫描方法和光谱扫描方法不能采集完快速移动样品的高光谱图像的缺陷。尽管单景相机仍然处于起始阶段，是已经有一些可用的系统，如图像映射光谱内窥镜和图像映射光谱仪系统等。当前单景相机在时间和光谱分辨率之间有一个权衡，即光谱分辨率越好，则时间分辨率越低；反之亦然。由于具有在毫秒时间尺度上获取高光谱图像的特点，单景相机在样品实时检测上显得特别先进。

**（三）主要平面检测器**

平面检测器作为一种图像传感器，可以把入射光转换为电子并量化其获取的光强度。电荷耦合器件（charge-coupled device，CCD）和互补金属氧化物半导体（complementary metal-oxide-semiconductor，CMOS）相机是目前常见的两种固态平面检测器。由光敏材料制作的光电二极管是 CCD 和 CMOS 的基本单元（像元），能够把辐射能量转换为电信号，将图像转换为数据，即当光波被转化为电信号后，会被一个模拟数据转换器数字化并生成数据立方体。硅、砷化镓钢和硫镉汞是 3 种常用于高光谱成像仪器的材料，其中硅常用在紫外、可见和短波近红外区域内采集光谱信息；砷化镓钢常用于检测波长范围在 900~1700nm 的光谱；磅镉汞常用于采集长波近红外（1700~2500nm）区域的光谱。关于 CCD 与 CMOS 检测器的详细介绍如下。

（1）CCD 检测器。

CCD 是一种半导体光电转换器件，被广泛应用于紫外、可见、红外、荧光、原子发射和拉曼等多种光谱仪的换能器。它由光敏单元、转移结构和输出结构组成；其中，光敏单元是 CCD 中注入和存储信号电荷的部分，转移结构是转移信号电荷的部分，输出结构是以电压或电流的形式输出信号电荷的部分。CCD 检测器的基本工作原理是信号电荷的生成、存储、传送和检测，并实现二维的光学图像信号到一维的视频信号的转换。即先通过光注入和点注入方式产生信号电荷，电荷就存储在 CCD 的基本单元（金属-氧化物-半导体结构）中；接着每一行的每个像素的电荷数据都会依次传输到下一个像素中，由 CCD 末端输出，再经检测器边缘的放大器进行放大处理；最后，在 CCD 的输出端可以获取被测目标物的视频信号。

（2）依据光敏单元的排列方式，CCD 可分为线阵 CCD 和面阵 CCD 两大类。

第一大类，线阵 CCD 的光敏单元只有一列，它的光电转换（光敏区）和信号电荷转移（位移寄存器）是独立的两部分，单次感光只能获取一行图像数据。位移寄存器是由不透明的材料覆盖，以屏蔽光，其功能是从光电二极管收集和传递信号电荷，可避免在转移过程中由于感光而引起的图像不清。典型的线阵 CCD 芯片是由列光敏阵列和与之平行的两个位移寄存器组成，属于双通道型；当阵列光敏曝光一定时间后，随着驱动脉冲的作用，转移栅把信号电荷交替转移到两侧的位移寄存器，然后电荷由位移寄存器一位一位地输出，进而获取所需的光电信号。面阵 CCD 常用于获取二维的平面图像，其体系结构常见的有 3 种设计分别是全帧型、帧转移型和行间转移型。它们的特点如下：①全帧型是最简单结构，它由串行 CCD 位移寄存器、并行 CCD 位移寄存器和感光信号输出放大组成；它是逐行地将聚集的信号电荷以并行的方式移入串行 CCD 位移寄存器，随后以串行数据流的形式移除，再由并行 CCD 位移寄存器感知和读出图像。采用全帧型的图像测量相对慢些，这是因为每一行需要通过一个机械的快门来控制它的逐行输出，以避免新产生行的干扰。②帧转移型，在结构上与全帧型很相似；唯一的差异是它增加了一个独立的不感光的并行位移寄存器，称为存储阵列。它先把从光敏区获得的图像很快地转移到存储阵列，再从存储阵列读出图像信息，在这一过程中，存储阵列也在积分下一帧的图像。帧转移型的优点是连续性和不需要快门，因此有更快的帧速率；但由于光积分导致图像的"拖影",降低了分辨率。

（3）行间转移型是为了克服帧转移型"拖影"的缺点而设计的。

它通过在非感光的或遮光的并行读出 CCD 列之间形成隔离的光敏区的办法将感光和读出作用分开。它在读出的过程中，下一帧图像也在积分，因此它是连续性的，有较高的帧速率。但是，由于每个像元的光敏区域减少，降低了 CCD 的灵敏度，导致量子化误差增多。目前，采用联片透镜，可将整体量子效应至少提高70%。简而言之，由于体积小、速度快、波长响应范围宽、噪声低、灵敏度高、分辨率高、功耗小、抗震性及抗冲击性好、寿命长等优点，CCD 检测器已经被广泛用于高光谱成像系统的检测器。

（4）CMOS 检测器。

CMOS 检测器是大规模数模混合集成电路，它将像素单元阵列、模数转换器、模拟信号处理器、偏置电压生成单元、数字逻辑单元、时钟生成单元、时序发生器和存储器等集中在一个芯片上，是图像处理技术的重要组成部分。其工作原理是：首先，当光信号入射到感光区的像素阵列上时，发生器对像素单元阵列复位后开始积分，此时光电二极管进行光电转换，把光信号转换为相关的电信号（电荷、电压或电流等）；在积分时间结束后，由行列选译码器控制，依次选通行、列总线把电信号传送至模拟信号处理模块；接着，模拟信号处理模块把电信号放大后经相关双采样电路进行降噪处理；最后，电信号经模数转换器转换为数字信号输出。CMOS检测器通过采用独特的同步快门方式，能够让所有像元同时复位并开始积分，积分时间结束后每个像元的电信号传送到像元内部的存储区并等待读出，因此，运动的目标物也不会产生模糊、变形或拖尾现象。由于成本低、读出速度快、功耗低和无拖尾等优势，CMOS 检测器已经成为高光谱成像领域内极具竞争力的检测器。但相比 CCD 检测器，CMOS 检测器由于转移和放大信号的芯片上的电路会产生更多的噪声和暗流，因此 CMOS 检测器的动态范围更小且灵敏度更低。

## 第三节　高光谱数据处理方法

高光谱数据是一个三维的数据块，主要包括图像信息和光谱信息（图 15-8），本节分别从图像数据处理和光谱数据处理进行介绍。

### 一、图像数据处理

在肉品肌肉生物组织光学无损检测实验过程中，由于受光学检测系统内部和外部因素的干扰，采集的光谱图像不可避免地存在一些噪声，如由于光和电的基本性

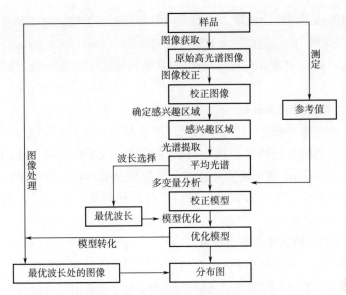

**图 15-8　高光谱图像数据处理流程图**

质引起的噪声，仪器在长时间工作中产生的热噪声，图像传输过程中光量子在时间空间变化中形成的噪声、载物台运动引起的机械噪声等，这些噪声均会影响图像的质量。因此，采集图像后，要先消除或抑制图像中的噪声信号，以保证图像后续处理的精度。另外，高光谱成像技术运用数字图像处理技术，即利用计算机软件对图像进行处理，处理内容丰富，准确度高。以下主要介绍与本研究有关的图像处理方法，主要包括图像黑白校正（image calibration）、尺寸大小调整（imresize）、建立掩膜（build mask）、图像分割（image segmentation）、感兴趣区域（reg of interest）选择等。

### （一）高光谱图像黑白校正

高光谱成像系统所获得的原始光谱数据反映的是 CCD 检测器的信号强度而不是光谱反射率，原始光谱数据很容易受光源强度和检测器信号灵敏度的影响而产生各种噪声。因此，为了避免原始高光谱图像中产生的噪声对实验结果造成影响，需要在实验前进行黑白高光谱仪器校准。在同一环境中，设扫描白色板采集获得全白的标定图像为 $W_0$，盖上镜头盖采集获得全黑的标定图像设为 $B_0$，则原图像 $I_0$ 可按照式（15-1）进行校正，$R_0$ 为校正后的高光谱图像，则：

$$R_0 = \frac{I_0 - B_0}{W_0 - B_0} \tag{15-1}$$

### （二）图像尺寸大小调整

通过对高光谱图像进行尺寸规划，在保留样品信息完整性的前提下，可以去除一部分背景图像和不需要的波段，从而节约图像处理和传输的时间并有效利用储存空间。运用 ENVI V4.8 软件（ITT Visual Information Solutions, Boulder, CO, USA），在 Basic tools 中选 resize，进行空间维度和光谱维度的降维，以降低数据量，进行无损压缩。

### （三）建立掩膜与图像分割

通过建立掩膜并对掩膜应用，可以实现图像分割，完全去除背景，保留样品完整信息，为接下来的数据处理提供支持。在 ENVI V4.8 软件中，运用 band math、build mask 和 apply mask 建立掩膜并应用。图像分割是指将图像中不同区域划分开来，分割出的区域作为下一步兴趣区域特征提取的对象，也可以选用阈值法，在 Matlab 的图像工具箱中实现。

### （四）感兴趣区域选择与光谱提取

在处理图像时，为了降低图像处理的计算量，提高信息处理效率，并不是所有区域都被选取用作下一步检测，只选取部分携带大量有效信息且能够引起观察者的注意、能对观察者产生刺激的区域进行研究，此区域称为感兴趣区域。图像的感兴趣区域使得图像处理的计算量得到大大的降低，信息处理效率也了有效的提高。在校准获取图像和反射比后，利用 ENVI V4.8 软件中的区域选择工具对样品肉中用传统方法测定的部分进行选择，确定感兴趣区域，并提取相应的光谱信息，对所提取的光谱信息进行平均化，并记录保存。

### （五）高光谱图像降维

主成分分析（principal component analysis, PCA）是一种常用的数据降维方法。对数据进行 PCA 处理后不仅可以降低数据维数、减轻运算压力，还可以隔离噪声信号。高光谱图像的 PCA 处理是采用线性变换将高光谱图像转换到一个新的坐标系统中，得到的主成分波段图像是原始波段图像的线性组合，且互不关联。一般来说，主成分（principal component, PC）图像越靠前，包含原始波段图像的数据方差百分比就越大，即第一主成分图像（PC1）包含的数据方差百分比最大，第二主成分图像（PC2）次之，最后波段的主成分图像包含的方差百分比很小，噪声信号很大，图像质量差。本研究中 PCA 是在图像处理软件 ENVI 中进行操作的。高光谱图像可看作由每个波段的灰度图像叠加而成的，这些灰度图像能反映图像的外部属性和几何结构的变化。纹理信息就是其中一种重要的外部属性，它反映像素的空间位置和亮度值变化，与肉品的品质有重要关系。因此，通过提取这些灰度图像的纹理信息对于研究肉品品质有重要意义，但由于高光谱图像有上百个波段灰度图像，若每个灰度图像的纹理信息都进行提取需要花费大量时间和精力，因而往往先通过 PCA 方法选取几张包含较大数据方差百分比的主成分图像，再提取这几张灰度图像的纹理信息。

### （六）高光谱图像纹理信息

图像能在一定程度上反映对象物体的各种物理、化学特性。过去的十几年中，机器视觉和在线图像处理技术已广泛应用于食品质量评估和安全检验。不同测量目标的图像的特征千差万别。从图像中提取有用且关键的信息的操作被称为图像特征提取，获取特征是图像分析的重要依据。通过特征提取能够有效地降低数据空间的维数，进而突出和挖掘测量目标的特点。常见的图像的特征包括颜色特征、形状特征和纹理特征等。

纹理特征是反映图像灰度的性质及空间关系，是图像处理中一个重要而又难以描述的特征。与其他图像特征不同，纹理特征是不依赖于物体表面亮度或色调而重点反映图像的灰度的空间排列分布。各种观测系统得到的图像，去除色彩后通常都可以看作是以纹理为主导的纹理图像。图像纹理变化是高光谱图像中一个很重要的二维特征，反映对象光谱值的空间变化，即样本几何结构的变化。食品品质与其外部的几何结构信息密切相关，图像纹理在食品品质检测中的应用越来越广泛。每张灰度图像都有图像纹理，每张高光谱图像都是由数百张灰度图像组成的，每批次实验样本都会产生上百张高光谱图像，因此提取每一张灰度图像的纹理特征变量所需的计算量无疑是惊人的。为了减少计算量，首先对高光谱图像进行 PCA 处理，获取能代表大部分原始信息的前几个主成分图像，再采用常用的纹理提取算法生成这些主成分图像信息的纹理特征变量。

灰度空间相关矩阵，又称为灰度共生矩阵，它很好地反映了纹理灰度级的相关性。在实践应用上，需要由灰度共生矩阵进行二次统计，统计生成的纹理特征量能更直观地描述图像在纹理方面的定量信息 $G$。这种方法是依据一对邻域像素的灰度组合分布作为纹理测量，因此灰度共生矩阵被称为典型的二阶统计分析方法。灰度共生矩阵能有效地提取图像纹理信息，其本质上采用二阶概率统计原理。它表达图像灰度在相邻间隔、变化幅度和变化方向等方面的综合信息。首先将图像转换为 $N_g$ 个灰度等级，由元素 $p$（间距为 $d$，方向角为 $O$，灰度分别为 $i$ 和 $j$ 的点对出现的概率，$i$ 或 $j=1$，2，…，8）所构成的矩阵生成灰度共生矩阵。然后计算图像中相邻两点在指定距离 $d$ 和 $O$ 方向上亮度值之间的相关概率。

$$G = \begin{bmatrix} p(1,1) & p(1,2) & \cdots & p(1,N_g) \\ p(2,1) & p(2,2) & \cdots & p(2,N_g) \\ \vdots & \vdots & \ddots & \vdots \\ p(N_g,1) & p(N_g,2) & \cdots & p(N_g,N_g) \end{bmatrix} \tag{15-2}$$

本节中生成灰度共生矩阵的距离 $d$ 为 1，角度 $O$ 为 0°，灰度级 $N_g$ 为 8。基于统计出的灰度共生矩阵，提取了每个主成分图像的 8 个二阶统计纹理变量：对比度（contrast）、相关性（correlation）、方差（variance）、熵（entropy）、方差和（sum variance）、和熵（sum entropy）、差的方差（difference variance）、差熵（difference entropy）。

另一种常见的图像纹理信息提取算法为灰度梯度共生矩阵（GLGCM）。其常用来提取隐藏在图像中的纹理信息。

## 二、光谱数据预处理

经过以上对感兴趣区域的选择以及对应的光谱的提取，为了降低外界因素的干扰以及提高模型的可靠性和精确性，有必要对获取的光谱数据进行预处理。本节重点阐述本研究中所涉及的几种光谱预处理方法。光谱预处理的内容包括：清除光谱图噪声或背景，如样品颜色、状态、测样仪器灯光及测量方式、周围环境温度等因素引起的光谱图重叠或漂移等；优化光谱图信息，选择突出反映被测样品信息的光谱区域，获得丰富的物质光谱信息，从而提高数据与光谱间的运算速率、保障模型稳定性。

## 三、平滑

平滑处理是降低噪声的常用方法之一，通过对平滑点周边一定窗口大小范围的数据点值进行平均或拟合，从而求得平滑点的最佳评估值，以减少噪声对该数据点数值的干扰，提高信噪比。实验中常用的平滑算法有移动平均平滑法和 Savitzky-Golay 卷积平滑法。移动平均平滑法将光谱波长分为若干个区间，通过将各个分割后的区间相互重叠，如同将区间移动起来进行平滑。该方法的开窗宽度对算法影响较大，若宽度过大，会将一些特征吸收峰等有用信息过滤掉，导致光谱信号的失真；反之，则几乎没有去噪效果。Savitzky 和 Golay 提出了采用 Savitzky-Golay 卷积平滑法来解决上述问题。该方法采用最小二乘拟合系数建立滤波函数，不再仅仅使用简单的平均，而是对平滑移动窗口内的原始光谱数据进行拟合。

## 四、微分

微分分析算法一般分为一阶微分法和二阶微分法，对光谱进行微分的方法有直接差分法和 Savitzky-Golay 求导法，这两个方法是近红外光谱分析中常用的校正方法。常用来消除基线漂移与谱带重叠、强化谱带特征及提高光谱分辨率的方法多为一阶求导和二阶求导。这两种方法的具体表达方式如下：

一阶求导：$\qquad\qquad X\ (i)\ =\ [x\ (i+g)\ -x\ (i)\ ]\ /g$ $\hfill$ (15-3)

二阶求导：$\qquad\qquad X\ (i)\ =\ [x\ (i+g)\ -2x\ (i)\ +x\ (i-g)\ ]\ /g^2$ $\hfill$ (15-4)

## 五、多元散射校正

Isaksson 和 Nas 提出多元散射校正（multiplicative scatter correction，MSC），其目的是通过校正每个光谱的散射，以获得较为"理想"的光谱。该算法假定每一条光谱与"理想"的光谱之间都应该呈线性关系。虽然真正的"原始"光谱是无法获得的，但可以用原始样本的平均光谱数据来近似代替。多元散射校正最大可能地消除随机变异，校正后的光谱并非样品的原始真实光谱。当光谱与物质浓度之间线性关系较好且化学性质相似时，多元散射校正的效果比较好。多元散射校正技术主要用来消除一些由于散射作用而产生的干扰信息，对实验有用的光谱吸收信息进而被增强。该技术不能对单独光谱操作，它是通过评定每一个样品的散射光谱和参考样品的散射光谱之间的关系，得出所有光谱在同一散射水平上的光谱，计算得出平均光谱，并将其作为标准光谱，与每个样品的光谱进行一元线性回归运算，求得各光谱相对于标准光谱的倾斜偏移量和线性平移量。从而可以有效消除样品之间由于散射导致的基线平移、偏移现象，提高吸光度光谱信噪比。

## 六、变量标准化

变量标准化（standard normalized variate，SNV）算法可以校正样本间由散射引起的光谱误差。SNV 校正的计算思想是：各个波长点上吸光度不同，从而每个样本会由各波长点上不同的吸光度形成一条光谱分布曲线，该曲线一般满足某种分布特征，SNV 算法原理是将原始光谱数据减去它的平均值后，再除以它的标准偏差 $\sigma$ 得到新的光谱矩阵信息。其计算的实质是对原始光谱进行标准正态化处理，经过处理的光谱矩阵数据均值变为 0，标准差值为 1。SNV 校正只能用来消除样品光谱的线性平移影响，所以其表示形式为 $\log_{10}$（VR）或 K-M 函数。用样品的均值和方差对光谱进行校正，可以有效消除散射噪声的干扰。

# 第四节 高光谱图像技术在禽蛋品质检测中的应用

## 一、试验步骤

高光谱图像是新一代光电检测技术，集成了光谱检测和图像检测的优点，可以获得系列波长下的光谱和图像信息。光谱信息可以反映产品的物理结构和化学成分等指标，如蛋白质、脂肪、水分、质构、蛋壳、内部缺陷等品质；图像信息能反映产品的外观品质信息如表面缺陷、几何形状、纹理等。两者各有其优缺点，二者结合能够更全面地获得畜禽产品的综合品质信息。另外，高光谱图像技术同时具有光谱分辨能力和图像分辨能力，既可以对待检测物进行定性和定量分析，也能进行定位分析，这种内外品质信息兼备的特征，使得高光谱图像技术成为检测禽蛋内部品质的有力手段。

1. 实验材料

材料为 245 枚白壳鸡蛋，由南京源创禽业发展有限责任公司提供。禽蛋先进行预处理去除表面的污斑，然后在 26~28℃恒温恒湿箱中保存，在储存的第 0、7 天、14 天、21 天、28 天、35 天和 42 天每次取出 35 枚进行高光谱数据采集。采集完成之后，立即进行禽蛋新鲜度的检测。

2. 高光谱成像系统和图像采集参数设置

根据试验要求，设计了一套高光谱透射图像采集装置如图 15-9 所示。系统主要由高光谱图像单元、直流可调光源、样本支架台、传送装置、计算机和图像采集软件组成。其中高光谱图像单元由 CCD 摄像头（ICL-B1620M-KCO），有效波段范围为 400~1000nm、光谱分辨率为 2.8nm 的图像光谱仪（ImSpector，V10E）和焦距可变透镜构成。直流可调光源由 150W 的卤素钨灯及控制器（it，2900ER）构成。传送装置为电控平移台（IRCP0076-ICOMB001）。计算机型号为 CPU E5800，3.2GHz，内存 2G，显卡 256M GeForce GT240。图像采集软件为 Spectral Image。为了避免外界光源的干扰，整个装置放置在密闭黑箱中。

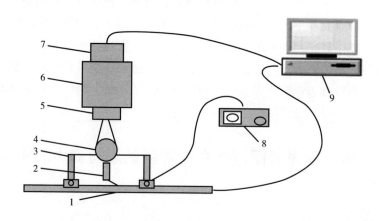

**图 15-9　高光谱透射图像采集装置**

1—传送电机　2—线光源　3—支架　4—禽蛋　5—焦距可变透镜

6—光谱仪　7—CCD 摄像头　8—可控光源　9—计算机

### 3. 高光谱图像采集与校正

由于各波段下光源的强度形成呈不均匀化分布，摄像头中存在暗电流以及外界因素的影响，导致图像存在一定的噪声。因此，必须对高光谱图像进行黑白校正。采集禽蛋之前，在透射光源正上方放置标准的白色校正板，得到全白标定图像 $W$；用镜头盖盖住镜头，得到全黑标定图像 $D$；扫描采集样本得到原始高光谱透射图像 $I$，然后根据公式（15-5）计算校正后的图像 $R$。

$$R = \frac{I-D}{W-D} \tag{15-5}$$

### 4. 新鲜度的检测

哈氏单位是反映鸡蛋新鲜度的常见理化指标。随着贮存时间的延长，鸡蛋新鲜度下降，哈氏单位逐渐变小。本实验采用哈氏单位作为鸡蛋新鲜度测量的指标，首先用电子天平精确称取鸡蛋重量 $W$，单位为 g，然后将鸡蛋轻轻打破，倒在洁净的校准水平后放置的玻璃平板上，然后用数显高度游标卡尺测定蛋白的高度。浓蛋白选取三点测定，该三点均匀分布在蛋黄周围 1cm 的位置处，测得 3 个点后取平均值即为所测鸡蛋的蛋白高度值 $H$，单位为 mm。计算公式如下所示：

$$\text{Haughunit} = 100 \times \log_{10} \left( H - 1.7W^{0.37} + 7.6 \right) \tag{15-6}$$

式中：$H$ 为蛋白的高度（mm）；$W$ 为鲜蛋的重量（g）。

### 5. 光谱波长优选

提取的光谱数据是一组包含多个变量（波长）的数据，里面包含了重叠的信息。波长的优化是一个重要的过程，可以减少从高光谱图像得到的信息的数量和设计一个最优的多光谱成像检测系统。因此变量（波长）选择或特征选择是一个关键的步骤，消除不相关的变量可以提高模型的准确性和鲁棒性。连续投影算法（successive projections algorithm，SPA）是一种常用的波长选择方法，被广泛应用于消除原始数据变量间的共线性，降低模型复杂度。本研究利用 SPA 进行光谱特征波长的选择。

### 6. 统计与分析

支持向量机（support vector machine，SVM）是一种监督式学习的方法，广泛应用于模式识别中。它是由是 Corinna Cortes 和 Vapnik 等于 1995 年首先提出的，在解决小样本、非线性及高维模式识别中表现出许多特有的优势，并能够推广应用到函数拟合等其他机器学习问题中。在本研究中 SVM 被用于预测禽蛋的新鲜程度。

本研究的高光谱图像数据采用 ENVI 4.7 软件分析处理，建模分析使用 MAT-

LAB 2009a。

## 二、结果与分析

### 1. 禽蛋新鲜度的变化

禽蛋在贮藏期间的新鲜度变化如表 15-2 所示，从表中可以看出，禽蛋的哈氏单位在贮藏期内存在较大的变化过程，这表示禽蛋经过贮存后出现了不同的新鲜度等级。为了构建模型的需要，将禽蛋样品中 3/5 的样品（147）枚分入模型构建组，其余 98 枚为模型验证组，用于验证模型的效果；建模集中哈氏单位数值范围涵盖了验证集中的哈氏单位数据范围。因此，建模集和验证集的样本分布是合理的。

表 15-2　白壳禽蛋的哈氏单位值

| 组别 | 样品数量 | 取值范围 | 平均值 | 标准差 |
| --- | --- | --- | --- | --- |
| 模型构建组 | 147 | 41.71~82.15 | 64.54 | 10.49 |
| 模型验证组 | 98 | 43.24~81.95 | 62.56 | 11.23 |

### 2. 禽蛋光谱特征曲线

在高光谱成像系统对禽蛋样本进行高光谱图像信息采集后，为了建立基于高光谱数据的禽蛋新鲜度检测模型，首先需要通过软件处理将图像信息转换为高光谱数据。通常情况下，选取 ROI（repre-sentative region of interest）区域作为样品的代表。选择样本的 ROI 区域变得至关重要，对预测模型的性能具有深远的影响。在禽蛋储存期间，内部成分变化更容易体现在赤道区域。另外，由于禽蛋大头存在气室，对光谱存在一定的影响。因此，在禽蛋赤道部位选取 ROI 区域作为禽蛋代表。然后提取 ROI 区域光谱平均值作为每个禽蛋样品的特征光谱曲线。图 15-10 代表了不同贮存期内的禽蛋 ROI 区域的 400~1000nm 平均光谱曲线，可以看出光谱曲线之间存在明显的差异，说明禽蛋新鲜度不同，光谱曲线也不同。

选取 400~1000nm 波段的禽蛋样本光谱数据输入 SPA 软件中，进行特征波长选择，处理前指定最终选取结果的最小变量数为 1，最大变量数为 20。基于 SPA 选取的不同特征波长组合建立的模型的交叉验证均方根误差 RMSECV 见图 15-11（a），RMSECV 越小说明模型的检测效果越好。可以发现当特征波长数量小于 13 时，随着波长数量的增加，RMSECV 值呈明显下降趋势；而当特征波长数量继续增大时，RMSECV 值的变化则不再明显。最终优选出了 13 个特征波长：620nm、632nm、

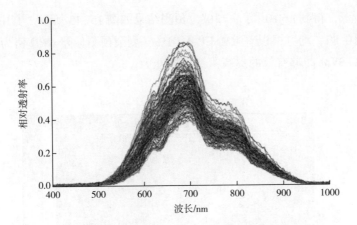

图 15-10　基于连续投影算法选取特征波长的禽蛋新鲜的检测

654nm、671nm、680nm、684nm、697nm、707nm、712nm、724nm、762nm、780nm 和 796nm，如图 15-11（b）所示，所提取的特征波长主要集中在 600~800nm，波长主要出现在波谱极大值和极小值处，波谱两端没有。

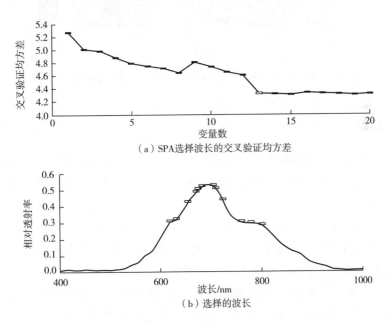

（a）SPA选择波长的交叉验证均方差

（b）选择的波长

图 15-11　基于白壳禽蛋新鲜度的 SPA 选择特征波长

通过优选的波长对禽蛋新鲜度进行检测，将 13 个特征波长作为模型输入变量，禽蛋新鲜度作为模型的输出变量，构建 SVM 新鲜度预测模型，核函数参数寻优如

图 15-12 所示，得到 $c=10^{1.8}$，$g=10^{0}$，预测结果如图 15-13 所示。其中验证集决定系数 $R_p^2$ 为 0.87，均方根误差 RMSEP 4.01%，剩余预测偏差 $RPD$ 值为 2.80。此结果说明 SPA-SVM 能够有效的提高模型预测能力。

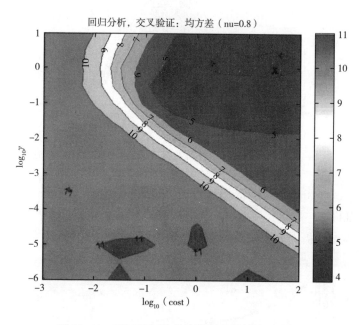

回归分析，交叉验证：均方差（nu=0.8）

**图 15-12　基于特征波长的模型参数搜索示意图**

## 三、结论

　　禽蛋新鲜度的变化通常发生在赤道部位，根据这一特性，构建了基于禽蛋新鲜度的高光谱采集系统，确定了系统采集参数和方法。利用 SPA 波长筛选法筛选出白壳禽蛋新鲜度检测特征波长为：620nm、632nm、654nm、671nm、680nm、684nm、697nm、707nm、712nm、724nm、762nm、780nm 和796nm。基于特征波长构建的 SVM 新鲜度检测模型的决定系数 $R_p^2$ 和剩余预测偏差 $RPD$ 分别为 0.87 和2.80，结果表明高光谱成像技术可以检测禽蛋新鲜度。

　　高光谱成像系统采集得到的数据量大，处理时间长，不利于孵化企业在线检测。本试验中提取的 13 个特征波长，选取相应的滤片有助于开发基于高光谱成像技术的禽蛋品质检测系统，实现禽蛋品质快速、自动化的检测。

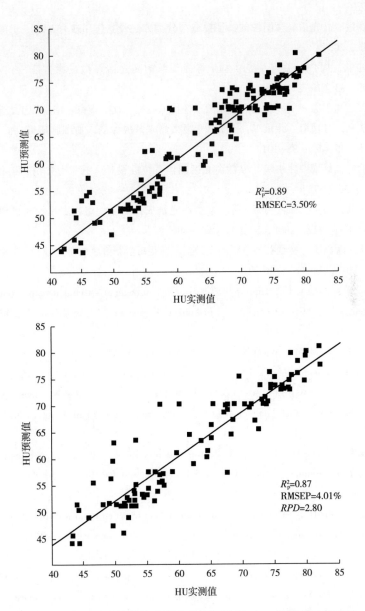

图 15-13  基于 SPA 筛选的波长建立的新鲜度 SVM 模型的检测效果

# 参考文献

［1］ Volent Z, Johnsen G, Sigernes F. Microscopic hyperspectral imaging used as a bio-Optical taxo-nomic tool for micro-and macroalgae ［J］. Applied Optics, 2009, 48 （21）: 4170-4176.

［2］戴春妮．高光谱显微图像的特征提取与分类方法及其应用研究［D］．上海：华东师范大学，2009．

［3］李建欣，周伟，孟鑫，等．基于像面干涉的高光谱显微成像方法［J］．光学学报，2013，33（12）：1-8．

［4］周伟．基于像面干涉的高光谱显微成像技术研究［D］．南京：南京理工大学，2014．

［5］李庆利，肖功海，薛永祺，等．基于显微高光谱成像的人血细胞研究［J］．光电工程，2008，35（5）：98-101．

［6］肖功海，舒嵘，薛永祺．显微高光谱图像系统的设计［J］．光学精密工程，2004，12（4）：367-372．

［7］李庆利，薛永祺，肖功海，等．显微高光谱成像的生物组织定量检测机理及方法研究［J］．科学通报，2008，53（4）：493-496．

［8］张伟，潘磊庆，林红英．基于高光谱图像检测禽蛋新鲜度的研究［J］．南京晓庄学院学报，2015，31（6）：46-50．

［9］Chao K，Yang C C，Kim M S，et al．High throughput spectral imaging system for wholesomeness inspection of chicken［J］．Applied Engineering in Agriculture，2008，24（4）：475-485．

［10］Jun Q，Ngadi M，Wang N，et al．Pork quality classification using a hyperspectral imaging system and neural network［J］．International Journal of Food Engineering，2007，3（1）：1-12．

［11］Kamruzzaman M，El Masry G，Sun D-W，et al．Application of NIR hyperspectral imaging for discrimination of lamb muscles［J］．Journal of Food Engineering，2011，104（3）：332-340．

［12］Zhu F，Zhang D，He Y，et al．Application of visible and near infrared hyperspectral imaging to differentiate between fresh and frozen-thawed fish fillets［J］．Food and Bioprocess Technology，2013，6（10）：2931-2937．

［13］Liu D，Pu H，Sun D-W，et al．Combination of spectra and texture data of hyperspectral imaging for prediction of pH in salted meat［J］．Food Chemistry，2014，160：330-337．

［14］Huang L，Zhao J，Chen Q，et al．Rapid detection of total viable count（TVC）in pork meat by hyperspectral imaging［J］．Food Research International，2013，54（1）：821-828．

［15］Niu D，Fu Y，Luo J，et al．The origin and genetic diversity of Chinese native chicken breeds［J］．Biochemical Genetics，2002，40（5-6）：163-174．

［16］He H J，Wu D，Sun D-W．Non-destructive and rapid analysis of moisture distribution in farmed Atlantic salmon（Salmo salar）fillets using visible and near-infrared hyperspectral imaging［J］．Innovative Food Science & Emerging Technologies，2013，18：237-245．

［17］Cheng J，Qu J H，Sun D-W，et al．Visible / near-infrared hyperspectral imaging prediction of textural firmness of grass carp（Ctenopharyngodon idella）as affected by frozen storage［J］．Food Research International，2014，56：190-198．

# 第十六章　低场核磁共振技术

## 第一节　核磁共振技术概述

经过长期的探索研究，核磁共振（nuclear magnetic resonance，NMR）技术逐渐深入生活、医疗及科研的各个领域中，但因其仪器设备庞大、造价高，制约了核磁共振技术的应用。低场核磁共振（low-field nuclear magnetic resonance，LF-NMR）技术与其他检测技术相比，具有绿色环保、数据准确、快速无损、成本低的优点，很大程度上弥补了高场核磁共振以及其他检测技术的不足，在工业、生命科学、材料科学以及食品科学等领域都得到了广泛的应用。在工业领域的研究主要应用于石油化工的钻井液分析以及岩土煤矿分析等；在生命科学领域主要应用于动物组织成像及核磁造影剂的开发等方面的研究；在材料科学领域主要应用于水泥和橡胶等材料的结构性质研究。

### 一、低场核磁共振（LF-NMR）技术原理概述

核磁共振是磁矩不为零的原子核在静磁场作用下发生能级分裂，并在外加射频磁场的条件下产生能级跃迁的核物理现象。其中，磁感应强度低于0.5T的核磁共振现象称为低场核磁共振。低场核磁共振技术以水分子为探针，检测氢质子的弛豫信号。核磁共振之后撤销射频磁场，质子返回到基态并释放能量到周围的质子和环境中，此过程称为弛豫过程。弛豫过程可分为横向弛豫和纵向弛豫，横向弛豫对应的特征时间为横向弛豫时间，原子核磁矩矢量之和为横向磁化矢量，如图16-1所示；纵向弛豫对应的特征时间为纵向弛豫时间，原子核磁矩矢量之和为纵向磁化矢量，如图16-2所示。

NMR是交变磁场与静止强磁场中物质相互作用的一种物理现象。低能态的原子核磁矩在恒定场强和交变场强的相互作用下吸收了由交变场强提供的能量后，不断跃迁至高能态，从而产生核磁共振信号。目前研究应用比较广泛的是$^1H$的核磁共振，$^{13}C$的核磁共振近年也有较大的发展。由于NMR技术快速、高效、准确、有效、无损、无污染、样品制备简单和对操作人员的健康无影响等优点，NMR技术不断替代传统检测方法，应用在多个领域。目前核磁共振已形成液体核磁共振、固

体核磁共振、核磁共振成像三足鼎立的应用局面。

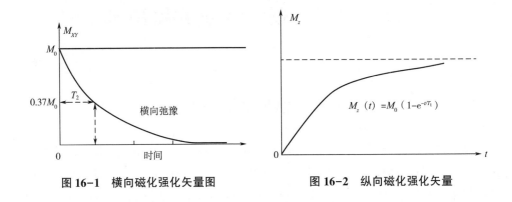

图 16-1　横向磁化强化矢量图　　　　图 16-2　纵向磁化强化矢量

根据场强可以将核磁共振分为 3 类：恒定场强大于 1.0T 的为高场核磁共振；恒定场强在 0.5~1.0T 的为中场核磁共振；恒定场强低于 0.5T 的为低场核磁共振。低场核磁共振又称低分辨率核磁共振，常用于物质的物理性质测定，在食品科学领域主要用于食品中脂质含量、水分含量及其存在状态的检测。

## 二、低场核磁共振技术的特点

NMR 技术目前已发展成为一种非常成熟的实验技术，被广泛的应用于制药、食品、环境、地质探测等众多领域，该技术能同时检测待测样品的物理和化学信息，从分子原子水平反映物质内部状态。LF-NMR 技术目前已逐步的应用于食品检测、地质勘探、化工产品检测等领域。LF-NMR 技术的设备体积小，操作简易，仪器稳定性好，能在无损情况下观察样品内部物质状态。与其他快速检测方法相比，LF-NMR 技术一般不受样品形态、颜色、大小等影响，检测精确度更好，适用范围更广。

## 三、低场核磁共振技术的优势

LF-NMR 属于亚微观领域，LF-NMR 技术由于场强较低，在进行食品安全快速检测时，对食品样本内部可做到无损检测，在一定程度上维护了样本的原有结构，LF-NMR 主要用于测试分子与分子之间的力学信息，通过弛豫时间及扩散系数得到分子运动信息与分子和分子之间的作用信息。相较于传统检测方法，LF-NMR 技术能够实现在线测量，其设备体系小，费用低，不需要专用场地进行安装，维护成本低。

## 四、低场核磁共振与高场核磁共振的区别

高场核磁共振仪器主要用于测试分子化学结构，通过化学位移得到分子内部结构信息，研究领域属微观领域（分子内部），可进行 $^1H$、$^{13}C$、$^{31}P$、$^{15}N$ 等多核波谱测量。

LF-NMR 主要用于测试分子与分子之间的动力学信息，通过弛豫时间得到分子运动信息、分子与分子之间的作用信息；研究领域属亚微观领域（分子之间），可测定玻璃态转化温度、高分子材料交联密度、造影剂弛豫率、孔径分布及孔隙度等，广泛应用于食品工业、石油工业、医药工业、纺织工业、聚合物工业。

高场核磁共振仪器具有高灵敏度、高分辨率、高信噪比，但是对样品均匀度要求高，液体需要去离子化，固体需要是粉末状，而且仪器费用昂贵，安装需要专用场地，需要屏蔽设施，仪器需要液氮或液氦冷却，后续维护成本非常高。

LF-NMR 仪器使用永磁体，设备小型化，易于灵活移动，维护简单，易与其他设备或配件整合，满足在线高通量测试要求。LF-NMR 仪器费用低，仪器内部已做屏蔽，安装场地不需特殊处理，非常适合在线过程检测、工业品控和质检。

# 第二节　核磁共振波谱仪

核磁共振波谱是将核磁共振现象应用于测定分子结构的一种谱学手段，其能够提供分子中化学官能团的数目和种类。由于各原子所处化学环境不同，各种有机物的核磁共振谱不同，通过测定 $^1H$、$^{13}C$、$^{19}F$、$^{31}P$ 等核的化学位移值、偶合常数等，可确定纯化合物的结构、纯度及混合物定量、有机物的分子结构与功能等。

## 一、核磁共振波谱仪的组成

核磁共振波谱仪是利用不同元素原子核性质的差异分析物质的磁学式分析仪器。图 16-3 为核磁共振波谱仪原理图。

核磁共振波谱仪主要由 5 个部分组成。

（1）磁铁：它的作用是提供一个稳定的高强度磁场，即 $H_0$。

（2）扫描发生器：在一对磁极上绕制的一组磁场扫描线圈，用以产生一个附加的可变磁场，叠加在固定磁场上，使有效磁场强度可变，以实现磁场强度扫描。

（3）射频振荡器：它提供一束固定频率的电磁辐射，用以照射样品。

（4）吸收信号检测器和记录仪：检测器的接收线圈绕在试样管周围。当某种核

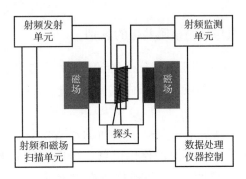

图 16-3　核磁共振波谱仪原理图

的进动频率与射频频率匹配而吸收射频能量产生核磁共振时，便会产生信号。记录仪自动描记图谱，即核磁共振波谱。

（5）试样管：直径为数毫米的玻璃管，样品装在其中，固定在磁场中的某一确定位置。整个试样探头是迅速旋转的，以减少磁场不均匀的影响。

目前生产核磁共振波谱仪的厂家有：德国布鲁克（Bruker）公司、日本电子株式会社（JEOL）、上海牛津仪器科技有限公司等。

## 二、典型仪器介绍

德国 Bruker 公司生产的 AVANCE NEO 600M 型核磁共振仪，适于化学、生物、石油化工、天然产物等方面的分子结构分析、含量测定及反应机理等研究（图 16-4）。

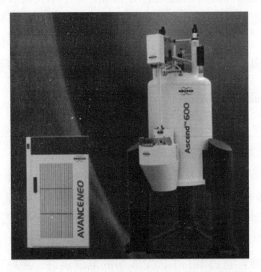

图 16-4　AVANCE NEO 600M 型核磁共振仪

NMR 方法可以用于分子结构解析、分子间相互作用研究、分子动力学研究、生物溶液和合成溶液等复杂混合物成分分析、固体材料结构与功能研究等领域。该方法可分析各种大小的分子，从分子量较小的有机小分子和代谢物，到中等大小的多肽、天然产物和聚合物，一直到分子量达数万 Da 的蛋白质。NMR 方法的独特优势在于具有原子分辨率的无损定量探测，样品制备简单，可以选择性地观测不同核自旋和同位素等。

Ascend 磁体采用先进的超导技术，支持设计得更小的磁体线圈，从而显著减小物理尺寸和杂散磁场。因此，Ascend 磁体更易于选址安放、运行更安全、运行成本更低。凭借尖端超导线材技术和磁体设计，可实现强大、稳定并且非常紧凑的 Ascend 磁体从 400MHz 到 1.2 GHz 的覆盖。布鲁克对电磁干扰抑制（EDS）技术进行了改进，使 Ascend 磁体成为颇具挑战性的城市环境和空间受限的实验室的理想选择。

VANCE NEO 是一款真正一体化的 NMR 平台，可以满足从高分辨到固体波谱和微成像的所有应用，绝大多数附加功能都可以轻松添加到 AVANCE NEO 配置中，从而为未来发展提供最佳的灵活性和可能性。AVANCE NEO NMR 波谱仪可用于任何常规或高端 NMR 实验。它完善的性能和能力为未来 NMR 发展提供了很大空间。此外，AVANCE NEO 是一种嵌入式采集服务器和相关客户端服务器软件体系结构（TopSpin 4 和更高版本）的新概念。这使波谱仪独立于客户端计算机，从而让用户可以选择不同操作系统和不同位置来控制系统（例如人们可以通过云来控制系统）。

随着核磁共振系统性能的不断提升，获取大量且复杂的核磁数据的速度也变得越来越快。为了优化科研成果，准确而有效地获取并分析所有的数据是非常重要的。因此，复杂的核磁共振分析技术必须有足够强大的软件作为支撑。布鲁克致力于为用户提供最具创新性的核磁共振技术，其中就包括用于采集和分析核磁共振数据的最全面的软件解决方案组合。布鲁克所有的软件设计都是为了完善布鲁克提供的全系列核磁共振技术，从而产出精准、全面并可以解析的结果。

# 第三节　核磁共振成像方法

核磁共振现象由科学家布洛赫和珀赛尔在 1946 年发现，在发现之初的几年内，该方法主用于精确测定各种原子核的磁矩。此后，由于化学位移现象的发现，核磁共振又应用到研究物质分子化学结构方面。1966 年，Emst 研究出脉冲傅里叶变换方法，这一革命性的成果促进了高分辨率核磁共振波谱技术的飞跃发展。受到 X 射线计算机层析成售技术（X-ray computer tomography，X-CT）的启发，20 世纪 70

年代，纽约州立大学的 Lauterbur 引入线性梯度磁场对物体的核磁共振信号实施空间编码操作，进而获取到物质的核磁共振图像，这标志着核磁共振成像学科的正式诞生。1975 年，Emst 提出多维核磁共振谱理论，并在理论研究的基础上进一步发展了傅里叶成像方法。上述新理论和方法的提出为核磁共振成像奠定了坚实的理论基础和实践基础，区别于 X-CT，核磁共振层析成像技术被命名为核磁共振成像（magnetic resonanceimaging，MRD）。近些年，随着软硬件技术的不断创新和发展，核磁共振成像的速度得到大幅度提高，最新的超导高磁场核磁共振成像仪每隔几十毫秒就可以完成一幅核磁共振图像。

与 X-CT 不同，核磁共振成像对被测试物质无电离辐射损伤，主要利用被测试对象中的质子在强磁场中运动时受到外加射频脉冲激发所产生的核磁共振信号来成像。因此，如果测试对象的不同组织部位之间水分含量不同，就会导致不同组织部位之间的自旋-晶格弛豫时间（$T_1$）和自旋-自旋弛豫时间（$T_2$）都不相同，从而能够获取到对比度不同的核磁共振图像。以人体为例，当某个组织或器官发生病变时，该组织或器官的水分、脂肪、蛋白质等组分含量就会产生变化，与正常的组织或器官相比较，其核磁共振信号就会产生相应的改变，导致获取的核磁共振图像出现差异。

相比于其他医学成像技术，核磁共振成像具有分辨率高、对比度好、信息量大的特点，尤其是在软组织显示方面更具优势，因此，核磁共振成像一经问世便受到临床医生和科研工作者的青睐，目前已广泛应用于医学和其他科研工作领域，成为一种不可或缺的先进探测手段。

## 一、成像原理

量子理论研究表明每个原子核都具有自旋角动量和自旋磁矩。当原子核处于外部附加磁场时，其磁矩有一种趋向于能量最低的趋势，即处于与外部磁场方向平行的状态，并由此形成原子核的一组能级。然而，热运动的存在又使得原子核具有不同能级之间粒子数相同的趋势，热运动最终使得原子核各个能级上粒子数服从玻尔兹曼分布。当外加射频脉冲出现后，处于低能级的粒子会吸收射频能量，由此跃迁到较高的能级；而处于较高能级的粒子会释放能量到周围的环境中，由此跃迁到较低的能级；导致两能级之间的布局数相同，也就产生了饱和现象。最后，还有一个弛豫过程起作用，使整个体系从非平衡态回到平衡态，即各个能级的粒子数再次达到玻尔兹曼分布规律，产生的信号就是核磁共振信号。

核磁共振成像就是利用物质在外加磁场的作用下，其内部组织中的质子与外部磁场相互作用产生核磁共振现象而释放出核磁共振信号来成像的，按照成像体素核磁共振信号的强弱，最终形成明暗对比的空间灰度图像，进而分辨出不同的内部组织结构；其中核磁共振信号强弱与内部组织的质子含量密切相关，质子含量较高时，图像的核磁共振信号越强。

## 二、系统组成

核磁共振成像系统主要包括磁体系统、梯度系统、射频发射与接收系统、信号采集与成像系统、辅助计算机等几个组成部分。

磁体系统，它提供产生核磁共振现象所需的物理环境，即在一定的空间范围内形成稳定均匀的主静磁场。依据产生主静场方式的不同，常见的磁体系统主要有常导磁体系统、永磁磁体系统、超导磁体系统、混合磁体系统等。

梯度系统通过对主静磁场进行动态修改，从而实现核磁共振成像过程中物质在核磁共振成像系统的空间定位编码。核磁共振成像系统一般包含 3 对梯度线圈，用于产生彼此相互的 3 个梯度磁场，它们分别用于层面选取、相位编码和频率编码，以便为图像重建提供空间依据。

射频发射与接收系统由射频线圈、射频控制器、接收线圈等部分组成，射频系统既是氢核自旋发生核磁共振的激励源，又是核磁共振信号的探测器。射频线圈负责向检测对象发射各种射频波，使其组织内的氢核发生核磁共振现象。射频控制器负责产生核磁共振系统的扫描序列供射频线圈使用。而接收线圈负责接受并存储核磁共振成像系统反馈而来的核磁共振回波信号。

信号采集与成像系统主要负责对核磁共振回波信号进行模数转换，使连续的模拟信号成为离散的数字信号，而后通过图像重建模块对离散核磁共振的数字信号进行处理，最后形成可视的核磁共振图像。

辅助计算机主要由主计算机和控制计算机两个部分构成，其中主计算机主要负责运行各种控制和应用软件，满足用户的所有应用要求，如参数设置、数据管理、图像处理等。而控制计算机则主要负责控制核磁共振成像系统的各种射频信号、梯度信号产生及机器检测等。

## 三、核磁共振成像仪的分类（表 16-1）

表 16-1 核磁共振成像仪的分类

| 分类标准 | 分类类型 | 特点 |
| --- | --- | --- |
| 场强大小 | 高场核磁共振 | 场强高于 1.0T |
| | 中场核磁共振 | 场强高于 0.5T，低于 1.0T |
| | 低场核磁共振 | 场强低于 0.5T |

| 分类标准 | 分类类型 | 特点 |
|---|---|---|
| 成像范围 | 实验室核磁共振 | 操作简单，性能优越，成本低 |
| | 局部专用核磁共振 | 应用范围较窄 |
| | 整体核磁共振 | 应用范围广 |
| 磁铁类型 | 永磁型核磁共振 | 由多块永磁材料堆组成，维护费用简单，热稳定性差 |
| | 常导型核磁共振 | 由线圈组成，重量轻，检测方便，对电源要求高 |
| | 超导型核磁共振 | 十分稳定，图像信噪比高 |
| | 混合型核磁共振 | 多功能，成本低，方便快捷 |

## 四、农业应用领域

核磁共振成像是一种先进的、非接触式的无损检测方法，能够从微观角度解释样品内部的变化规律。与其他影像学探测技术相比，核磁共振成像具有高组织无硬性伤害的优点，它不会对样品产生像辐射一类的潜在危害，也不会对样品外观和结构产生影响。随着核磁共振成像技术的进一步成熟和发展，以及高速度核磁共振成像仪的研制与开发，核磁共振成像技术在果蔬品质检测、植物生理信息获取等研究领域必将起到重要作用。

利用核磁共振成像可以在不同时间里、对同一批果蔬样品进行多次重复检测，通过定量计算弛豫参数随时间的变化，可以将弛豫参数与样品内的生化或者物化指标联系起来，从而研究样品内部品质的变化规律。通过对核磁共振图像的分析可以获得样品组织中水分，以及糖和油等的变化信息。

在植物生理信息获取方面，核磁共振成像可以动态检测植物种子发芽时的膨胀和水分在种子内部组织的运输过程，对种子幼芽的生长发育进行研究。作为一种非侵入式的探测技术，核磁共振成像也可以动态检测植物种子和果实的整个生长、发育及成熟过程，动态记录种子或果实不同组织间水分、碳水化合物、脂类的分布变化。

核磁共振成像作为一种非接触式的无损检测技术，应用到根系研究领域，可以为植物根系的原位无损研究提供有效方法与手段，能够实现植物根系参数的原位无损检测，还可研究根系对养分和水分的动态吸收利用及根系与土壤的相互作用机理。

张建锋以典型作物玉米作为主要研究对象，采用医用核磁共振成像仪获取玉米根系核磁共振成像数据，并借助于数字图像处理技术和计算机图形学技术，建立了一套基于核磁共振成像的玉米根系形态、构型信息的识别获取方法。围绕影响玉米根系核磁共振成像的几个基本问题展开研究，从生长介质、根系类型及核磁共振成像参数 3 个方面，对影响根系核磁共振成像的多个因素进行分析研究。分析总结影响根系核磁共振成像质量的因素，交叉组合影响因素制备出 21 个根系试验样本，进行根系核磁共振成像试验。针对玉米根系系统呈类纺锤形的结构特点，提出了一种基于根系系统自身空间几何结构特性的三维图像分割算法。依据根系核磁共振序列图像之间，尤其是上下相邻的连续根系的核磁共振序列图像之间的数据属性及根分支空间属性都呈现出规律性变化的特性，构造出根系核磁共振序列图像三维分割的约束条件。从玉米根系的根茎层出发，采用逐层递推的分割思路，在根系模糊分割的基础上，设计了基于根系系统几何特征的综合图像分割方法，清除各层图像中非根轴区域的伪根系成像，从而实现玉米根系核磁共振序列图像的三维精确分割。在根系形态构型参数的定量分析方面，首先对断层序列图像的三维重建技术进行了系统深入的研究，包括断层图像的层间插值、三维重建算法及模型简化算法等，重构了玉米根系形态的三维可视化模型，并校验了重构玉米根系模型的准确度和可靠性；然后利用计算机维交厅及测量技术，实现了全面的根系立体几何构型的定量分析，并依据玉米根系的拓扑结构和空间分布状况，建立了比根系形态特征、拓扑学结构、根的分层分布等更为高级的，更能全面描述根系形态、结构特征及空间分布的根系构型定量描述参数，从而解决了难以对生长在非透明土壤介质中的玉米根系进行精确的分析和定量测定的问题；最后应用所构建的根系构型参数评价体系，实现了在多梯度氨、磷胁迫下对玉米根系形态、构型参数变化规律的定量分析研究。

## 第四节　核磁共振成像分析

### 一、核磁共振图像特点分析

核磁共振成像时，体素是产生核磁信号的最小单元，每个体素所产生的核磁信号强度与核磁共振图像中相对应点的像素灰度强度之间有一一对应关系。物质的弛豫特性是相对固定的，物质组分不同其弛豫特性也就不相同。但是，体素信号的强度不仅与其组织结构体的弛豫特性有关，而且与其周围物质的组分情况相关。例如在玉米根系核磁共振成像检测过程中，由于土壤介质中水分和其他铁磁性物质的影响，直径不同的玉米根系在核磁共振图像中表现出不同的特征。对于直径较大的玉米根系，其形成的核磁共振信号较强，核磁共振图像中得到较为清晰的成像效果；

而对于直径细小的根系，其形成的核磁共振信号较弱，被周围土壤介质信号所掩盖，导致其信号与周围土壤介质之间无明显灰度差异，核磁共振图像中根系边缘模糊不清。

## 二、图像预处理过程

图像预处理一方面可以按指定条件突出展示和挖掘图中某些有用的数据，另一方面可以减少某些不重要或者冗余的数据。由于核磁共振成像仪电子器件和试验条件等诸多因素的影响，经过核磁共振成像仪扫描后产生的图像中会出现不同程度的噪声和伪影，造成核磁共振图像质量下降。这些噪声和伪影给后续的核磁共振图像分析与处理带来困难，因此需要对核磁共振图像实施必要的预处理操作。核磁共振图像预处理操作主要包括图像滤波、图像分割、层间插值、三维重建等。

1. 图像滤波

在核磁共振成像过程中，由于物质的组成和结构特征、核磁共振成像仪自身电子系统及周围空气等诸多因素的影响，核磁共振图像中不可避免地存在噪声和伪影，故滤波处理往往成为核磁共振图像分析与处理的第一步，其滤波效果的优劣直接影响到后续的图像处理效果。与其他影像医学图像相类似，用于核磁共振图像处理的滤波算法也是多种多样的。从设计方法上可以将其大致分为线性滤波算法和非线性滤波算法两个大类，其中线性滤波算法由于思路明确，结构相对比较简单，在早期的图像滤波处理过程中得到了广泛应用，比较典型的线性滤波算法有均值滤波、维纳滤波、卡尔曼滤波等。对于含有高斯型噪声的图像，线性滤波算法能够取得比较满意的处理效果；但是对于含有频谱重叠噪声或者非线性叠加噪声的图像，线性滤波算法往往难以获取令人满意的处理效果。非线性滤波算法利用图像信号和噪声信号所具有的统计学特性进行滤波降噪处理，能够在去除噪声的同时较好地保留图像信号的细节特征，从而在一定程度上弥补了线性滤波算法的不足。20 世纪70 年代，著名学者 Tukey 首次提出了中值法非线性滤波器，由此开启了非线性滤波算法研究的序幕。至此以后新型非线性滤波算法不断涌现，出现了诸如小波分析滤波算法、神经网络滤波算法、轮廓波分析滤波算法等新型非线性滤波算法，这些图像滤波算法为图像滤波处理提供了新的研究思路。

2. 图像分割

由于物质自身组成成分的复杂性和多变性，以及核磁共振图像采集过程中难以避免的灰度等问题，都会引起图像边缘模糊，增加核磁共振成像的不确定性。这些特征使得核磁共振图像的分割比较困难，传统图像分割算法已取得令人满意的处理效果，但是医学图像分析与处理的基础和前提，所有更高层次的图像处理任务都是以此作为基础的。图像目标分割是定量测量、结构分析及三维可视化的先决条件，是医学图像分析与理解的关键技术。与其他影像医学图像的分割历程类似，核磁共振图像也同样经历了一个从人工手动分割到人机交互式半自动分割和计算机全自动分割的过程。手工分割由人工依照经验来完成，直接在原始图像中勾勒出目标的边界，该方法费时费力，且重复性较差，计算机全自动分割则完全由计算机自主完成分割，整个过程不需要人为干预，但是由于影像医学图像的复杂性和多变性，计算机全自动分割算法效果无法令人满意，分割目标的准确性不能满足实际的应用要求。近年来，将人工手动分割与计算机自动分割相结合的人机交互式半自动分割方法受到越来越多的关注，该方法既充分利用了人脑的知识与经验，又同时利用计算机的高运算性能，达到了事半功倍的效果。活动轮廓模型，活动形状模型及 Live-Wire 算法等半自动图像分割算法在医学图像的分割研究中得到比较广泛的应用。下面简要介绍基于活动轮廓模型的医学图像分割方法。

活动轮廓模型是由 Kass 等在 1988 年提出的一种符合人类视觉认知原理的全新图像分割模型，该方法假设在许多图像分析与理解任务中，底层信息的认知依赖于高层知识。活动轮廓模型具有很强的生命力，能将待分割目标的知识经验和图像本身的低层次视觉属性，如边缘、纹理、灰度等，以一种有机的方式结合起来。这与人们通过视觉器官感知外部世界类似，将事物的图像信息与已经具有的人脑知识结合起来，以此作为认知外界事物的依据。活动轮廓模型用于图像分割的基本思想是：人为地在待分割目标周围给出带有能量函数的初始轮廓曲线，可以为一条或者多条封闭曲线，最小化能量函数，内力约束其形状，外力引导其行为，使轮廓曲线在图像外力和其他作用下运动，最终逼近该目标区域的边界轮廓。

3. 图像层间插值算法

图像层间插值是医学图像三维重建过程中获取空间等立方体的关键，能够改善重建模型的质量。由于实际试验条件的限制，许多情况下会导致相邻两幅核磁共振序列图像之间的层间距与核磁共振图像内部相邻像素之间往往不一致，这易引起片层图像之间的信息不确定性，给图像目标的分析与识别造成困难，进而影响到模型的最终三维重建效果。层间插值技术可以在相邻图像之间添加新的片层图像，从而减少片层图像之间的间距，提高模型三维重建的精度和模型的可视化效果。

目前，国内外广泛研究的层间插值算法可以归结为两大类：基于灰度的插值和基于对象的插值。基于灰度的插值方法是直接利用已知断层图像灰度信息获取层间图像的插值方法，具体思路是直接选取图像中的灰度值，在相邻图像中利用待插值点指定的邻域灰度信息来计算待插值点灰度值，依次逐步进行，获取到整幅灰度差值图像。常用的灰度插值方法很多，主要有最近邻域插值、线性插值、三次 B 样条插值、Lagrange 插值、Kriging 插值等。基于灰度的差值方法计算量小、容易实现，但是得到的层间插值图像中易于出现边界模糊现象。基于对象的插值方法是通过引入相邻片层图像中的组织轮廓信息，直接构造出层间图像的插值方法。该方法既考虑到图像灰度的变化，又考虑到图像在组织形状上的过渡，因而相较于基于灰度的插值算法而言，获取的插值图像精度更高，得到的组织轮廓更加清晰和准确。基于对象的插值方法又可以细分为基于形状的插值和基于配准的插值。

## 第五节　低场核磁共振的应用

### 一、低场核磁共振技术在食品品质检测方面的研究进展

LF-NMR 在食品领域的应用越来越多，可以测定肌原纤维蛋白凝胶的保水性及其水分含量，快速鉴定葵花子的品质，测定腰果仁中的含油量，测定皱纹盘鲍的品质，快速检测掺假牛乳，测定人参皂苷的含量，研究如花凝胶储藏过程中保水性以及颜色变化的关系，米饭和馒头以及面包在加工与贮藏时的变化，研究淀粉回生机理等。

LF-NMR 能够迅速、准确、直观、无损害的检测对象，能够很好地了解食品变化的规律和食品的质构，非常适合应用于食品领域，是目前检测食品的最佳方法。国际上低场核磁共振技术已经日益成熟，并且能够很好地应用于食品领域，但在我国由于受到技术以及设备的限制，应用于食品领域的例数并不多。不过随着技术的进步，LF-NMR 今后在食品领域将会得到更加广泛的应用，将会成为一种指导食品研究开发的新手段，并推动食品研究的快速发展。

### 二、低场核磁共振技术在禽蛋品质检测方面的应用

徐丽兰采用 LF-NMR、透射电子显微镜（TEM）、傅里叶变换红外光谱（FT-IR）和化学分析等方法研究了蛋黄、血浆和颗粒凝胶在盐渍过程中的理化性质、微观结构、蛋白质结构和分子间力的变化。结果表明，可溶性蛋白和游离巯基含量增加，且随着重水的处理，盐渍 2 天后蛋黄和血浆中的结合水和不易流动水减少。腌制后期的蛋黄、血浆被破坏，它们释放出随机聚集的成分（磷脂、中性脂类和蛋白质）。NaCl 处理改变了蛋黄、蛋白的空间结构。结果表明，咸蛋黄的油脂渗出主要是由低密度脂蛋白的结构变化所致。颗粒被证明有助于提高咸蛋黄的硬度和凝胶化。

Luca Laghi 等对鸡蛋清蛋白和蛋黄中的核磁共振质子弛豫进行了定量分析，以

研究储存最初几天质量损失的原因。结果表明，浓蛋清蛋白横向弛豫的变化主要是由于通过蛋壳扩散导致二氧化碳损失、pH 升高，进而导致质子交换速率增加。结果表明，低场 T1 是蛋白质量的最佳弛豫时间指标。

# 参考文献

[1] 徐雷，贾飞，罗长瑶，等 . 利用低场核磁共振技术研究二氧化碳气调贮藏下蛋清水分变化 [J]. 食品工业科技，2017，38（2）：313-318.

[2] 段云霞，赵英，迟玉杰 . 基于低场核磁共振技术分析不同贮藏条件下白煮蛋水分分布及品质变化 [J]. 食品科学，2018，39（9）：26-32.

[3] 周新龙 . 低场核磁共振弛豫信号的精确检测方法及其应用研究 [D]. 南京：东南大学，2020.

[4] 邹庭浪，孙伟达，谢建军，等 . 低场核磁共振信号检测电路设计 [J]. 宁波大学学报（理工版），2022，35（6）：1-8.

[5] 汤舒越，汤晓艳，张宇慧，等 . 低场核磁共振法测定猪肉中脂肪含量 [J]. 食品科学，2022，43（20）：269-274.

[6] 夏天兰，刘登勇，徐幸莲，等 . 低场核磁共振技术在肉与肉制品水分测定及其相关品质特性中的应用 [J]. 食品科学，2011，32（21）：253-256.

[7] 盖圣美，游佳伟，张中会，等 . 低场核磁共振技术在肉类品质安全分析检测中的应用 [J]. 食品安全质量检测学报，2018，9（20）：5294-5300.

[8] 袁鸣，朱铭玮，侯静，等 . 利用低场核磁共振技术检测刺槐种子吸水过程水分的变化 [J]. 南京林业大学学报（自然科学版），2022，46（2）：135-142.

[9] 杨莉，夏阿林，张榆 . 基于低场核磁共振的乳粉中水分及酸度的快速预测 [J]. 食品科技，2021，46（10）：260-264.

[10] 房鹏祥，赵世涛 . 探讨低场核磁共振技术在食品安全快速检测中的应用 [J]. 食品界，2021（7）：85-86.

[11] 陈琳，高彤，方嘉沁，等 . 低场核磁共振在食品加工中的应用研究进展 [J]. 食品工业，2021，42（2）：274-278.

[12] 郭启悦，李烨，任舒悦，等 . 低场核磁共振技术在食品安全快速检测中的应用 [J]. 食品安全质量检测学报，2019，10（2）：380-384.

[13] 王立，周洁，陈正行，等 . 简述核磁共振及其在淀粉研究中的应用 [J]. 粮食与饲料工业，2003（7）：43-45.

[14] 张驰，阮征 . 低场核磁共振（LF-NMR）及其成像技术（MRI）在食品应用中的研究进展 [C]// "健康中国 2030·健康食品的安全与创新"学术研讨会暨 2018 年广东省食品学会年会论文集 . [出版者不详]，2018：119-125.

[15] 盖圣美，游佳伟，张中会，等. 低场核磁共振技术在肉类品质安全分析检测中的应用 [J]. 食品安全质量检测学报，2018，9 (20)：5294-5300.

[16] 张佳莹，郭兆斌，韩玲，等. 低场核磁共振研究肌肉保水性的研究进展 [J]. 肉类研究，2016，30 (1)：36-39.

[17] 张垚，陈琛，陈明，等. 基于低场核磁共振技术的玉米单子粒含水率测定方法研究 [J]. 玉米科学，2018，26 (3)：89-94.

[18] 李春保. 低场核磁共振技术在食品快速检测中的创新应用及系统开发 [D]. 南京：南京农业大学，2018.

[19] 章坦，程沙沙，刘文霞，等. 基于低场核磁共振及其成像技术研究腌制鸭蛋黄凝胶固化机理 [C]//2017 中国食品科学技术学会第十四届年会暨第九届中美食品业高层论坛论文摘要集. [出版者不详]，2017：461-462.

[20] 王瑞雪，吉日木图. 低场核磁共振技术在乳与乳制品水分测定及其相关品质特性中的应用 [C]// "一带一路" 骆驼科技、产业与文化国际研讨会暨第五届中国骆驼产业发展大会论文集. [出版者不详]，2017：217-222.

[21] 张楠，庄昕波，黄子信，等. 低场核磁共振技术研究猪肉冷却过程中水分迁移规律 [J]. 食品科学，2017，38 (11)：103-109.

[22] 蒋川东，常星，孙佳，等. 基于 L1 范数的低场核磁共振 $T_2$ 谱稀疏反演方法 [J]. 物理学报，2017，66 (4)：239-250.

[23] 杨翼. 低场核磁共振便携技术进展与应用 [C]//2015 年现场检测仪器前沿技术研讨会论文集. [出版者不详]，2015：59-62.

[24] 陈蕾，王灼琛，程江华，等. 低场核磁共振在农产品品质检测中的应用研究 [J]. 农产品加工，2015 (4)：1-3，8.

[25] 周凝，刘宝林，王欣. 核磁共振技术在食品分析检测中的应用 [J]. 食品工业科技，2011，32 (1)：325-329.

[26] 杨城. 基于低场核磁共振技术的注水（胶）猪肉检测研究 [D]. 上海：上海理工大学，2015.

[27] 孙天利，岳喜庆，张平，等. 利用电子鼻技术预测冰温贮藏牛肉的新鲜度变化 [J]. 食品与发酵工业，2014，40 (4)：185-189.

[28] 刘威，刘伟丽，魏晓晓，等. 核磁共振波谱技术在食品掺假鉴别中的应用研究 [J]. 食品安全质量检测学报，2016，7 (11)：4358-4363.

[29] 王鹤. 低场磁共振系统中若干技术问题的研究 [D]. 武汉：华东师范大学，2007.

[30] 浩斯娜，吉日木图. 低场核磁技术在肉与肉制品研究中的应用 [C]// "一带一路" 骆驼科技、产业与文化国际研讨会暨第五届中国骆驼产业发展大会论文集. [出版者不详]，2017：103-110.

[31] 任广跃，曾凡莲，段续，等. 利用低场核磁分析玉米干燥过程中内部水分变化 [J]. 中国粮油学报，2016，31 (8)：95-99.

[32] 李潮锐，刘青，杨培强. 鲜花生的低场核磁共振横向弛豫分析［J］. 中山大学学报（自然科学版），2014，53（2）：1-5.

[33] 邵小龙，张蓝月，冯所兰. 低场核磁技术检测芝麻油掺假［J］. 食品科学，2014，35（20）：110-113.

[34] 车文华，张一鸣，夏平畴. 一种改进的核磁共振测井测量脉冲序列（英文）［J］. 波谱学杂志，2000（3）：177-182.

[35] SiHui Luo，LiZhi Xiao，Yan Jin，et al. A machine learning framework for low-field NMR data processing［J］. Petroleum Science，2022，19（2）：581-593.

[36] Cobas Carlos，Iglesias Isaac，Seoane Felipe. NMR data visualization，processing，and analysis on mobile devices［J］. Magnetic resonance in chemistry：MRC，2015，53（8）：558-564.

[37] Ganesan Raja. 1 H-NMR-based metabolomics for cancer targeting and metabolic engineering -A review［J］. Process Biochemistry，2020，99：112-122.

[38] Hanne Christine Bertram，Anders Hans Karlsson，Henrik Jørgen Andersen. The significance of cooling rate on water dynamics in porcine muscle from heterozygote carriers and non-carriers of the halothane gene-a low-field NMR relaxation study［J］. Meat Science，2003，65（4）：1281-1291.

[39] Minyi Han. Effect of microbial transglutaminase on NMR relaxometry and microstructure of pork myofibrillar protein gel［J］. European Food Research and Technology，2009，228（4）：665-670.

[40] Dong X，Zhang T，Cheng S，et al. Water and lipid migration in salted duck eggs during storage with different packaging conditions as studied using LF-NMR and MRI techniques［J］. J Food Sci，2022，87（5）：2009-2017.

[41] Au C，Wang T，Acevedo NC. Development of a low resolution（1）H NMR spectroscopic technique for the study of matrix mobility in fresh and freeze-thawed hen egg yolk［J］. Food Chem，2016，204：159-166.

[42] Aursand I G，Veliyulin E，Böcker U，et al. Water and salt distribution in Atlantic salmon（Salmo salar）studied by low-field 1H NMR，1H and 23Na MRI and light microscopy：effects of raw material quality and brine salting［J］. J Agric Food Chem，2009，57（1）：46-54.

[43] Chen J，Gong X，Zeng C，et al. Mechanical Insight into Resistance of Betaine to Urea-Induced Protein Denaturation［J］. J Phys Chem B，2016，120（48）：12327-12333.

[44] Laghi L，Cremonini M A，Placucci G，et al. A proton NMR relaxation study of hen egg quality［J］. Magn Reson Imaging，2005，23（3）：501-510.

[45] Lokhande M P，Arbad B R，Landge MG，et al. Dielectric properties of albumin and yolk of avian egg［J］. Indian J Biochem Biophys，1996，33（2）：156-158.

［46］ Laghi L, Cremonini MA, Placucci G, et al. A proton NMR relaxation study of hen egg quality. Magn Reson Imaging, 2005, 23 (3): 501-510.

［47］ James T L, Gillen K T. Nuclear magnetic resonance relaxation time and self-diffusion constant of water in hen egg white and yolk [J]. Biochim Biophys Acta, 1972, 286 (1): 10-15.

［48］ Pickering J W. Optical property changes as a result of protein denature in albumen and yolk [J]. J Photochem Photobiol B, 1992, 16 (2): 101-111.

［49］ Klammler F, Kimmich R. Volume-selective and spectroscopically resolved NMR investigation of diffusion and relaxation in fertilised hen eggs [J]. Phys Med Biol, 1990, 35 (1): 67-79.

［50］ Burt C T, Jeffreys-Smith L, London R E. 31P-NMR characterization of hen egg yolk and egg white [J]. Biochim Biophys Acta, 1986, 887 (1): 118-120.

［51］ Nunes T G, Randall E W, Guillot G. The first proton NMR imaging of ice: stray-field imaging and relaxation studies [J]. Solid State Nucl Magn Reson, 2007, 32 (2): 59-65.

［52］ Au C, Wang T, Acevedo NC. Development of a low resolution (1) H NMR spectroscopic technique for the study of matrix mobility in fresh and freeze-thawed hen egg yolk [J]. Food Chem, 2016, 204: 159-166.

［53］ Kinchesh P, Samoilenko AA, Preston AR, et al. Stray field nuclear magnetic resonance of soil water: development of a new, large probe and preliminary results [J]. J Environ Qual, 2002, 31 (2): 494-499.

［54］ Mariette F, Lucas T. NMR signal analysis to attribute the components to the solid/liquid phases present in mixes and ice creams [J]. J Agric Food Chem, 2005, 53 (5): 1317-1327.

［55］ Sun B. In situ fluid typing and quantification with 1D and 2D NMR logging [J]. Magn Reson Imaging, 2007, 25 (4): 521-524.

［56］ Dzialowski EM, Reed WL, Sotherland PR. Effects of egg size on Double-crested Cormorant (Phalacrocorax auritus) egg composition and hatchling phenotype [J]. Comp Biochem Physiol A Mol Integr Physiol, 2009, 152 (2): 262-267.

［57］ Yeung D K, Lam S L, Griffith J F, et al. Analysis of bone marrow fatty acid composition usinghigh-resolution proton NMR spectroscopy. Chem Phys Lipids, 2008, 151 (2): 103-109.

［58］ Yeung D K, Lam S L, Griffith J F, et al. Analysis of bone marrow fatty acid composition using high-resolution proton NMR spectroscopy [J]. Chem Phys Lipids, 2008, 151 (2): 103-109.

［59］ Luyts A, Wilderjans E, Waterschoot J, et al. Low resolution 1H NMR assignment of proton populations in pound cake and its polymeric ingredients [J]. Food Chem, 2013, 139 (1-4): 120-128.

［60］ Seliger J, Zagar V. Double resonance experiments in low magnetic field: dynamic polarization of protons by (14) N and measurement of low NQR frequencies [J]. J Magn Reson, 2009,

199（2）：199-207.

［61］Jolivet P, Boulard C, Beaumal V, et al. Protein components of low-density lipoproteins puri-fied from hen egg yolk ［J］. J Agric Food Chem, 2006, 54（12）：4424-4429.

［62］Wałęsa R, Ptak T, Siodłak D, et al. Experimental and theoretical NMR studies of interaction between phenylalanine derivative and egg yolk lecithin ［J］. Magn Reson Chem, 2014, 52（6）：298-305.

［63］Byrdwell W C, Perry R H. Liquid chromatography with dual parallel mass spectrometry and（31）P nuclear magnetic resonance spectroscopy for analysis of sphingomyelin and di-hydrosphingomyelin. I. Bovine brain and chicken egg yolk ［J］. J Chromatogr A, 2006, 1133（1-2）：149-171.

［64］Cai S, Seu C, Kovacs Z, et al. Sensitivity enhancement of multidimensional NMR experi-ments by paramagnetic relaxation effects ［J］. J Am Chem Soc, 2006, 128（41）：13474-13478.

［65］Wakamatsu H, Handa A, Chiba K. Observations using Phosphorus-31 nuclear magnetic res-onance（31P-NMR）of structural changes in freeze-thawed hen egg yolk ［J］. Food Chem, 2018, 244：169-176.

［66］Burt C T, Jeffreys-Smith L, London RE. [31]P-NMR characterization of hen egg yolk and egg white ［J］. Biochim Biophys Acta, 1986, 887（1）：118-120.

［67］Mayar M, De Roo N, Hoos P, et al. [31]P-NMR Quantification of phospholipids and lysophos-pholipids in food emulsions ［J］. J Agric Food Chem, 2020, 68（17）：5009-5017.

［68］Sarkar R, Vasos P R, Bodenhausen G. Singlet-state exchange NMR spectroscopy for the study of very slow dynamic processes ［J］. J Am Chem Soc, 2007, 129（2）：328-334.

［69］Marega R, Aroulmoji V, Dinon F, et al. Diffusion-ordered NMR spectroscopy in the struc-tural characterization of functionalized carbon nanotubes ［J］. J Am Chem Soc, 2009, 131（25）：9086-9093.

［70］Poznański J. NMR-based localization of ions involved in salting out of hen egg white lyso-zyme. Acta Biochim Pol, 2006, 53（2）：421-424.

［71］Agarwal V, Xue Y, Reif B, et al. Protein side-chain dynamics as observed by solution-and solid-state NMR spectroscopy: a similarity revealed ［J］. J Am Chem Soc, 2008, 130（49）：16611-16621.

［72］Dauphas S, Beaumal V, Gunning P, et al. Structure modification in hen egg yolk low density lipoproteins layers between 30 and 45 mN/m observed by AFM ［J］. Colloids Surf B Biointer-faces, 2007, 54（2）：241-248.

［73］Tynkkynen T, Tiainen M, Soininen P, et al. From proton nuclear magnetic resonance spectra to pH. Assessment of [1]H NMR pH indicator compound set for deuterium oxide solutions. Anal Chim Acta, 2009, 648（1）：105-112.

［74］刘晓星. 现代仪器分析［M］.2版. 大连海事大学出版社，2018：137.

［75］吕玉光，郝凤岭，张同艳. 现代仪器分析方法与应用研究［M］. 中国纺织出版社，2017：252.

［76］田宏哲，赵瑛博. 联用分析技术在农业领域的应用［M］. 化学工业出版社，2021：232.

［77］刘淑萍，孙彩云，吕朝霞. 现代仪器分析方法及应用［M］. 中国质检出版社，2013：282.

［78］孟令芝，龚淑玲，何永炳. 有机波谱分析［M］.4版. 武汉大学出版社，2016：432.

［79］Xu L，Zhao Y，Xu M，et al. Changes in physico-chemical properties，microstructure，protein structures and intermolecular force of egg yolk，plasma and granule gels during salting［J］. Food Chem，2019，275：600-609.

［80］Yang S，Liu X，Jin Y，et al. Water Dynamics in Egg White Peptide，Asp-His-Thr-Lys-Glu，Powder Monitored by Dynamic Vapor Sorption and LF-NMR［J］. Agric Food Chem，2016，64（10）：2153-2161.

［81］Laghi L，Cremonini M A，Placucci G，et al. A proton NMR relaxation study of hen egg quality［J］. Magn Reson Imaging，2005，23（3）：501-510.

# 第十七章　近红外光谱检测技术

光谱成像技术是将成像技术和光谱测量技术结合在一起，具有"图谱合一"的特性，它获取的信息不仅包括二维空间信息，还包含随波长分布的光谱辐射信息，形成"数据立方"。该技术能够供更加丰富的目标场景信息，被广泛应用于陆地、海洋地理遥感，大气、土壤和水体的监测等方面。

按照光谱波段的数量和光谱分辨率，光谱成像技术大致可以分为3类：第一类是多光谱成像（multi-spectral imaging，MSI）技术，该技术获取的图像数据只有几个或几十个谱段，光谱分辨率一般为100nm左右，多光谱成像仪通常称为多光谱相机；第二类是高光谱成像（hyper-spectral imaging，HI）技术，该技术的光谱分辨率一般为10nm左右；第三类是超光谱成像（ultra-spectral imaging，μSI）技术，该技术获取的图像数据通常超过1000个谱段，光谱分辨率一般在1nm以下，通常用于大气探测等精细光谱探测方面。

MSI技术是将辐射的电磁波分割成若干个较窄的光谱段，然后以扫描的方式，在同一时间获得同一目标不同波段信息的光谱成像技术。由于不同的物质有不同的光谱特性，且同一物质在不同波段的辐射能量有差别，因此取得的不同波段图像也会有差别。该技术将摄入光源过滤，同时采集不同光谱波段下的数字图像，并进行分析处理，结合了光谱分析技术（特征敏感波段提取）和计算机图像处理技术的长处，同时可以弥补光谱仪抗干扰能力较弱和RGB图像波段感受范围窄的缺点。针对错综复杂的外部环境和形状各异的植物品种，利用多光谱成像技术，可以同时处理可见光谱和红外光谱图像中植物的颜色信息、形状信息及特征信息，对植物生长状况进行检测和诊断研究。多光谱成像技术也有其局限性：获取的数据中的图像波段太少，光谱的分辨率较低，波段宽一般大于100nm，波段光谱上不连续等。

HI技术是利用成像光谱仪对目标物体在较窄的波段内（通常波段宽度小于10nm）进行完整而连续的数据采集，而得到物体的光谱图像数据。该技术是将成像技术和光谱技术集合在一起，利用成像技术可以获得目标的影像信息，利用光谱技术可以获得目标的光谱信息，从而得出目标的物质结构及化学组成，为分析判断目标的属性提供依据。该技术具有高光谱分辨率的巨大优势，在空间对地观测的同时获取经色散形成的几十个乃至几百个窄波段的空间像元，进行连续的光谱覆盖，形成"图像立方体"来描述获取的数据，达到从空间直接识别地球表面物体的目的。与传统的技术相比，HI 技术所获取的数据包含了丰富的空间、图像和光谱三重信息。

HI 技术是在电磁波谱的可见光、近红外、中红外和热红外波段范围内，利用成像光谱仪获取许多非常窄的、光谱连续的影像数据的技术。高光谱遥感具有较高的光谱分辨率、波段多、光谱范围窄、波段连续、信息量丰富的优点。

# 第一节　近红外光谱技术的发展

近红外区域被美国材料与试验协会（American society for testing materials，ASTM）定义为"波长在 780~2526nm 范围内的电磁波"，是人们最早发现的非可见光区域，距今已有近 200 年的历史。20 世纪初，人们采用摄谱的方法首次获得了有机化合物的近红外光谱，并对有关基团的光谱特征进行了解释，预示着近红外光谱（near infrared spectroscopy，NIR）有可能作为分析技术的一种手段得到应用。由于缺乏仪器基础，20 世纪 50 年代以前，近红外光谱的研究只限于为数不多的几个实验室中，且没有得到实际应用。50 年代中后期，随着简易型近红外光谱仪器的出现及 Norris 等在近红外光谱漫反射技术上所做的大量工作，掀起了近红外光谱应用的一个小高潮，近红外光谱在测定农副产品（包括谷物、饲料、水果、蔬菜、肉、蛋、奶等）的品质（如水分、蛋白、油脂含量等）方面得到广泛使用。这些应用都基于传统的光谱定量方法，当样品的背景、颗粒度、基体等发生变化时，测量结果往往产生较大的误差。进入 60 年代中后期，随着（中）红外光谱技术的发展及其在化合物表征中所起的巨大作用，使人们忽视了近红外光谱在分析测试中的应用。在此后约 20 年的时间里，除在农副产品领域的传统应用之外，近红外光谱技术几乎处于徘徊不前的状态，以致被人们称为光谱技术中的沉睡者。

进入 20 世纪 80 年代后期，近红外光谱才真正为人们所注意，这在很大程度上应归功于化学计量学方法的应用，再加上过去中红外光谱技术积累的经验，使近红外光谱分析技术得到迅速推广，成为一门独立的分析技术，有关近红外光谱的研究及应用文献几乎呈指数增长。

1983 年后，近红外光谱仪器的生产厂就开始每年召开一次国际会议，但会议内容较着重于生产仪器的改进和应用。

1988 年，国际近红外光谱协会（CNIRS）成立，该协会的北美分会对 1905~1990 年有关近红外光谱的文献做了全面汇编（CBIBL）。关于近红外光谱研究及应用的国际会议，至今已举办了 12 届，每次会议都出版了相应的论文集，刊登了大量涉及近红外光谱仪器、计量学方法、新技术发展和各种新应用的文章。*Journal of*

*Near Infrared Spectroscopy* 和 *NIR News* 是在 20 世纪 90 年代初创立的关于近红外光谱研究及应用的两份专业期刊。在其他涉及分析化学和光谱分析的杂志，如 *Applied Spectroscopy* 和 *Analytical Chemistry* 上也有很多近红外光谱基础研究和应用的文章。近年来，很多近红外光谱技术也常出现在各国的专刊中。

我国对近红外光谱技术的研究及应用起步较晚，但自 1995 年来，该技术已受到了多方面的关注，并在仪器研制、软件研究、基础研究和应用等方面取得了可喜的成果，尤其是在农产品、饲料、饮料、药物、石油化工领域中的应用已积累了很多实践经验，有关的报道可以在《分析化学》《现代科学仪器》《光谱学与光谱分析》以及各种专业期刊中找到。

因为一个学科的发展史常常会对其今后的发展有所指导，以下就近红外光谱仪器、计算技术及应用三方面的发展过程作一回顾。

## 一、近红外光谱仪器的发展历程

最早的近红外光谱仪器所得的光谱只能作出某些化合物可以在近红外区吸收的判断，很难用于定量或定性分析。

直到第二次世界大战结束时，近红外光谱仍未被人们所重视，因为在这一区域内谱带重叠严重，再加上样品中如有水分则会因为氢键的变化而使谱图不稳定。近红外光谱的低吸收系数又使其对仪器的噪声要求十分苛刻。在 20 世纪 50 年代以前，人们已对紫外、可见及中红外光谱仪做了大量的工作，而对近红外光谱仪只是偶然作为紫外可见光谱仪的一个延伸，并没有充分重视这一波段的应用，最早的透射式近红外光谱仪器是 Kay 等在 1950 年制作的。

已知 Karl Norris 是在 20 世纪 50 年代后期最先将近红外光谱技术用于农副产品分析的。由于当时商品仪器的噪声较大不适用，故 Norris 自己设计了一台仪器，其中也包括了消除天然产品光谱的干扰及定量计算方法上的考虑。所有近红外光谱仪从一开始就配有计算设备，只是初期计算机的运算速度和内存都无法与现在的计算机相比。在此设计的基础上，美国农业部门开始招标测定大豆中蛋白、油及水分含量的仪器。Diekey-John 公司生产了第一台商用近红外光谱仪，其中有 1 个卤钨光源、6 个高精度的干涉型滤光片及 1 个硫化铅检测器。测量样品必须预先干燥，使其水分含量小于 15%，然后样品经粉碎使其粒径小于 1mm，将处理好的样品装入一个带有石英窗的样品池中。在此之后，Neotec 公司设计了一台带有旋转滤光片的仪器用于谷物分析；上述两种仪器都采用模拟线路，使用均不方便。

20 世纪 70 年代中期，Technicon 公司与 Diekey-John 公司合作生产了一台近红外光谱分析仪（Analyzer 2.5），其中增加了防尘和仪器内部的温度控制设备，因而使仪器的稳定性，尤其是波长的稳定性得以提高，同时采用积分球测量参考物质及样品的积分信号。这样使两家公司从国家谷物检测中心（FGIS）得到了大量订单，并将近红外光谱作为确认的分析方法。可以看出，近红外光谱仪器的早期发展也是在竞争中实现的。早在 1985 年以前，许多专用的近红外光谱仪一直使用滤光片作为分光器件，光栅扫描或傅里叶变换的仪器则主要用于研究，如通过光谱扫描确定使用的波长位置，再选定滤光片。也有人选用发光二极管（light emitting diode, LED）这种窄带光源，但 LED 产生的光强在不同波长处不是线性的，会对后续的校正带来一定的困难。到 1984 年，已有 4~5 家制造厂商在欧洲和美国生产各种形式的仪器，大部分用于近红外漫反射分析。

目前，近红外光谱仪器的生产厂商已增加到几十家，所用的分光系统、检测系统方面都存在差异。有些近红外光谱分析仪则是针对某一特定的测试内容而设计的，如辛烷值分析仪、葡萄糖测定仪等。由于近红外光谱是一种不破坏样品的分析方法，非常适合于在线分析使用。在 20 世纪 70 年代初就有一些非接触式在线分析仪用于传送带上谷物、食品及饲料中水分含量的测定。目前，用于在线分析的近红外光谱仪器也已有很多公司生产，且大部分仪器都是基于光纤传输的。采谱方式已不限于漫反射，为配合近红外光谱分析快速的特点，近年来为减少样品预处理的时间，出现了各种采谱附件的应用。

## 二、计算技术的发展

近红外吸收及漫反射光谱谱带都很宽且重叠严重，这在早期限制了近红外光谱技术的应用。最早，Norris 对谷物的分析是采用单波长线性回归或多波长多元线性回归的方法得到定量结果的，但使用的波长数受到滤光片个数的限制，在有些测定中仍会出现较大的偏差。在近红外光谱技术发展的同时，欧洲的 Wold 和美国的 Kowalski 教授已于 20 世纪 70 年代开始了化学计量学（chemometrics）的研究，尤其是 Kowalski 教授在华盛顿大学领导的过程分析化学中心（CPAC）着重研究了分析仪器与化学过程自动化的联系。他们综合使用数学、统计学和计算机科学知识，研究从测定数据中提取信息，其中最重要的发展是因子分析技术的使用，也就是将大量的数据进行坐标转换以达到降维的目的。典型的应用如主成分分析（PCA），光谱数据经主成分分析，再与应变量回归求出校正系数（矩阵）。

在主成分回归的基础上，又发展了偏最小二乘法（PLS），该方法在对光谱矩阵进行降维处理的同时引入应变量的信息。目前，PLS 是近红外光谱分析中应用最广的计算方法，很多商品化软件中都包含这种建模方式。但当校正集样本中出现奇异点，或个别样品的性质范围已超出校正集样本的范围时，则可能出现较大偏差，因此人们开始寻找更可靠的模型建立方法，如稳健 PLS 方法在克服奇异点影响上有良好的效果。

由于有些应变量与光谱间的非线性关系，20 世纪 90 年代中期以来，非线性校正技术在光谱分析中的应用日渐增多，人工神经网络（ANN）在多元非线性校正技术中占有重要的地位，该技术在不少领域的应用中已取得了良好效果。近年来，则有更多的报道提出 PCA 或 PLS 与 ANN 相结合的建模方法，使计算速度得到了显著提高。如柴油闪点与光谱性质间的关联，即使在光谱受到外界因素扰动时仍然获得较好结果。

1994 年以来，采用基于"模式识别"方法提出的拓扑计算方法也有一定的适用性，其基本思想是比较未知样品的谱图与校正集样品谱图的差异，在校正集中寻找最相近的样品，求其性质的平均值即为未知样品的性质。

在定性分析中应用的模式识别方法随应用的需要也得到很快的发展，值得一提的是支持向量机（SVM）方法，它对小样本数、非线性和高维数据空间的模式识别有其特有的优越性。

为了使已有的数据库得到广泛应用，模型传递已成为化学计量学研究的热点之一，目前已取得了很好的结果。

为了使模型更稳健，模型建立前的光谱预处理方法也有很多研究结果，但最佳计算方法的选择将由分析对象及所处的环境决定。

### 三、应用领域的发展

前面已经一再提到，近红外光谱技术的发展是从在农产品中的应用开始的。100 多年来，人们注意到农产品的营养价值，因此发展了很多分析方法来确定其中营养物质的含量，但均耗时较长且费用较高。近红外光谱技术可以快速提供低成本的分析结果。农业工作者把"近红外光谱分析"称为 NIRA（near infrared spectroscopy analysis），最早的应用是农副产品中水分的测定，之后又用于谷物及饲料中的蛋白、水分、纤维、糖分及脂肪等项目的分析，都取得了较满意的结果。在农产品应用中大多采用漫反射光谱，近年来才开始有透射光谱的报道，因为农产品都是固体，近红外光经漫反射出来，可以有选择地被吸收一部分，进而获得被测物质中分子结构的信息。为了得到准确的结果，研究人员做了大量的标准物质。为了使已有的光谱数据用于以后的计算，专业人员编制了样品及谱图档案，并设法做到将同一个样品集用于世界各地。因此，在样品的选择、制备及数据的传递等方面也做了大量的工作。1977 年，Chtioμi 首先发表了第一篇采用 NIRA 测定烟草中尼古丁含量的论文，目前 NIRA 已广泛用于烟草中糖、水分、甲醇及总氮等含量的测定。

近年来又扩展到果品质量的检测，可以采用特殊的测样附件得到透射光谱，并取得了较好的定量结果。

近红外光谱在农产品领域中得到广泛应用后，目前在食品工业中也已成为不可或缺的质量检测手段，如肉类、食用油、奶制品、酒类、饮料和制糖工业中的中间及最终产品等。

近红外光谱在药物分析中的应用也是发展地十分迅速，目前对于$\beta$-内酰胺类抗生素、中间产品以及各种化学合成药的测定尤其是真伪药的检测都有报道，并且大多方法成为日常分析手段。

我国近十年来已报道了大量针对中草药质量控制的近红外光谱检测结果。制药工业中所用近红外光谱的标准方法已接近成熟。

至今，近红外光谱分析技术所涉及的领域越来越广。如林产品（木材）、矿石、天体科学、生命科学、医学及基础化学等领域都能有效得到各种化学或性质的信息。

近红外光谱分析也和其他分析技术一样，先是早期的基础工作，如各种基团在近红外区的吸收测定，然后在某一领域得到突破，并广泛使用，引起了仪器制造厂商的重视，经不断完善推广，逐步进入新的领域。随着应用的推广又进一步促进基础研究工作及仪器水平的提高，各种分析技术最终都可能成为官方确认的标准方法。目前，可能因为近红外光谱的发展应用历史尚短，除了农产品外，官方确认的应用近红外光谱分析的标准方法尚在酝酿中。但人们（尤其是在医药行业）正在做各种准备，如实验室结果的比较，验证仪器及方法的标准物质等，以便在必要时提出标准方法，及早为官方确认。

# 第二节　近红外光谱分析基础

近红外光谱分析是从近红外光谱中提取样品的信息。因此，研究和掌握近红外光谱技术首先必须研究和了解近红外光谱的产生机理、近红外光谱所包含的信息及特点、近红外光谱的常规分析技术及分析流程，才能正确理解和运用近红外分析技术提取样品的信息，完成建模分析及预测等工作。

## 一、近红外光谱产生机理

红外光区在可见光区和微波光区之间，波长范围为 $0.76 \sim 1000\mu m$，根据仪器技术和应用，习惯上又将红外光区分为三个区（表 17-1）：近红外光区（$0.76 \sim 2.5\mu m$）、中红外光区（$2.5 \sim 25\mu m$）和远红外光区（$25 \sim 1000\mu m$）。红外光可以引起分子振动能级之间的跃迁，产生红外光的吸收，形成光谱，在引起分子振动能级跃迁的同时不可避免地要引起分子转动能级之间的跃迁，故红外光谱又称为振-转光谱。

表 17-1　红外光谱区域划分

| 区域 | 波长/μm | 波数/cm$^{-1}$ | 能级跃迁 |
|---|---|---|---|
| 近红外光区 | 0.76~2.5 | 13158~4000 | N-H、O-H、C-H 倍频区 |
| 中红外光区 | 2.5~25 | 4000~400 | 振动转动 |
| 远红外光区 | 25~1000 | 400~10 | 转动 |

近红外光区的吸收带主要是由低能电子跃迁、含氢原子团（如 NHOHC）的伸缩振动的倍频及组合频吸收产生，该光区最重要的用途是可以对某些物质进行定量分析，广泛应用于农产品、石油等领域内对有机物质的检测。

中红外光区：绝大多数有机化合物和无机离子的基频吸收带出现在中红外区。由于基频振动是红外光谱中吸收最强的振动，所以该区最适于进行定性分析。目前在中红外吸收光谱区内积累了大量的数据资料，因此它是红外光区内应用最为广泛的光谱方法。

远红外光区：金属-有机键的吸收频率主要取决于金属原子和有机基团的类型，该区特别适合研究无机化合物。但是由于该区域能量弱，因此在使用上受到限制。但是分析仪器的不断更新升级，在很大程度上缓解了这个问题，使得该区域的应用研究开始逐渐受到关注。

## 二、近红外光谱特点

近红外光谱属于红外光谱，该谱区内的信息主要是若干个不同基频的倍频和合频谱带的合。近红外光谱具有以下特征。

1. 信息范围

近红外区的吸收主要是分子或原子振动基频在 2000nm 以上，即波长 500nm 以下的倍频或合频吸收，因此有机物近红外光谱主要包括 CHNHH 团的倍频与合频吸收带。

2. 信息量大

近红外光谱区除了有不同级别的倍频吸收之外，还包括许多不同组合形式的合频吸收，因此谱带复杂，信息丰富。

3. 信息强度弱

倍频与合频跃迁的概率比基频跃迁小得多，有机物在近红外区的摩尔吸光系数比中红外区小 1~2 个数量级，比紫外区小 2~4 个数量级。近红外区吸收强度低，一方面影响近红外分析的检测限，另一方面样品可以不经过稀释或处理即可直接进行分析。

4. 谱峰重叠

由于分子的倍频尤其是合频吸收的组合方式很多，在同一谱区中各种不同分子或同一分子的多种基团都会产生吸收，再加上近红外区的范围比中红外区小得多、谱带宽而复杂，因此近红外区的谱带严重重叠，难以用常规方法解析图谱。

通常红外吸收带的波长位置与吸收谱带的强度反映了分子结构上的特点，可以用来鉴定未知物的结构组成或确定其化学基团；而吸收谱带的吸收强度与分子组成或化学基团的含量有关，可用以进行定量分析和纯度鉴定。但是近红外光谱有其自身的特点：光谱谱峰重叠，信号强度弱，且主要是以含 H 基团信息为主，则在应用近红外光谱法检测时，检测对象主要只是含 H 基团的有机物，如农产品、食品、石油等的定性和定量分析检测，进行近红外光谱分析时必须采用化学计量学方法进行信息提取和挖掘，但是由于近红外光谱分析特征性强，液体、固体样品都可测定，并具有样品用量少，分析速度快，不破坏样品的特点。因此，近红外光谱分析法与其他许多分析方法一样，能进行定性和定量分析，而无损、快速、多组分和绿色的检测特点才是近红外光谱分析法的最大特色。

### 三、影响比尔定律偏离的主要因素

1. 非单色光引起的偏离

从理论上来说，比尔定律只适用于单色光，但在实际工作中并非如此，因为绝对不可能从光学分析仪器上得到真正的单色光，而只能是波长范围很窄的光谱带。因此，进入被测试样的光仍为在一定波段内的复合光。由于物质对不同波长的光具有不同的吸光程度，故在实际工作中即使应用很高级的分光光度计、采用很窄的狭缝宽度（用波段很窄的复合光照射样品），仍会产生比尔定律偏离的现象。对非单一波长的入射光，吸光度与被测试样浓度不可能真正成直线关系，因而产生了比尔定律偏离。

2. 化学因素引起的偏离

从理论上讲，比尔定律只能适用于均匀、相互独立、无相互作用的吸收粒子体系，但在实际工作中并非如此。试样在测定过程中，经常会发生缔合、离解、电离、溶剂作用产生同形异构体和组成新的络合物等化学变化，从而使吸收粒子及其相互间的平均距离发生变化，以致每个粒子都可影响其邻近粒子的电荷分布，这种相互作用可使它们的吸光能力发生改变，以致影响比尔定律的准确性，即产生比尔定律的偏离。

3. 杂散光引起的偏离

实践证明，杂散光是引起比尔定律偏离的主要因素之一。因为吸光物质由许多粒子组成，这些粒子会对入射光产生散射，并且随着浓度的增大，这些散射光强度会不断加强，降低透射光强度，使被测试样的吸光度增大，从而引起比耳定律偏离。由于仪器本身的光学系统（特别是光栅）会产生杂散光，使得分析测试的吸光度减小，以致引起比尔定律的偏离。不少物质在光的照射下会产生发光现象或产生荧光，这也会严重导致比尔定律的偏离。

4. 其他因素引起的偏离

除以上因素外，测定时的温度也可引起比尔定律的偏离；还有压力、光学传感器的非线性等都可引起比尔定律的偏离。

近红外光谱分析技术用于物质的定性或定量检测，在理论上是可行的。但是近红外光谱区谱峰重叠非常严重，谱峰比较宽，谱区的可解析性很差，一般很难确定某一组分所对应的特征谱峰，进行定量分析是很困难的。

随着计算机技术的发展，诞生了化学计量学这一门新学科，它将数学的、统计的、信息的分析方法引入到分析测试领域。化学计量学中的多元统计分析方法，使得近红外光谱分析可以利用全谱分析技术，避免了解析谱区的困难。

## 四、近红外光谱常规分析技术

近红外光谱分析技术是利用近红外谱区包含的物质信息，主要用于有机物质定性和定量分析的一种分析技术。近红外光谱的常规分析技术有透射光谱（near infrared transmitta spectroscopy，NITS）和漫反射光谱（near infrared diffuse reflectance spectroscopy，NIRDRS）两大类。其中，NIRDRS 是根据反射与入射光强度的比例关系来获得物质在近红外区的吸收光谱。NITS 则是根据透射与入射光强度的比例关系来获得物质在近红外区的吸收光谱。一般情况下，比较均匀透明的液体选用透射光谱法。固体样品（粉末或颗粒）在长波近红外区一般选用漫反射工作方式，在短波近红外区也可以选用透射工作方式。

1. 近红外光谱分析具有如下优势

（1）测试简单，无烦琐的前处理和化学反应过程。

（2）测试速度快，测试过程大多可以在一分钟之内完成，大大缩短测试周期。

（3）测试效率提高，对测试人员无专业化要求，且单人可完成多个化学指标的大量测试。

（4）测试过程无污染，检测成本低。

（5）测试精度不断提高，随着模型中优秀数据的积累，模型不断优化，重复性好。

（6）适用的样品范围广，通过相应的测样器件可以直接测量液体、固体、半固体和胶状体等不同物态的样品，光谱测量方便。

（7）对样品无损伤，可以在活体分析和医药临床领域广泛应用。

（8）近红外光在普通光纤中具有良好的传输特性，便于实现在线分析。

2. 近红外光谱分析也有其固有的弱点

（1）物质在近红外区吸收弱，灵敏度较低。

（2）建模工作难度大，需要有经验的专业人员、来源丰富的和有代表性的样品，并配备精确的化学分析手段。

（3）每一种模型只能适应一定的时间和空间范围，因此需要不断对模型进行维护，用户的技术会影响模型的使用效果。

（4）需要用标样进行校正对比。

物质对红外线的吸收，除极少数例外，都是由结合键联结的两个原子间简正伸缩振动的谐波或结合振动的吸收引起的，其中大部分都与物质中的氢原子的简正伸缩振动有直线相关关系。近红外测量原理如图 17-1 所示。

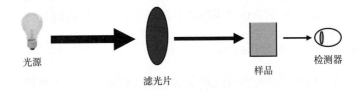

光源　　　　　　　　滤光片　　　　样品　　　检测器

**图 17-1　近红外测量原理**

近红外光谱分析技术是利用近红外光谱区包含的物质信息对有机物质定性和定量分析的一种分析技术。近红外光谱的常规分析技术有透射光谱（NITS）和漫反射光谱（NIRDRS）两大类。其中，NIRDRS 是根据反射与入射光强度的比例关系来获得物质在近红外区的吸收光谱；NITS 则是根据透射与入射光强度的比例关系来获得物质在近红外区的吸收光谱。一般情况下，比较均匀透明的液体选用透射光谱法，固体样品（粉末或颗粒）在长波近红外区一般选用漫反射工作方式，在短波近红外区也可以选用透射工作方式。

3. 漫反射检测

一般情况下，固体样品（粉末或颗粒）在长波近红外区适合用漫反射，样品在长波近红外区的摩尔吸光系数较大，吸收较强，光的穿透力较弱。如果仪器的工作谱区是长波近红外区，一般可以选用漫反射的工作方式，漫反射工作方式的检测器与光源同侧，检测的是样品的漫反射光，其检测的原理是：波长比样品颗粒直径小得多的近红外光照射到样品上，样品作为漫反射体存在，漫反射体与光的相互作用主要有光的全反射、散射、吸收和透射等几种形式，如图 17-2 所示。因全反射会全部反射样品的内部信息，在检测时应尽量避免，常用的方法是让检测器与入射光之间成一定夹角（如 45°），使其检测不到镜面反射光，即镜面反射不会影响测定；样品无限厚时透射光可忽略；漫反射光的强度取决于样品对光的吸收及样品物理状态决定的散射；这样，近红外漫反射光谱定量分析可以只考虑样品对光的吸收、散射和漫反射。在漫反射过程中，分析光与样品表面或内部的作用。光传播方向不断变化，最终携带样品信息又反射出样品表面，然后由检测器进行检测，这是固体样品中最常见的一种测试方式。图 17-3 所示为漫反射型光纤器件，它由多根光纤集束而成，这种光纤的传输距离短，一般不宜超过 3m。

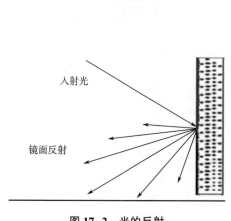

图 17-2　光的反射

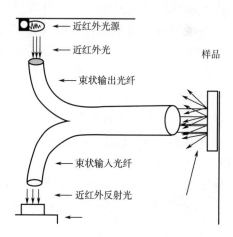

图 17-3　漫反射型光纤器件

4. 透射检测

（1）液体样品透射分析法。

透射分析除了可用一般的透射式样品池外，还可以采用光纤探头，图 17-4 为流通池型透射示意图，探头前方开窗作为液体样品池，如果仪器工作在长波近红外区，窗体应开得较窄，如果仪器工作在短波近红外区，窗体要开得较宽。工作时，入射光通过导入光纤照射到液体样品上，透射光经过出射光纤进入检测器检测。

图 17-4　流通池型透射示意图

（2）固体样品透射分析法。

样品对短波近红外光（800～1100nm）吸收较弱，近红外光可以直接穿透某些固体样品，取得样品深层的信息，所以某些固体样品在短波近红外区也适合用透射分析方法，尤其是对体型较大的样品，如苹果、梨、柑橘等。

### 五、近红外光谱分析流程

近红外光谱分析用于品质检测的一般流程通常分为两部分：建模与预测。

光谱校正模型的建立。建立校正模型的流程如图17-5所示，首先选取一定数量的样品，采用标准化学方法测量出样品的组分浓度化学值（又称为标准值），并选用光谱仪测量出样品的近红外光谱信号；再运用各种定性分析方法（如聚类等）剔除异常样品后，把这些样品分为校正集和预测集，通过校正集的光谱信号（须经过预处理）和浓度值（也须经过预处理）的关系，利用各种多元校正方法，如多元线性回归（MLR）、主成分回归（PCR）、偏最小二乘法（PLS）、人工神经网络（ANN）等，建立校正模型；进一步通过预测集的光谱信号（需经过校正集光谱信号相同的预处理方法）和建立的校正模型预测出对应的组分浓度化学值来检验校正模型，如果预测误差在允许范围内，就输出校正模型；否则，重新划分校正集和预测集，再次建立校正模型，直到校正模型满足要求为止。

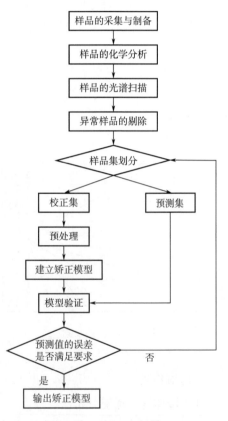

图 17-5  校正模型的流程

未知样品的组分浓度预测：未知样品组分浓度预测的流程如图17-6所示，首先在相同条件下测量未知样品的近红外光谱信号，并采用建模时相同的预处理算法；其次选择适当的校正模型，并进行模型适应度检验；根据该模型和未知样品的近红外光谱信号预测出未知样品组分浓度值。

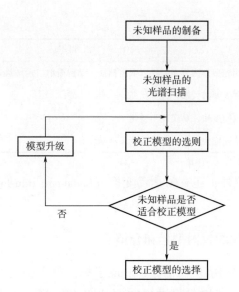

图 17-6　近红外未知样品预测流程图

# 第三节　近红外光谱仪

近红外波段光波相比中红外波段较短，能量更高，光穿透能力和散射能力更强，这些特点为近红外仪器的迅猛发展带来很大的便利。近红外（NIR）光谱仪是一种能够采用少量制备样本进行饲料、食用油、药品、食品、纺织、化工等的检测。近红外光谱仪一般提供的检测区域为 $12500 \sim 4000 \mathrm{cm}^{-1}$（$800 \sim 2500 \mathrm{nm}$），也有部分仪器为了扩大使用功能，检测区域包括可见波段，称为可见近红外光谱仪。

## 一、近红外光谱仪的分类

近红外光谱仪依据分光系统可分为固定波长滤光片、光栅色散、快速傅里叶变换、声光可调滤光器和阵列检测 5 种类型，这 5 种类型近红外光谱仪的特点见表 17-2。

表 17-2　不同分光系统的近红外光谱仪的特点

| 类型 | 特点 |
|---|---|
| 滤光片型 | 采用干涉滤光片分光，采样速度快、体积小、适用于专用分析仪器、制造成本低、适于推广 |

续表

| 类型 | 特点 |
| --- | --- |
| 光栅色散型 | 采用光栅作为分光元件，全谱扫描、结构简单、容易制造 |
| 阵列检测型 | 常用于便携仪器，性价比高 |
| AOTF | 扫描速度快、易实现小型化 |
| FT-IR（NIR） | 扫描速度快、分辨率高、波长准确度好 |

除上述 5 种光谱仪外，还有阿达玛变换（hadamard transform，HT）、多通道傅里叶变换光谱仪等。

## 二、近红外光谱仪的仪器型号和介绍

经过 50 多年的发展历程，市场上出现了越来越多的近红外光谱仪，大致可以分为实验室光谱仪、便携式光谱仪和在线光谱仪等。实验室光谱仪安装在室内，要求室内应具备一定的环境条件，如温度、湿度、电源等。便携式光谱仪由于具有集成度高、体积小、结构坚固、适用范围较广等特点，已经被广泛应用于农业、制药、高分子等行业分散的分析现场。光纤技术与近红外技术结合必然使得近红外在线检测技术广泛应用于农产品及其他各个领域，并为今后开发成熟的在线检测装备奠定基础。表 17-3 列举了部分实验室光谱仪与便携式光谱仪的型号。

表 17-3    近红外光谱仪仪器型号介绍

| 类型 | 型号 |
| --- | --- |
| 实验室 | 通用型 Spectrum 400、Antaris™-FT-NIR、LabSpec 4<br>专用型 Foss NIR Systems 5000 |
| 便携式 | SupNIR-1000 系列、Spectra Star、ASD Handheld Field Spec、Luminar 5030、Matrix 系列（车载）、Antaris 系列（现场分析）等 |

在线近红外光谱系统有 3 种测量方式：侧线在线（on-line）、线内/原位在线（in-line）和非侵入式在线（non-invasive-line）。在线近红外光谱系统一般由取样系统、预处理系统、光谱仪、测量附件、数据通信模块及根据实际工作要求配备的辅助设备等组成。下面是典型的仪器型号介绍。

便携式可见短波近红外光谱 ASD Halo 手持式矿物光谱仪（图 17-7）具有携带方便、操作简单、适合野外使用的特点，已经被广泛应用于食品和农产品的品质检测、农作物的长势监测、遥感测量、工业照明测量、矿物勘察、海洋学研究等各个方面。

仪器的主要相关参数如下。光谱检测波长区域：350~2500nm；光谱采样间隔：1nm；尺寸是775px（长）×250px（宽）×750px（高）；带电池重量是2.5kg（5.5lbs）不带电池重量是2.0kg（4.31lbs）。

Halo可识别矿物范围：几乎所有矿物都存在红外吸收特性，但等轴晶体系一级不含羟基矿物的红外特性较弱，难以识别，如石英、黄铁矿、萤石、闪锌矿、方铅矿。

图17-7　ASD Halo手持式矿物光谱仪

多波段光谱辐射仪：可用于监测农作物的冠层生长状况和早期的产量评估，有利于为国家的发展策略的制定奠定科学基础。基于不同物质能够通过测量波长辐射的吸收、反射而获得，利用遥感技术对作物营养状况和生长进行快诊断和实施监测，然后进行基于作物光谱特征的精准变量施肥是精准农业的研究热点。Cropscan多光谱辐射仪的750~900nm的近红外波段可用于探测和评估植物叶片的程度。长波段则可用于估测植物的生物化学成分，该系列仪器可用于检测除草剂的效果、土壤改善和肥力、灌溉日程安排等的研究。图17-8为Cropscan系列RR多光谱辐射仪。Cropscan MSR16R多光谱辐射仪包括辐射计、数据记录器、手持终端、伸长杆（可伸长到3.2m）、安装硬件、内存卡、AC适配器及充电器、电缆/适配器等。

图17-8多光谱辐射仪有116个波段的1~16个波段的任意选择，基本覆盖了植物光谱中特征较为明显的范围。MSR16R多光谱辐射仪采用上、下双通道传感器设计，分别接受太阳光直射和作物反射光照，因此，检测现场不需要标定。

Cropscan MSR16R多光谱辐射仪的参数指标如下。中心波长：470~1700nm；波段宽：窄波段（-100nm）到宽波段（-300nm）；反射率区间：0~100%；分辨

图17-8　多波段光谱辐射仪

率：0.06%；检波器：发光二极管；尺寸：80cm×80cm×100cm。

双向反射光谱获取系统：植物叶片表面比较粗糙，相对于纳米级可见光或近红外光波段，不会发生单一理想镜面反射或均匀的漫反射。光的反射和透射具有方向性，在各个方向上分布不均匀，光学特性比较复杂，因此，获取植物叶片双向反射特性分布是研究叶片光学特性的基础。对植物叶片光学特性的研究主要是研究叶片双向反射的规律性，而植物叶片光学特性的研究离不开获取植物叶片双向反射的装置。

## 三、近红外光谱仪器的基本结构

近红外光谱仪器一般由光源、分光系统、检测器、测样器件、数据处理及显示系统等部分组成。其大致工作原理为：光源发出的光经分光系统分为单色光，单色光与样品室的被测物体作用后，一部分被吸收，一部分被透射，还有一部分被反射。经过透射或反射检测器就可得到被测物体的透射或漫反射吸收光谱，经数据处理后的光谱数据可以显示或打印的方式记录下来。整个过程是由控制系统来控制的，控制系统是由微处理器或计算机来完成的。

1. 光源系统

对近红外光谱仪器光源系统的基本要求是在整个测量谱区内要有足够的强度和良好的稳定性，以保证仪器有比较低的信噪比。光源的发光范围决定了仪器的波长范围，在近红外光谱仪器中常用的光源为溴钨灯，如图 17-9 所示。一般来说，对光源系统最关键的是要解决好以下两个问题：第一是光源的稳定性，在近红外光谱仪器中主要是通过高性能的能量监控和可靠稳定的电路系统来实现的；第二是由于光源在近红外区域内各波长下辐射出的能量不一致，因此存在低波长的辐射影响样品对近红外光的吸收，解决此问题的方法是在光源和分光系统中间增加滤光片，通过滤光片来过滤杂散光或其他光对近红外光的影响。近年来，普通发光二极管（图 17-10），因其功耗低、性能稳定、寿命长、容易调制和控制等优点已被应用于近红外光谱仪的光源，尤其是在一些便携式的光谱仪器中。

图 17-9　溴钨灯

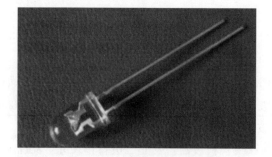

图 17-10　普通发光二极管

2. 分光系统

分光系统关系到近红外光谱仪器波长的准确性和重复性，以及近红外光谱仪的分辨率，是近红外光谱仪器的核心，其主要作用是将光源发出的连续光转变为单色光。对分光系统的要求是获得的单色光波长准确，单色性好。根据其分光方式的不同，近红外光谱仪的分光系统主要有以下几种方式：滤光片、光栅、傅里叶变换和声光可调滤光等。

滤光片型的分光系统一般采用干涉滤光片（图17-11）作为分光器，这种滤光片价格低、仪器设计简单，比较适合于一些便携式仪器，但此滤光片的峰值、带宽以及透射率等参数易受温度、湿度等的影响。

光栅（图17-12）是利用机械刻划或全息原理形成周期性变化的空间结构，不同波长的光通过光栅时，因衍射和多光束干涉而色散。光栅是目前光栅型分光系统主要采用的分光器件，是近红外光谱仪分光系统中占用比例比较大的一类分光器件。光栅分光系统结合多通道检测，为近红外光谱技术的普及与推广做出了比较大的贡献。

傅里叶变换分光系统是由迈克逊干涉仪（图17-13）和数据处理系统组合而成，迈克逊干涉仪是一种利用分割光波振幅的方法实现干涉的精密光学仪器。这类仪器信噪比高、扫描速度快、波长精度和分辨率都很高，因此是教学科研研究的首选。

声光可调滤光分光系统（图17-14）是根据声光衍射原理制成的，由晶体和镶合在其上的电声转换器构成。电声转换器的作用是将高频电信号转换为超声波振动，超声波等产生了空间周期性的调制，其作用就像衍射光栅，当入射光照射到此光栅后将产生布拉格衍射，其衍射光的波长与高频驱动电信号的频率有着对应关系，因此只要改变驱动电信号的频率，就可改变衍射的波长，进而达到分光的目的。由于此系统采用的是声光调控，减少了仪器内可移动的机械部件，且其扫描速度快，波长精度和重现性较好，因此也是人们现在首选的仪器之一。

图17-11 干涉滤光片

图17-12 光栅

图 17-13　迈克逊干涉仪

图 17-14　声光可调滤光分光系统

3. 检测器

检测器一般由光敏元件构成，其作用是将光信号转变为电信号，并通过模数转换器以数字信号形式输出。光敏元件的材料决定了仪器检测波长的范围。常用的光敏材料主要有：Si，其检测波长范围为 700~1100nm；Ge，其检测波长范围为 700~1100nm；PbS，其检测波长范围为 750~2500nm；InSb，其检测波长范围为 1000~5000nm；InAs，其检测波长范围为 800~2500nm；InGaAs，其检测波长范围为 800~2500nm。短波区域多采用硅检测器，长波区域多采用 PbS 或 InGaAs 检测器。InGaAs 检测器的响应速度快，信噪比和灵敏度高，但价格比较贵；PbS 检测器的价格比较便宜，但响应的非线性比较严重。

4. 测样器件

测样器件是指承载样品或与样品作用的器件。测样器件随检测方法的不同有较大的差异，如液体样品池一般选用玻璃或石英样品池，其检测方式一般以透射或漫透射为主，所以其采用的探测器一般主要以透射式探头为主。透射式探头由入射光纤和出射光纤构成，探头的光纤芯既可采用单根也可采用多根；固体样品一般是采用漫反射检测为主，因此一般选用特定的漫反射器件作为承载器件，其检测探头采用漫反射探头，漫反射探头也是由入射光纤和出射光纤构成，探头的光纤由多根光纤集束而成，一般传输距离比较短。

此外，积分球作为漫反射测样器件，使得漫反射检测的分析水平有了很大的提高。积分球的主要工作原理为：当光照射到样品上时，被样品漫反射的光经球体内部多次反射，最终会有绝大多数的光进入检测器被接收。积分球作为测样器件的优点在于：可以收集大部分的分析光，可大大增加信号的强度，提高信噪比；可消除由光反射、散射等造成的干扰，使得仪器更加稳定可靠；降低了由于样品本身物理特性或检测方法等对测量结果的影响，使得测量的重复性有所提高。

## 四、数据处理及显示系统

数据处理主要由计算机和相应的数据处理软件来完成，具体包括光谱数据的谱图预处理、数据的定性和定量分析。由于近红外区域的谱峰特征信息不明显，因此数据处理是近红外光谱仪器后台处理的关键部件。常用的谱图预处理方法有光谱平滑、光谱导数和散射校正等；定性分析方法有马氏距离判别分析、主成分分析等；定量分析方法有多元线性回归、偏最小二乘回归分析、主成分回归分析、神经网络和支持向量机等。

显示系统主要完成被测样品谱图或测量结果的显示。

## 五、近红外光谱仪器的性能分析

近红外光谱仪器的主要性能指标有范围、分辨率、采样间隔、扫描速度、重现性、准确性、信噪比、杂散光和软件功能等。

1. 范围

范围包括波长范围和吸光度范围。波长范围是指仪器所能检测到的有效光谱范围，近红外光谱仪器的波长范围通常分为两段：700~1100nm 为短波近红外区域，1100~2500nm 为长波近红外区域。短波近红外区域的光透射性强、吸光系数小，且该区域的信息量相对少，当测量复杂体系中含量比较低的组分时精度可能会下降，此外受颜色吸收的影响，短波近红外不适合颜色较深样品的分析。长波近红外区域信息丰富，且吸收波带的重叠没有短波区严重，因此可以进行漫反射、透射和漫透射等方式的检测，但仪器价格昂贵，适合于科研分析。吸光度范围是指仪器测得的可用的最高吸光度与能检测到的最低吸光度之比。吸光度范围越大，可用于检测样品的线性范围也越大。

2. 分辨率

分辨率是指仪器区分两个相邻吸收峰的能力，一般用光谱带宽来表示。光谱的分辨率主要由光谱仪器的分光系统决定。分光系统的光谱带宽越窄，其分辨率越高。多通道检测器的仪器分辨率与仪器的像素有关；对光栅分光仪器而言，分辨率的大小与狭缝设计有关。由于近红外区域的吸收峰重叠比较严重，因此对近红外光谱仪的分辨率要求不高，一般要求仪器的分辨率比测量峰宽小 10 倍左右，但对于结构特征十分相近的复杂样品，若要得到准确的分析结果，就要对仪器的分辨率提出一定的要求。也就是说对仪器分辨率的要求跟被测物体有关。

3. 采样间隔

采样间隔是指连续记录的两个光谱信号间的波长差。采样间隔越小，数据量越大，样品信息越丰富，但光谱存储空间也越大；采样间隔过大则有可能丢失样品信息。较合适的数据采样间隔应当小于仪器的分辨率。

4. 扫描速度

扫描速度是指在一定的波长范围内完成一次扫描所需的时间。仪器设计方式的不同，其扫描速度差别很大，如传统的光栅扫描型仪器，其扫描速度相对比较慢，电耦合器件多通道近红外光谱仪器的扫描速度相对较快，完成一次扫描的时间只需20ms。一般情况下，如果获得的光谱图能够清晰反映所需的被测信息，就没必要一味地追求增加扫描速度，如目前的傅里叶变换红外光谱仪扫描几分钟就可以得到很好的信噪比。但是，近红外光谱仪往往被用于实时、在线检测，分析样品的数量很多，如果扫描速度过慢，就不能满足其实时在线检测的目的。因此，对于扫描速度的确定应考虑综合因素后取其最佳值。

5. 重现性

重现性主要体现在波长的重现性和吸光度的重现性。波长的重现性是指在其他条件确定的条件下，对同一被测样品进行多次扫描，谱峰位置间的差异，一般用多次测量某一谱峰位置所得波长（nm）或波数（cm$^{-1}$）的标准偏差表示。波长重现性是体现仪器稳定性的一个重要指标，对校正模型的建立和模型的传递都有较大的影响，同时也会影响到最终分析结果的准确性。一般仪器波长的重现性应好于0.1nm。吸光度的重现性是指在其他条件确定的条件下，对同一被测样品进行多次扫描，各扫描点下不同次测量吸光度之间的差异，通常用多次测量某一谱峰位置所得吸光度的标准偏差表示。吸光度重现性对近红外检测来说也是一个很重要的指标。一般吸光度重现性应在0.001~0.0004A。

6. 准确性

准确性同样体现在光谱仪器波长的准确性和吸光度的准确性。光谱仪器波长的准确性是指仪器测定标准物质某一谱峰的波长与该谱峰的标定波长之差。近红外分析的主要目的是通过已知化学值的标准样品建立模型来预测待分析样品，如果波长准确度不能保证，则数据就会因波长的平移而出现偏差，进而影响到分析结果。此外，波长的准确性对近红外光谱仪器间的模型传递非常重要。波长的准确性在短波近红外范围要求好于0.5nm，长波近红外范围好于1.5nm。吸光度准确性是指仪器对某标准物质进行透射或漫反射测量，测量的吸光度值与该物质标定值之差。

7. 信噪比

信噪比是指样品吸光度与仪器吸光度噪声的比值。仪器吸光度噪声是指在一定的测量条件下，在确定的波长范围内对样品进行多次测量，得到光谱吸光度的标准差。仪器的噪声主要包括光源的稳定性、工作环境、检测器产生的噪声等。信噪比直接影响到分析结果的准确性和精确性，这是因为近红外光谱检测其主要工作是弱信号提取，即在很强的背景信号下提取弱信号，然后对其进行分析得到分析结果，所以要保证其精度必须要求近红外光谱仪器有较强的信噪比。

8. 杂散光

杂散光是指除要求的分析光外，被检测器检测到的光量总和。杂散光主要是由光学器件表面的缺陷、机械部件设计不良或表面处理不恰当等引起的，杂散光对仪器的噪声、基线及光比谱的稳定性均有影响。

9. 软件功能

软件部分是近红外光谱检测的主要组成部分，近红外光谱仪器的软件部分主要包括两部分，一部分是对仪器整个协调能力进行控制的控制软件，如光谱数据的采集；另一部分是数据处理软件，数据处理是近红外光谱检测的核心和主要内容，数据处理软件可分为谱图数据预处理、定性处理和定量处理。一些好的数据软件有比较好的数据处理方法，以达到更准确提供样品信息的目的。

# 第四节　近红外光谱的定性与定量分析

## 一、近红外光谱的定性分析

### （一）近红外光谱定性分析过程与规范

与红外光谱定性分析不同，近红外光谱定性分析很少用于化合物的鉴别，而主要用于物质的聚类分析和判别分析。近红外光谱定性分析是用已知类别的样品建立近红外光谱定性模型，然后用该模型考察未知样品是否是该类物质。由于近红外光谱对微量物质不敏感，因此如果微量物质的存在影响物质分类，在这种情况下，很难用近红外光谱分析方法进行定性分析。在使用近红外光谱分析方法进行定性分析时，需要考虑到这种可能性，并考察在这种情况下是否能采用近红外光谱分析方法进行定性分析。

近红外光谱定性分析的主要过程是：

（1）采集已知类别样品的光谱。

（2）用一定的数学方法处理上述光谱，生成定性判据。

（3）用该定性判据判断未知样品属于哪类物质。

从上述过程可以看出，近红外光谱定性分析依赖于光谱的重复性，包括吸光度和波长的重复性。另外，和定量分析一样，它也要求未知样品和校正集样品的处理方式与采谱过程完全一样，这样才能保证分析的准确性。

近红外光谱定性分析的基本原理是：近红外光谱或其压缩的变量（如主成分）组成一个多维的变量空间，同类物质在该多维空间位于相近的位置；未知样品的分析过程就是考察其光谱是否位于某类物质所在的空间。近红外光谱定性分析常遇到的问题是：在多维变量空间中，不同类样品不能完全分开（说明不同类样品的谱图差别不大）；训练时不同类型样品的变化没有足够的代表性（说明训练集样品的数目或变化范围不够）；不能检测微量物质。

为了避免上述问题的影响，近红外光谱定性分析分为三步：

（1）训练过程。

采集已知样品的光谱，然后用一定数学方法识别不同类型的物质。

（2）验证过程。用不在训练集中的样品考察模型能否正确识别样品类型。

（3）使用阶段。采集未知样品的光谱，将它与已知样品的光谱进行比较，判断其属于哪类物质。另外，如果未知样品和模型中的所有物质都不相似，模型也能给出这方面的信息。

在近红外光谱定性分析中要注意未知样品的测定和处理过程必须和训练集样品完全相同，包括液体样品是否使用溶剂，光程必须一致，固体样品研磨方式、颗粒度等都必须一致。

比较常用的定性分析方法有聚类分析（clustering methods）、判别分析、主成分分析（principle component analysis，PCA）、独立因子分析（independent component analysis，ICA）和人工神经网络（artificial neural network，ANN）等。聚类分析是依据一种事先选定的相似性或非相似性（如距离）来度量类在分类空间中的距离，再根据谱系图决定分类结果的一种分析方法；判别分析是在筛选变量的基础上建立线性判别模型，筛选是通过检验逐步进行的，每一步选取满足指定水平最显著的变量，并剔除因新变量的引入而变得不显著的原引入变量，直到不能引入也不能剔除变量为止；主成分分析是一种简化数据结构、突出主要矛盾的多变量统计分类方法，利用主成分分析可以降低数据的维数，根据主因子得分对样品进行分类；人工神经网络作为一种智能型算法，具有良好的自组织、自学习和处理复杂非线性问题的能力，因而对于复杂的、非线性的体系，可取得更好的效果，已被用于许多领域。

**（二）近红外光谱定性分析的应用**

在定性分析中，近红外光谱采用了模式识别与聚类等一些算法，其用途主要是鉴定，即物质的定性判别，也就是通过比较未知样品与已知参考样品集的光谱来确定未知物的归属。

目前近红外光谱定性分析主要应用于茶叶、烟叶、谷物、药材等农作物的种类、产地、真伪、品质等级的定性分类。此外，还包括石油化工领域的原油鉴别及医疗领域的疾病诊断等。用近红外光谱技术代替传统的基于感官鉴别和电子鼻、电子舌等分类技术，能得到更加快速、准确、可靠的分类结果。

## 二、定量分析

### （一）近红外光谱定量分析过程

与常用的化学分析方法不同，近红外定量分析是一种间接分析技术，即用统计的方法或化学计量学方法在样品待测属性值与近红外光谱数据之间建立一定的关联模型或校正模型（calibraton model），然后利用该模型对未知样品的待测属性进行定量预测。因此，在对未知样品进行分析之前需要搜集一批样品，建立该样品待测属性值与近红外光谱数据之间的定量模型，称该样本集为校正集样本（calibration sample）或训练集样本。校正集样本的待测属性值如样品浓度或性质通常采用标准或传统方法进行测定，近红外预测的准确性与传统方法测定的准确性和精度有关，因此对传统方法测量的准确性和精度要求特别严格。

近红外定量分析的过程可分为以下几个步骤。

（1）选择具有代表性的样本作为校正集样本，建立校正模型，即根据校正集样本的光谱和浓度信息建立数学关系。校正集样本的选择是这一步的关键。一般要求校正集样本的组成应包含所有样品（包括验证集样本和预测集样本）所包含的化学组分，且校正集样本的浓度变化范围应大于预测集样本的浓度变化范围，此外还要求校正集样本中应具有足够的样本数来建立其与近红外光谱之间的数学关系。

（2）对所建模型的验证。近红外光谱分析要求在建模之后进行模型验证以确保模型的可用性。模型验证的主要任务是采用模型对一组已知参考值（浓度信息）的样本进行预测，然后将预测结果与参考值进行统计比较。对于验证集样本的选择同样要求包含所有样本的化学组分，且其变化范围与待测样本相同，同时对样本数量也有一定要求，即要有足够的数量进行统计检验。

（3）模型的使用，即采集未知样本的光谱，根据所建立的定量模型，预测未知样本的组分信息。

常用的定量校正方法有：多元线性回归（multiple linear regression，MLR）、主成分回归（principle component regression，PCR）、偏最小二乘回归（partial least square，PLS）、拓扑学方法（topology）和人工神经网络（artificial neural network，ANN）等。多元线性回归的基本思想是，逐个选入对输出结果有显著影响的变量，每选入一个新变量后，对选入的各变量逐个进行显著性检验，并剔除不显著变量。如此反复选入、检验、剔除，直至无法剔除且无法选入为止；主成分回归是通过有效地选择仅与被测组分或性质有关的特征向量参加回归运算，排除光谱中包含的噪声，进而达到提高模型预测精度的一种定量分析方法；偏最小二乘回归是目前应用最多的定量分析方法，该方法是将因子分析和回归分析相结合的方法，PLS 通过因子分析首先将光谱数据（多维空间数据，维数相当于波长数目）分解为多种主成分光谱，不同近红外光谱的主成分分别代表不同组分和因素对光谱的贡献率，通过主成分的合理选取，去掉代表干扰组分和干扰因素的主成分，仅选取有用的主成分参与质量参数的回归。以上三种方法主要用于样品的质量参数与变量间呈线性关系的关联。拓扑学方法是近代发展起来的一个数学分支，主要用来研究各种"空间"在连续性的变化下不变的性质。拓扑学方法和人工神经网络方法等常用于非线性关系的关联。近年来，还有将人工神经网络和偏最小二乘回归方法结合使用，以改善数据关联的能力。

### （二）近红外光谱定量分析的应用

定量分析也需要知道参考样品的组成或性质的数据，运用合适的化学计量学方法建立校正模型，定量分析是通过将未知样品的光谱图与建立的校正模型进行比较来实现的，其实这是一种间接分析。

### （三）近红外分析方法的误差来源及解决措施

近红外分析方法的误差来源共分为四类：光谱测量误差、采样误差、矫正误差和分析误差。表 17-4 列出了可能的误差来源及相应的解决措施。

表 17-4　近红外分析方法的误差来源及解决措施

| 误差类型 | 误差来源 | 解决方案 |
|---|---|---|
| 光谱测量误差 | 仪器性能变差 | 定期检测仪器性能的变化 |
| | | 采用质量控制样品检测仪器性能 |
| | 光谱吸收超过仪器线性响应范围 | 测定仪器线性响应范围 |
| | | 选择光谱吸收没有超过仪器线性响应范围的光谱区间进行校正 |
| | 光学元件污染 | 检查窗口等部件，清除污染 |
| 采样误差 | 样品不均匀 | 在样品制备过程中改进样品混合方式 |
| | | 研磨样品使颗粒度小于 $40\mu m$ |
| | | 多次装样测定，结果取平均 |
| | | 旋转样品 |
| | | 从大体积样品中取多个部分进行测量 |
| | 样品的化学性质随时间变化 | 冷冻干燥保存样品，在样品制备完毕后立刻进行测量和分析 |
| | 液体样品有气泡 | 检查样品压力要求 |
| | | 引入样品时要注意样品池内的流体状态 |

续表

| 误差类型 | 误差来源 | 解决方案 |
|---|---|---|
| 校正误差 | 光谱对要建模的浓度/性质不敏感 | 改换对浓度/性质敏感的光谱区间 |
| | 校正集样品数量不足 | 按要求建立校正集 |
| | 校正集中存在异常点 | 采用异常点检验方法除去光谱异常点或添加新的样品 |
| | | 除去参考数据异常点或重新进行测定 |
| | 参考数据错误 | 重复分析盲样，考察分析精密度 |
| | | 纠正分析误差，提高分析质量 |
| | | 考察并重新校验数据、仪器等 |
| | 非比尔定律关联（由于组分互相干扰而引起非线性） | 在更窄的浓度范围内建立模型 |
| | 由于仪器响应而引起的非线性 | 检查仪器的动态响应范围，尝试使用短光程 |
| | 对基线漂移等因素敏感 | 对数据进行预处理以消除影响 |
| | 录入错误 | 交叉或反复检查数据 |
| 分析误差 | 校正模型性能差 | 用有代表性的验证集验证模型 |
| | 仪器性能差 | 用质量控制样品检验仪器/模型性能 |
| | | 通过仪器性能检测方法对仪器进行诊断 |
| | 模型传递效果较差 | 对模型传递和仪器标准化过程进行验证 |
| | | 选择对仪器噪声、波长漂移和谱图漂移不敏感的校正方法 |
| | 样品不在模型范围内 | 采用异常点检验技术检测样品是否在模型范围内 |

# 第五节　近红外光谱技术的应用

禽蛋作为人类日常生活中的主要蛋白质来源，富含多种营养物质。我国禽蛋生产量和消费量均位居世界前列，但目前蛋品行业生产主体普遍规模不大，存在流通环节多、尚无完善的安全风险评估体系等问题。部分企业的蛋品检测与分级工作依赖人工进行，存在工作强度大、效率低且准确率波动较大等问题。随着食品安全法规的逐渐完善，消费者对安全、高质量、可持续和高性价比的蛋类产品提出了更高的期望。传统的检测手段已无法满足当前市场的需求，因此开发针对禽蛋品质的无损检测系统具有重要的社会意义和经济效益。

近年来，无损检测技术（non-destructive testing technique，NDT）以其无损化、快速化等优点，在我国禽蛋品质检测领域发展迅速。常用的无损检测技术主要包括光谱、机器视觉、电子鼻、介电特性、核磁、声学等，其中机器视觉、介电特性、声学等检测技术在禽蛋内部检测中多用于定性检测，而电子鼻检测所需时间较长，核磁检测成本较高，均难以满足工业化需求。

光谱检测具有采样方式灵活、测试速度快以及对样品没有破坏性且无须化学测定等优点，因此目前光谱检测技术在禽蛋内部品质无损检测中的应用研究广泛。

### 一、近红外光谱分析技术在禽蛋品质方面的应用概况

近些年，近红外光谱已被广泛应用到鸡蛋内部品质的检测中（表17-5）。刘燕德等对鸡蛋的哈夫单位、pH、蛋形指数及存储时间进行了预测，发现近红外光谱对鸡蛋新鲜度品质有较好的预测效果。高佩佩等和孙艳文等基于新鲜鸡蛋的近红外光谱与蛋清总蛋白含量、脂肪酸含量之间的线性关系，建立了无损定量预测模型，结果显示近红外光谱对鸡蛋中部分物质成分有较好的预测效果。王巧华等应用机器视觉结合近红外光谱技术，实现了对皮蛋的检测及分级，首次将视觉与近红外光谱技术结合，分级准确率达96.38%。但目前试验都仅停留在实验室阶段，对于环境要求较高，应用尚未得到推广。

表17-5 近红外光谱对鸡蛋内部品质的检测

| 禽蛋类型 | 检测指标 | 预处理方法 | 最优预测模型 | 检测模式 | 检测部位 | 模型性能评估 |
|---|---|---|---|---|---|---|
| 鸡蛋 | 哈氏单位 | FD+BC | | | | $R^2=0.86$, RMSECV 7.25 |
| | 酸碱度 pH | | | | 尖端 | $R^2=0.84$, RMSECV 0.17 |
| | 贮藏时间 | BC | | | | $R^2=0.92$, RMSECV 1.37 |
| | 蛋清总蛋白含量 | SD | PLS | 漫反射 | 赤道 赤道到尖端中间 | $R^2=0.9746$, RMSEP 0.152% |
| | 脂肪酸 | MEC | | | 赤道 赤道到尖端中间 | $R^2=0.9063$, RMSEP 0.1732 |
| 皮蛋 | 皮质检测与分级 | MSC+CARS | SVM | | 钝端/尖端 | 准确率：96.38% |

## 二、基于可见-近红外光谱分析的禽蛋检测研究

可见-近红外光谱技术核心检测器体积较小、成本低、检测速度快，相对更适用于仪器开发。赵杰文等与吴建虎等使用漫反射的检测模式建立多元线性回归预测模型，实现了鸡蛋哈夫值、蛋黄指数及失重率的快速识别，对新鲜鸡蛋蛋白质含量有良好的预测效果。可见-近红外光谱在禽蛋品质检测方面的研究多以透射作为检测模式，以减少蛋壳因素的干扰（表 17-6），如 Mehdizadeh 等利用透射检测模式，分别以钝端和赤道为检测部位，对鸡蛋新鲜度分类进行了预测；王彬等对鸡蛋钝端进行透射检测，以识别其品种及产地，检测准确率达 98.33%；付丹丹等利用可见-近红外光谱建立了褐壳鸡蛋和白壳鸡蛋蛋清的 S-卵白蛋白含量定量预测模型，在 2 个品种鸡蛋模型中均有较好的预测效果，提高了模型适用性；李庆旭等首次将深度学习应用到鸭蛋早期光谱无损检测的雌雄辨别上，搭建了 6 层卷积神经网络，测试集的准确率达 93.83%。

表 17-6　可见-近红外光谱在禽蛋品质检测

| 禽蛋类型 | 检测指标 | 预处理方法 | 最优预测模型 | 检测模式 | 检测部位 | 模型性能评估 |
|---|---|---|---|---|---|---|
| 鸡蛋 | 蛋白质含量 | SG+FD | MLR | — | 赤道 | $R = 0.8900$ |
| | 哈氏单位 | — | — | 漫反射 | — | $R_p = 0.8163$ |
| | 蛋黄指数 | FD+MSC | PLS | | 钝端 | $R_p = 0.9081$，RMSEP = 0.0377 |
| | 失重率 | — | — | | | $R_p = 0.8778$，RMSEP = 0.00543 |
| | 新鲜度分级 | FFT | Ga | | 钝端/赤道 | 准确率：94.00% |
| | 品种及产地 | DOSC+t-SNE | RF | 透射 | | 准确率：98.33% |
| | S-卵白蛋白 | SNV+UVE | PLS | | 钝端 | $R^2 = 0.8380$，RMSEP = 0.1116 |
| 鸭蛋 | 性别辨别 | SPA | CNN | — | — | 准确率：93.83% |

### 三、近红外光谱技术在禽蛋品质方面的研究进展

目前，禽蛋的近红外光谱检测装置停留在初步探索与研发阶段。如董晓光利用建立的鸡蛋新鲜度多指标融合预测模型，基于可见-近红外光谱技术研制了鸡蛋新鲜度无损检测装置。Chen 等利用透射可见-近红外光谱实现了对人造血斑蛋和正常蛋的在线识别。李小明实现了散黄蛋的在线动态检测与分级，开发了鸡蛋新鲜度判别可视化软件，整个采集及模型的结果输出时间共为 0.256s，满足工业在线的速度要求。Zhu 等利用可见-近红外光谱技术实现了血斑蛋的在线无损检测。付丹丹研制出鸡蛋无损检测装置，实现了 2 个品种鸡蛋的 S-卵白蛋白快速无损检测，结果表明提高模型适应性后，在多品种不同壳色鸡蛋中皆具有较好的预测效果。

近红外光谱和可见-近红外光谱在禽蛋品质无损检测中应用较多，特别是可见-近红外光谱，其设备体积小、成本低、检测速度快的优势在禽蛋品质检测中具有极大的发展潜力，非常适用于在线分析和小型仪器的开发。但仍有一些问题亟待解决，例如检出限较高，禽蛋各组织之间多重结构相关联，各组分之间的光学参数、成分间的作用机制及生化活动带来的耦合关系过于复杂，导致检测结果不稳定，受环境干扰较大。

# 参考文献

[1] 王巧华，马逸霄，付丹丹. 基于光谱技术的禽蛋内部品质无损检测研究进展 [J]. 华中农业大学学报，2021，40（6）：220-230.

[2] 朱玲娇，张宇，许春芳. 科技创新推动我国禽蛋产业健康发展 [J]. 养殖与饲料，2019（1）：23-27.

[3] 王巧华，李小明，段宇飞. 基于 CuVE-PLS-DA 的鸡蛋新鲜度在线检测分级 [J]. 食品科学，2016，37（22）：187-191.

[4] 姬雪可，郑江霞，杨璐，等. 基于电子鼻和随机子空间集成学习方法判别鸡蛋贮藏时间 [J]. 中国家禽，2018，40（8）：39-42.

[5] 周娇娇，吴潇扬，陈周，等. 近红外光谱技术快速预测团头鲂新鲜度 [J]. 华中农业大学学报，2019，38（4）：120-126.

[6] 袁雷明，郭珍珠，陈孝敬，等. 基于可见/近红外光谱技术的便携分析仪的应用 [J]. 食品安全质量检测学报，2017，8（9）：3455-3460.

[7] 俞玥，张守丽，李占明. 禽蛋品质无损检测及分级技术研究进展 [J]. 食品安全质量检测学报，2020，11（23）：8740-8745.

[8] 刘燕德，周延睿，彭彦颖. 基于近红外漫反射光谱检测鸡蛋品质 [J]. 光学精密工程，

2013, 21 (1)：40-45.

[9] 高佩佩，李志成，师博，等．鸡蛋蛋白质含量无损检测技术研究 [J]．食品工业科技，2015，36 (11)：261-264.

[10] 孙艳文，尹程程，李志成，等．鸡蛋脂肪含量近红外光谱无损检测技术研究 [J]．食品工业，2016，37 (9)：177-180.

[11] 赵杰文，毕夏坤，林颢，等．鸡蛋新鲜度的可见-近红外透射光谱快速识别 [J]．激光与光电子学进展，2013，50 (5)：213-220.

[12] 吴建虎，黄钧．可见/近红外光谱技术无损检测新鲜鸡蛋蛋白质含量的研究 [J]．现代食品科技，2015，31 (5)：285-290.

[13] 董晓光．鸡蛋新鲜度多指标融合光谱无损检测方法研究 [D]．北京：中国农业大学，2019.

[14] 付丹丹．贮期鸡蛋蛋白质含量品质的光谱无损检测方法及装置研发 [D]．武汉：华中农业大学，2020.

[15] 孙柯．基于计算机视觉的禽蛋裂纹识别技术研究与应用 [D]．南京：南京农业大学，2018.

[16] 孙力．禽蛋品质在线智能化检测关键技术研究 [D]．镇江：江苏大学，2013.

[17] 熊欢．蛋壳强度和厚度的近红外光谱检测分析 [D]．杭州：浙江大学，2013.

[18] 王飞，刘文营，赵维高，等．禽蛋加工检测研究进展 [J]．中国家禽，2012，34 (10)：45-47.

[19] 钱梦逸，沈玮，刘俊．禽蛋质量安全问题分析 [J]．食品安全导刊，2021 (19)：13, 15.

[20] 张群．禽蛋精深加工关键技术研究 [J]．食品与生物技术学报，2020，39 (6)：112.

[21] 郭瑞生．基于近红外的快速评价及在线分析在炼化厂的应用 [J]．广州化工，2022，50 (15)：141-145, 162.

[22] 尹家利，滕晓燕，史文秀，等．提高近红外光谱仪检测精度的措施研究 [J]．酿酒，2022，49 (3)：79-82.

[23] 杨琼，项瑜，杨季冬．近红外光谱分析技术的研究与应用 [J]．重庆三峡学院学报，2013，29 (3)：89-91.

[24] 徐广通，袁洪福，陆婉珍．现代近红外光谱技术及应用进展 [J]．光谱学与光谱分析，2000 (2)：134-142.

[25] 陆婉珍．近红外光谱用于过程分析 [J]．中国仪器仪表，2008 (1)：34-35.

[26] 涂瑶生，柳俊，张建军．近红外光谱技术在中药生产过程质量控制领域的应用 [J]．中国中药杂志，2011，36 (17)：2433-2436.

[27] 陆婉珍．近红外光谱用于过程分析 [J]．中国仪器仪表，2008 (1)：34-35.

[28] 刘解放，侯振雨，姚树文．支持向量机及在近红外光谱分析中的应用（英文）[J]．重庆工学院学报（自然科学版），2008 (3)：47-50.

[29] 张玉卿. 高性能近红外有机光电探测器的研究与应用 [D]. 成都：电子科技大学，2022.

[30] 谭旭，王钰，陈泽林，等. 近红外荧光探针和成像系统临床转化应用的初步探索 [J]. 中国体视学与图像分析，2021，26（4）：400-406.

[31] 于伶伶，谭亚军，赵甲慧，等. 近红外光谱技术在食品领域的研究进展 [J]. 食品安全导刊，2022（29）：177-180.

[32] 王巧华，任奕林，文友先. 基于 BP 神经网络的鸡蛋新鲜度无损检测方法 [J]. 农业机械学报，2006（1）：104-106.

[33] 刘明，潘磊庆，屠康，等. 电子鼻检测鸡蛋货架期新鲜度变化 [J]. 农业工程学报，2010，26（4）：317-321.

[34] 黄会明，胡桂仙. 鸡蛋新鲜度与影响因素的灰色关联分析 [J]. 浙江农业学报，2009，21（6）：623-626.

[35] 龙翔，李运兵，罗霞. 鸡蛋新鲜度无损检测系统的研究与设计 [J]. 计算机与数字工程，2010，38（5）：155-158.

[36] 魏小彪，王树才. 鸡蛋新鲜度综合无损检测模型及试验 [J]. 农业工程学报，2009，25（3）：242-247.

[37] 林颢，赵杰文，陈全胜，等. 近红外光谱结合一类支持向量机算法检测鸡蛋的新鲜度 [J]. 光谱学与光谱分析，2010，30（4）：929-932.

[38] 张蕾，郭文川，马严明. 鸡蛋储藏过程中介电特性与新鲜品质的变化 [J]. 农机化研究，2008（4）：146-148，154.

[39] 曹永民. 近红外光谱与石油化工生产绿色化智能化 [J]. 化工管理，2022（21）：41-43.

[40] 纳嵘，尹慧，胡波. 近红外光谱分析技术在饲料快速检测领域中的应用 [J]. 饲料博览，2022（2）：44-46，50.

[41] 谢伟. 近红外光谱分析技术在化工分析中的应用 [J]. 化学工程与装备，2021（5）：217-218.

[42] 李迎凯. 近红外光谱分析技术在食品分析检测中的应用探究 [J]. 食品安全导刊，2021（3）：172，174.

[43] 王铃. 巴斯夫公司推出移动近红外光谱分析技术 [J]. 石油炼制与化工，2020，51（8）：75.

[44] 王健健. 基于傅立叶近红外光谱分析技术的南疆"温185"核桃综合预测模型研究 [D]. 新疆：塔里木大学，2020.

[45] 杨雪萍，陈菲，倪奎奎，等. 近红外光谱分析技术在青贮饲料营养品质检测评价上的研究进展 [J]. 饲料工业，2020，41（10）：19-23.

[46] 金丹，张大奎，王守凯，等. 我国近红外光谱分析技术的发展 [J]. 广东化工，2018，45（3）：118-119.

［47］李倩，黄小燕，王根虎．近红外光谱分析技术研究进展及在饲料行业中的应用［J］．饲料博览，2017（12）：14-17.

［48］李玉鹏，李海花，朱琪，等．近红外光谱分析技术及其在饲料中的应用［J］．中国饲料，2017（4）：22-26..

［49］熊罗英，蔡仁贤，赵瑾瑾，等．近红外光谱分析技术在饲料成品上的应用［J］．饲料工业，2015，36（9）：53-57.

［50］褚小立，陆婉珍．近五年我国近红外光谱分析技术研究与应用进展［J］．光谱学与光谱分析，2014，34（10）：2595-2605.

［51］Bart J Kemps. Visible transmission spectroscopy for the assessment of egg freshness［J］. Journal of the Science of Food and Agriculture，2006，86（9）：1399-1406.

［52］Mahmoud Soltani，Mahmoud Omid，Reza Alimardani. Egg quality prediction using dielectric and visual properties based on artificial neural network［J］. Food Analytical Methods，2015，8（3）：710-717.

［53］Soon Kiat Lau，Jeyamkondan Subbiah. An automatic system for measuring dielectric properties of foods：Albumen，yolk，and shell of fresh eggs［J］. Journal of Food Engineering，2018，223：79-90.

［54］Hesterberg Karoline et al. Raman spectroscopic analysis of the carotenoid concentration in egg yolks depending on the feeding and housing conditions of the laying hens［J］. Journal of biophotonics，2012，5（1）：33-9.

［55］刘燕德，应义斌，毛学东，等．鸡蛋新鲜度的光特性无损检测（英文）［J］．农业工程学报，2003（5）：152-155.

［56］Ragni L. Predicting quality parameters of shell eggs using a simple technique based on the dielectric properties［J］. Biosystems Engineering，2006，94（2）：255-262.

［57］Ishigaki M，Yasui Y，et al. Assessment of embryonic bioactivity through changes in the water structure using near-infrared spectroscopy and imaging. Anal Chem，2020，92（12）：8133-8141.

［58］Chen H，Tan C，Lin Z. Non-destructive identification of native egg by near-infrared spectroscopy and data driven-based class-modeling. Spectrochim Acta A Mol Biomol Spectrosc，2019，206：484-490.

［59］Uysal R S，Boyaci I H. Authentication of liquid egg composition using ATR-FTIR and NIR spectroscopy in combination with PCA. J Sci Food Agric，2020，100（2）：855-862.

［60］Chen H，Tan C，Lin Z. Express detection of expired drugs based on near-infrared spectroscopy and chemometrics：A feasibility study. Spectrochim Acta A Mol Biomol Spectrosc，2019，220：117153.

［61］Khaliduzzaman A，Kashimori A，Suzuki T，et al. Research Note：Nondestructive detection of super grade chick embryos or hatchlings using near-infrared spectroscopy［J］. Poult Sci，2021，100（7）：101189.

［62］ Wang F, Lin H, Xu P, et al. Egg Freshness Evaluation using Transmission and Reflection of NIR Spectroscopy Coupled Multivariate Analysis ［J］. Foods, 2021, 10 (9): 2176.

［63］ Wang T, Shen F, Deng H, et al. Smartphone imaging spectrometer for egg/meat freshness monitoring ［J］. Anal Methods, 2022, 14 (5): 508-517.

［64］ Llabjani V, Crosse J D, Ahmadzai A A, et al. Differential effects in mammalian cells induced by chemical mixtures in environmental biota as profiled using infrared spectroscopy ［J］. Environ Sci Technol, 2011, 45 (24): 10706-10712.

［65］ Scholkmann F, Kleiser S, Metz A J, et al. A review on continuous wave functional near-infrared spectroscopy and imaging instrumentation and methodology ［J］. Neuroimage, 2014, 85 (1): 6-27.

［66］ Ferrari M, Quaresima V. A brief review on the history of human functional near-infrared spectroscopy (fNIRS) development and fields of application ［J］. Neuroimage, 2012, 63 (2): 921-935.

［67］ Marin T, Moore J. understanding near-infrared spectroscopy ［J］. Adv Neonatal Care, 2011, 11 (6): 382-388.

［68］ Owen-Reece H, Smith M, Elwell C E, et al. Near infrared spectroscopy ［J］. Br J Anaesth, 1999, 82 (3): 418-426.

［69］ Drayna P C, Abramo T J, Estrada C. Near-infrared spectroscopy in the critical setting ［J］. Pediatr Emerg Care, 2011, 27 (5): 432-442.

［70］ Tsuchikawa S, Ma T, Inagaki T. Application of near-infrared spectroscopy to agriculture and forestry ［J］. Anal Sci, 2022, 38 (4): 635-642.

［71］ Reich G. Near-infrared spectroscopy and imaging: basic principles and pharmaceutical applications ［J］. Adv Drug Deliv Rev, 2005, 57 (8): 1109-1143.

［72］ Su H, Sha K, Zhang L, et al. Development of near infrared reflectance spectroscopy to predict chemical composition with a wide range of variability in beef ［J］. Meat Sci, 2014, 98 (2): 110-114.

［73］ De Marchi M, Riovanto R, Penasa M, et al. At-line prediction of fatty acid profile in chicken breast using near infrared reflectance spectroscopy ［J］. Meat Sci, 2012, 90 (3): 653-657.

［74］ Zhang G J, Wang Y, Yan Y H, et al. Comparison of two in situ reference methods to estimate indigestible NDF by near infrared reflectance spectroscopy in alfalfa ［J］. Heliyon, 2021, 7 (6): e07313.

［75］ Wolf M, Ferrari M, Quaresima V. Progress of near-infrared spectroscopy and topography for brain and muscle clinical applications ［J］. J Biomed Opt, 2007, 12 (6): 062104.

［76］ Boas D A, Elwell C E, Ferrari M, et al. Twenty years of functional near-infrared spectroscopy: introduction for the special issue ［J］. Neuroimage, 2014, 85 (1): 1-5.

［77］ Ferrari M，Quaresima V. A brief review on the history of human functional near-infrared spec-troscopy（fNIRS）development and fields of application［J］. Neuroimage，2012，63（2）：921-935.

［78］ Scholkmann F，Kleiser S，Metz AJ，et al. A review on continuous wave functional near-in-frared spectroscopy and imaging instrumentation and methodology［J］. Neuroimage，2014，85（1）：6-27.

［79］ Zhou W，Zhao M，Srinivasan V J. Interferometric diffuse optics：recent advances and future outlook［J］. Neurophotonics，2023，10（1）：013502.

［80］ Drayna P C，Abramo T J，Estrada C. Near-infrared spectroscopy in the critical setting［J］. Pediatr Emerg Care，2011，27（5）：432-442.

［81］ Bock J E，Connelly R K. Innovative uses of near-infrared spectroscopy in food processing［J］. J Food Sci，2008，73（7）：R91-R98.

［82］ Duan Y F，Wang Q H，Ma M H，et al. Study on Non-Destructive Detection Method for Egg Freshness Based on LLE-SVR and Visible/Near-Infrared Spectrum［J］. Guang Pu Xue Yu Guang Pu Fen Xi，2016，36（4）：981-985.

［83］ Wang J，Wang Q，Cao R，et al. Simulation analysis and freshness prediction of eggs laid at room temperature. J Sci Food Agric，2022，102（11）：4707-4713.

［84］ Ishigaki M，Kawasaki S，Ishikawa D，et al. Near-Infrared Spectroscopy and Imaging Studies of Fertilized Fish Eggs：In Vivo Monitoring of Egg Growth at the Molecular Level［J］. Sci Rep，2016，6：20066.

［85］ 刘翠玲，吴静珠，孙晓荣. 近红外光谱技术在食品品质检测方法中的研究［M］. 北京：机械工业出版社，2015：203.

［86］ 任东. 近红外光谱分析技术与应用［M］. 北京：科学出版社，2016：174.

［87］ 刘建学. 实用近红外光谱分析技术［M］. 北京：科学出版社，2008：243.

［88］ 严衍禄，陈斌，朱大洲. 近红外光谱分析的原理、技术与应用［M］. 北京：中国轻工业出版社，2013：303.

［89］ 张小超，吴静珠，徐云. 近红外光谱分析技术及其在现代农业中的应用［M］. 北京：电子工业出版社，2012：273.

［90］ 何勇，刘飞，李晓丽，等. 光谱及成像技术在农业中的应用［M］. 北京：科学出版社，2016：278.

［91］ 马云海，张金波，吴亚丽. 农业物料学［M］. 北京：化学工业出版社，2015：159.

［92］ 宋海燕. 土壤近红外光谱检测［M］. 北京：化学工业出版社，2013：184.

［93］ 何鸿举，马汉军. 长波近红外高光谱成像结合 PLS 算法快速检测冷鲜鸡肉中腐败微生物研究［M］. 北京：中国农业出版社，2019：103.

［94］ 常碧影，张萍. 饲料质量与安全检测技术［M］. 北京：化学工业出版社，2008：406.

［95］ 陆婉珍. 现代近红外光谱分析技术［M］. 2版. 北京：中国石化出版社，2007：395.